JN093342

マスタリング
Linux シェルスクリプト
第2版

Linux コマンド、bash スクリプト
シェルプログラミング実践入門

Mokhtar Ebrahim、Andrew Mallett　著

萬谷 暢崇　監訳

原 隆文　訳

Mastering Linux Shell Scripting
Second Edition

A practical guide to Linux command-line, Bash scripting, and
Shell programming

Mokhtar Ebrahim
Andrew Mallett

BIRMINGHAM - MUMBAI

監訳者まえがき

　シェルはコマンドを入力、実行して操作を行う Linux 等の UNIX 系の OS で最も身近なユーザーインターフェースです。コマンドを繰り返し実行したりある条件を満たす場合に実行したりしたい場合に、一連の処理をシェルスクリプトとして記述して実行することで、さまざまなコマンドを組み合わせた複雑な処理を行うことができます。

　シェルスクリプトは C++ や Java、Python、Ruby 等のプログラミング言語とは違って規模の大きなソフトウェアの開発には向いていません。しかし、「テキストファイルを読み込む」「さまざまな条件で文字列を検索する」「複数のコマンドの入出力をパイプでつないで一連の処理を実行する」といったことを他のプログラミング言語に比べて非常に簡潔な記述で行うことができます。シェルスクリプトに習熟することで多数のユーザーアカウントの作成、システムのバックアップやログの分析といったシステム管理に必要な処理をより効率的に行えるようになるでしょう。

　本書は多くの Linux ディストリビューションでデフォルトのシェルである bash のシェルスクリプトについて解説しています。本書の各章にさまざまなサンプルコードがありますのでサンプルコードを実行してみて結果を確認しながら学習を進めることができます。各章の章末には練習問題がありますのでぜひチャレンジしてみてください。

　本書のサンプルコードの実行例は主に Linux Mint という Debian 系の Linux ディストリビューションで実行したものです。Linux ディストリビューションによってコマンドの有無や設定ファイルの場所等のさまざまな差異がありますし、普段 Linux Mint 以外の Linux ディストリビューションをお使いの方も多いと思いますので、監訳にあたり Debian 系の Linux ディストリビューションは Linux Mint 21（Vanessa）、Debian 11（bullseye）と Ubuntu 22.04 LTS で、Red Hat 系の Linux

ディストリビューションは CentOS Stream 9、Fedora 36、Rocky Linux 9.0（Blue Onyx）でサンプルコードの動作確認を行って Linux ディストリビューション間の差異について訳注を追加しました。また、本書で解説されている bash の機能には FreeBSD の /bin/sh である ash（Almquist Shell）等の他のシェルでサポートされていないものがありますのでその点についても訳注を追加し、原書でカバーされていなかったけれども知っておくと便利な bash の機能についてコラムや付録 A に記載しました。

　本書が読者のみなさまのシェルスクリプトの学習に役立てば幸いです。

2022 年 11 月

萬谷 暢崇

まえがき

　本書では、まず Linux のさまざまなシェルを紹介し、なぜ本書で bash を選択したのかを説明します。次に、簡単な bash スクリプトの書き方と、Linux のエディターを使って bash スクリプトを編集する方法を学びます。

　その次に、変数の定義方法と変数の可視性の定義方法を学びます。その後で、コマンドの実行結果を変数に格納する方法を学びます。これはコマンド置換と呼ばれます。また、bash のオプションや Visual Studio Code を利用して、コードをデバッグする方法を学びます。read コマンドを使ってユーザーからの入力を受け付けることで、ユーザーと対話可能な bash スクリプトを作成する方法を学びます。次に、ユーザーがスクリプトにオプションを渡した場合に、オプションとその値を読み取る方法を学びます。その後で、if 文などの条件文の書き方と、case 文の使い方を学びます。さらに、vim や Visual Studio Code を使ってコードスニペットを作成する方法を説明します。反復作業については、for ループの書き方、単純な値について反復する方法、ディレクトリーの内容について反復する方法を学びます。また、ネストされたループの書き方について説明します。このほかに、while ループと until ループの書き方も学びます。次に、再利用可能なコードの塊である関数へと進み、関数の書き方とその使い方を学びます。その後で、Linux の最も優れたツールの1つであるストリームエディター（sed）を紹介します。テキスト処理についてさらに議論を続け、Linux で最も優れたテキスト処理ツールの1つである AWK を紹介します。

　その後で、よりよい正規表現を書くことで、テキスト処理のスキルを向上させる方法を学びます。最後に、bash スクリプトの代替手段として Python を紹介します。

対象読者

　本書が対象とする読者は、よりよいシェルスクリプトを作成し、作業を自動化したいと考えている開発者やシステム管理者です。多少のプログラミング経験があることが望ましいのですが、シェルスクリプトの経験がまったくなかったとしても問題ありません。本書では、基礎から詳しく解説します。

本書の構成

　各章の概要を以下に示す。

1 章　bash のスクリプトとは何か、なぜそれが必要なのか？

　Linux のシェルについて説明し、シェルスクリプトの書き方、エディターの準備方法、シェルスクリプトのデバッグ方法を解説します。また、変数の宣言、変数のスコープ、コマンド置換といった、基本的な bash プログラミングについて説明します。

2 章　インタラクティブなスクリプトの作成

　read コマンドを使ってユーザー入力を読み取る方法、スクリプトにオプションを渡す方法、入力されたテキストの可視性を制御する方法、入力文字数を制限する方法を説明します。

3 章　条件の付加

　if 文、case 文、その他のテストコマンド（else や elif など）を紹介します。

4 章　コードスニペットの作成

　vim や Visual Studio Code などのエディターを使って、コードスニペットを作成および使用する方法を説明します。

5 章　代替構文

　[[を使った高度なテストや算術演算を行う方法を解説します。

6 章　ループを使った反復処理

　for ループ、while ループ、until ループを使って、単純な値や複雑な値について処理を繰り返す方法を説明します。

7 章　関数の作成

関数について説明し、関数の作成方法、組み込み関数のリストアップ方法、関数へのパラメーターの渡し方、再帰関数の書き方を解説します。

8 章　ストリームエディターの導入

テキストの追加、置換、削除、変換など、ファイルを操作するための sed ツールの基礎を解説します。

9 章　Apache バーチャルホストの自動化

sed の実践的なサンプルを紹介し、sed を使ってバーチャルホストを自動的に作成する方法を説明します。

10 章　AWK の基礎

AWK について紹介し、それを使ってファイルの内容をフィルタリングする方法を説明します。AWK プログラミングの基礎についても解説します。

11 章　正規表現

正規表現や正規表現エンジンについて説明し、それらを sed や AWK とともに使って強力なスクリプトを作成する方法を解説します。

12 章　AWK を使ったログの集約

AWK を使って Apache ログファイルの `httpd.conf` を処理する方法、および適切に整形された、役に立つデータを抽出する方法を提示します。

13 章　AWK を使った lastlog の改良

AWK を使って、`lastlog` コマンドの出力をフィルタリングおよび処理することで、美しいレポートを出力する方法を紹介します。

14 章　bash スクリプトの代わりとしての Python

プログラミング言語 Python の基礎を説明し、bash スクリプトの代わりとして Python スクリプトを記述する方法を解説します。

付録 A　bash のその他の機能

日本語版オリジナルの付録 A では、原書で解説されていなかった bash の機能で、シェルスクリプトを書く際に知っておくと便利なものについて解説します。

付録 B 練習問題の解答

各章の末尾にある練習問題の解答です。

本書を最大限に活用するために

読者が多少のプログラミング経験をお持ちであることを想定していますが、たとえプログラミング経験がなかったとしても、本書では基礎から解説するので問題ありません。

ただし、ls、cd、which といった基本的なコマンドなど、Linux の基礎については理解している必要があります。

表記上のルール

本書全体で使用する表記上のルールがいくつかあります。

本文中でのコード、データベースのテーブル名、フォルダー名、ファイル名、ファイルの拡張子、パス名、ユーザーによる入力値、Twitter アカウントなどは、「$HOME/bin/hello2.sh スクリプトを次のように編集します」のように等幅書体で表記します。

コードブロックは次のように表記します。

```
if [ $file_compression = "L" ] ; then
    tar_opt=$tar_l
elif [ $file_compression = "M" ]; then
    tar_opt=$tar_m
else
    tar_opt=$tar_h
fi
```

コマンドライン入力は、次のように太字で表記します。

```
$ type ls
ls is aliased to 'ls --color=auto'
```

新しい用語、強調やキーワードフレーズは「**シェルスクリプト**を作成します」のように太字で表記します。

メニュー項目やダイアログボックスなどのような画面上の表示については、「[ターミナル] → [環境設定...] を選択し、[プロファイル] タブを表示します」のように表

記します。

 興味深い事柄に関する補足を表します。

 注意あるいは警告を表します。

 監訳者および翻訳者による補足説明を表します。

サンプルコードのダウンロード

日本語版のサンプルコードは以下から入手できます。

https://github.com/oreilly-japan/mastering-linux-shell-scripting-2e-ja

意見と質問

本書（日本語翻訳版）の内容については、最大限の努力をもって検証、確認していますが、誤りや不正確な点、誤解や混乱を招くような表現、単純な誤植などに気がつかれることもあるかもしれません。そうした場合、今後の版で改善できるようお知らせいただければ幸いです。将来の改訂に関する提案なども歓迎いたします。連絡先は次のとおりです。

株式会社オライリー・ジャパン
電子メール japan@oreilly.co.jp

本書の Web ページには次のアドレスでアクセスできます。

https://www.oreilly.co.jp/books/9784814400119
https://github.com/oreilly-japan/mastering-linux-shell-scripting-2e-ja（日本語版コード）
https://www.packtpub.com/product/mastering-linux-shell-scripting-second-edition/9781788990554（英語）

オライリーに関するそのほかの情報については、次のオライリーの Web サイトを参照してください。

https://www.oreilly.co.jp/
https://www.oreilly.com/（英語）

謝辞

本書を完成させるために多大な協力をしてくれた妻に感謝します。Doaa、ありがとう。また、本書の出版に尽力してくれた Packt Publishing の皆に感謝します。最後に、bash の作成者である Brian Fox に感謝します。bash という素晴らしいソフトウェアが存在していなければ、本書が生まれることもありませんでした。

Mokhtar Ebrahim

目次

コラム目次

1章
bashのスクリプトとは何か、なぜそれが必要なのか？

　bash スクリプトの世界にようこそ。この章では、Linux のシェルの種類と、なぜ本書で bash を選択したかについて説明します。bash とは何か、基本的な bash スクリプトの書き方、その実行方法について学びます。また、コードを入力するために、vim や nano などの Linux エディターを設定する方法についても解説します。

　どのスクリプト言語でもそうですが、変数はコーディングの基本的な構成要素となるものです。整数、文字列、配列などの変数を宣言する方法もここで学びます。さらに、これらの変数をエクスポートし、そのスコープを実行中のプロセスの外部にまで拡張する方法を学びます。

　最後に、Visual Studio Code を使って、コードを視覚的にデバッグする方法を説明します。

　この章では、以下のテーマを扱います。

- Linux のシェルの種類
- bash スクリプトとは何か？
- bash コマンドの階層
- スクリプトのためのテキストエディターの準備
- スクリプトの作成と実行
- 変数の宣言
- 変数のスコープ
- コマンド置換
- スクリプトのデバッグ

1.1 技術要件

実行可能な Linux マシンが必要です。最近では、すべての Linux ディストリビューションに bash が標準装備されているので、どのディストリビューションを使用しても問題ありません。

Microsoft 社から無償で提供されている、Visual Studio Code をダウンロードしてインストールします。https://code.visualstudio.com/download からダウンロードできます[1]。

VS Code（Visual Studio Code の略）は、vim や nano の代わりのエディターとして使えます。どれを使ってもかまいません。

筆者らは VS Code を使うのが好みです。コード補完やデバッグなど、多くの機能が用意されているからです。

VS Code 用の拡張機能、Bash Debug を、https://marketplace.visualstudio.com/items?itemName=rogalmic.bash-debug からインストールします。この拡張機能は、bash スクリプトをデバッグするために使います。

1.2 Linux のシェルの種類

ご存じかもしれませんが、Linux は、カーネル、シェル、GUI インターフェース（Gnome、KDE など）といった、いくつかの主要なパーツで構成されています。

シェルは、ユーザーが入力したコマンドを解釈し、それをシステムに送ります。たいていの Linux ディストリビューションには、多くのシェルが標準で用意されています。

どのシェルにも独自の特徴があり、いくつかのシェルは、今日の開発者の間でとても人気があります。人気のあるシェルには、次のようなものがあります。

sh

これは Bourne シェルと呼ばれており、Stephen Bourne という男性によって、70 年代に AT&T の研究所で開発されました。このシェルは多くの機能を

---

[1] 訳注：https://code.visualstudio.com/docs/setup/linux の手順に従って VS Code をインストールすると dnf、yum や apt で VS Code をアップデート可能になります。

提供します[†2]。

bash

Bourne again シェルとも呼ばれ、とても人気があります。sh シェルスクリプトと互換性があるので、作成した sh シェルスクリプトを、変更することなく実行できます[†3]。本書ではこのシェルを使います。

ksh

Korn シェルとも呼ばれ、sh や bash と互換性があります。ksh は、Bourne シェルを拡張したものです[†4]。

csh、tcsh

Linux は、C 言語を使って作成されました。Linux の最初のバージョンが公開される 13 年前にカリフォルニア大学バークレー校の開発者は、構文が C 言語に似ている、C 言語スタイルのシェルを開発しました。それが csh です。tcsh

---

[†2] 訳注：主要な Linux ディストリビューションでは、オリジナルの Bourne シェルは使われていません。Debian 系のディストリビューションの /bin/sh は dash（Debian Almquist Shell、http://gondor. apana.org.au/~herbert/dash/）という POSIX（Portable Operating System Interface、https: //pubs.opengroup.org/onlinepubs/9699919799/）互換のシェルの実装へのシンボリックリンクになっています。Red Hat 系のディストリビューションの /bin/sh は bash へのシンボリックリンクになっています。Linux 以外の OS に関しては、macOS の /bin/sh は /private/var/select/sh のシンボリックリンク先のシェルを実行するコマンドになっており、デフォルトでは bash が実行されます。FreeBSD と NetBSD の /bin/sh は dash の元になった ash（Almquist Shell、https://www.in-ulm.de/ ~mascheck/various/ash/）という POSIX 互換のシェルの実装です。POSIX は異なるオペレーティングシステム間でアプリケーションの互換性をサポートするためにオペレーティングシステムの標準のインタフェースと環境を定義した規格です。

[†3] 訳注：bash は /bin/sh として実行した場合や --posix オプションを付けて実行した場合に POSIX 互換モードで動作します。

[†4] 訳注：POSIX シェル標準（https://pubs.opengroup.org/onlinepubs/9699919799/utilities/V3 _chap02.html）は 1988 年当時の ksh（ksh88）に基づいており、ksh88 の後継版である ksh93 はオリジナルの AT&T が開発していたバージョンからフォークされたもの（KornShell 93u+m、https://github.com/ksh93/ksh）が現在も開発されています。以後の訳注で言及している ksh93 はこのフォークされたバージョンを指しています。OpenBSD の /bin/sh は pdksh という ksh のクローンをフォークしたものです。このほかにも pdksh をフォークした MirBSD Korn Shell（mksh、http://www.mirbsd.org/mksh.htm）などさまざまな ksh の実装が存在します。ksh93 と mksh は主要な Linux ディストリビューションでパッケージが用意されています。

は、csh に小さな拡張を施したものです[5]。

これで、シェルの種類と本書で bash を使用することはわかりましたが、それでは bash スクリプトとは何でしょうか？

1.3　bashスクリプトとは何か？

bash スクリプトの基本的な考えは、複数のコマンドを実行して特定の作業を自動化することです。

ご存じかもしれませんが、複数のコマンドをセミコロン（;）で区切ることで、それらをシェルから実行することができます。

```
ls ; pwd
```

この 1 行は小さな bash スクリプトと言えます。

まず最初のコマンドが実行され、その後に 2 番目のコマンドの結果が続きます。

bash スクリプトでユーザーが入力するキーワードは、実はすべてコマンドです。if 文や else や while ループでさえもです。これらはすべてコマンドなのです。

シェルは、これらのコマンドを結合させる接着剤のようなものと言えます。

1.4　bashコマンドの階層

bash 上で作業をしている場合や、プロンプトの前に気楽に座って、はやる思いでコマンドを入力しようと待っている場合、おそらくあなたは、入力して Enter キーを押すだけの単純なことだと感じているでしょう。しかし、それは思い違いです。決して私たちが想像するほど単純なことではないのです。

---

[5]　訳注：Linux の最初のバージョンが公開されたのは 1991 年、csh（http://bxr.su/NetBSD/bin/csh/）の最初のバージョンが公開されたのは 1978 年です。csh はカリフォルニア大学バークレー校で開発されたオペレーティングシステムである Berkeley Software Distribution（BSD）に同梱されて配布されていました。csh と tcsh（https://www.tcsh.org/）は POSIX 互換ではありません。また、ここでは紹介されていませんが zsh（https://www.zsh.org/）、fish（https://fishshell.com/）といったシェルもあり、これらはターミナル上で対話的に使用する際の補完機能が強力で便利なためログインシェルとして人気があります。

1.4.1　コマンドの種類

　たとえば、ファイルをリスト表示するために ls と入力して Enter キーを押す場合、私たちはそのコマンドを実行したのだと考えることは、おかしなことではありません。しかし、しばしばエイリアスを実行している場合もあるのです。エイリアスは、コマンドへのショートカットや、オプション付きのコマンドへのショートカットとしてメモリー内に存在しています。これらのエイリアスは、ファイルをチェックする前に使われます。bash の組み込みコマンドの type は、このような場合に役立ちます。type コマンドは、コマンドラインで入力された単語についてのコマンドの種類を表示します。コマンドの種類は次のとおりです。

- エイリアス（alias）
- 関数（function）
- シェルの組み込みコマンド（shell builtin）
- キーワード（keyword）
- ファイル（file）

　このリストは、これらが検索される順序も示しています。見てわかるように、実行可能ファイルの ls が検索されるのは最後の最後です。
　次のコマンドは、type の簡単な使い方を示しています。

```
$ type ls
ls is aliased to 'ls --color=auto'
```

　これをさらに広げて、特定のコマンドにマッチするものをすべて表示させることもできます。

```
$ type -a ls
ls is aliased to 'ls --color=auto'
ls is /bin/ls
```

　出力結果の中に種類だけが必要であれば、-t オプションを使います。このオプションは、スクリプトの中でコマンドの種類をテストする必要があり、返される種類だけが必要である場合に便利です。余分な情報は除外されるため、我々人間にとっては読みやすくなります。次のようなコマンドと出力結果を考えてみましょう。

```
$ type -t ls
alias
```

出力結果は明快で簡潔であり、まさにコンピューターやスクリプトが必要とするものです。

組み込みコマンドの type は、if や case といった、シェルのキーワードを識別するためにも使えます。次のコマンドは、複数の引数に対して、それらの種類を表示します。

```
$ type ls quote pwd do id
```

このコマンドの出力結果は、**図1-1** に示すとおりです。

```
mlss@mint:~$ type ls quote pwd do id
ls is aliased to `ls --color=auto'
quote is a function
quote ()
{
    local quoted=${1//¥'/¥'¥¥¥'¥'};
    printf "'%s'" "$quoted"
}
pwd is a shell builtin
do is a shell keyword
id is /usr/bin/id
mlss@mint:~$
```

図 1-1

また、これを見ると、type を使って関数に遭遇したときに、その関数の定義が表示されることがわかります。

1.4.2　コマンドのパス

Linux は、プログラムのフルパスまたは相対パスが指定された場合のみ、環境変数 PATH の中で実行可能プログラムをチェックします。一般に、カレントディレクトリーは、それが PATH の中にないかぎり、検索されません。環境変数 PATH にカレントディレクトリーを追加することで、カレントディレクトリーを PATH に含めることができます。次のコマンド例のようにします。

```
$ export PATH=$PATH:.
```

これにより、環境変数 PATH の値にカレントディレクトリーが追加されます[†6]。PATH の中の各項目は、コロン（:）を使って区切ります。これで、現在の作業ディレクトリーが含まれるように PATH が更新され、ディレクトリーを変更してもスクリプトを容易に実行できるようになりました。一般に、構造化されたディレクトリー階層にスクリプトを整理することは、よい考えです。たとえば、ホームディレクトリー内に bin というサブディレクトリーを作成し、そのフォルダーにスクリプトを追加するケースを考えてみましょう。環境変数 PATH に $HOME/bin を追加することで、ファイルパスを必要とせずに、名前でスクリプトを検索できるようになります。

次のコマンドラインリストは、ディレクトリーが存在していない場合にのみ、ディレクトリーを作成します。

```
$ test -d $HOME/bin || mkdir $HOME/bin
```

このコマンドラインリストは、厳密に言えば必要ではありませんが、bash でのスクリプトが実際のスクリプトに限られるものでないことや、条件文やその他の構文をそのままコマンドラインで使えることを示しています。私たちの観点からすると、このコマンドは、bin ディレクトリーがあろうがなかろうが機能することがわかります。$HOME 変数を利用することで、ファイルシステムの現在の状況を考慮することなく、コマンドが機能することが保証されるのです。

本書を通じて、スクリプトは $HOME/bin ディレクトリーに追加することにします。 作業ディレクトリーに関係なくスクリプトを実行できるようにするためです。

1.5 スクリプトのためのテキストエディターの準備

本書を通じて、作業は Linux Mint 上で行います。これには、スクリプトの作成と

[†6] 訳注：サーバーに侵入した攻撃者など悪意のあるユーザーがサーバー内の大量のファイルを破壊、削除したり root 権限を奪取したりするような攻撃プログラムを例えば /tmp/ls に置いた場合に、他のユーザーが export PATH=.:$PATH のようにして PATH の先頭にカレントディレクトリーを追加していると、そのユーザーが /tmp ディレクトリーで ls コマンドを実行しようとした際に /bin/ls よりもカレントディレクトリーの攻撃プログラム /tmp/ls が優先されて実行されてしまいます。PATH の最後にカレントディレクトリーを追加した場合は /bin/ls が優先されるようになりますが、/tmp/ks という攻撃プログラムが置かれていた場合に /tmp ディレクトリーで ls コマンドを実行しようとして誤って ks というコマンドを実行した際に攻撃プログラムの /tmp/ks が実行されてしまいます。そのため PATH にカレントディレクトリーを追加するのはセキュリティ上好ましくありません。特に root 権限を使用する場合は注意が必要です。

編集も含まれます。もちろん、スクリプトの編集のために好きな方法を選んでかまいませんし、多くの人はグラフィカルなエディターを使うことを好むでしょうから、gedit での設定をいくつか紹介します。

　そのほかに、最新の GUI エディターとして Visual Studio Code を使って、スクリプトの編集とデバッグを行います。

　コマンドラインエディターを使いやすくするために、いくつかのオプションを設定し、環境設定ファイルを通じてそれらを一貫して使うようにします。gedit やその他の GUI エディター、およびそれらのメニューは、よく似た機能を提供してくれます。

1.5.1　vim の設定

　コマンドラインを編集することは、たいてい必須の作業であり、開発者の日常生活の一部です。エディターでの作業を容易にするための一般的なオプションを設定することで、私たちが必要とする信頼性と一貫性が得られます。これはスクリプトそのものと少し似ています。vi または vim エディターの $HOME/.vimrc ファイルの中で、これらの有益なオプションを設定します[†7]。

　設定するオプションの詳細は次のとおりです。

set showmode
　　挿入モードであるときに、そのことがわかるようにします。

set nohlsearch
　　検索した単語を強調表示しないようにします。

set autoindent
　　私たちはたいてい、コードをインデント（字下げ）します。このオプションを
　　設定すると、改行するたびに、新しい行の先頭ではなく最後のインデントレベ
　　ルに自動的に戻ることができます。

set tabstop=4
　　タブを 4 個分のスペースに設定します。

[†7]　訳注：vim がインストールされていない場合は Debian 系の Linux ディストリビューションでは
　　sudo apt install vim でインストールできます。Red Hat 系の Linux ディストリビューションでは
　　sudo dnf install vim（dnf コマンドがインストールされていない場合は sudo yum install vim）で
　　インストールできます。

set expandtab
> タブをスペースに変換します。これは、ファイルを他のシステムに移動する場合に役立ちます。

syntax on
> set コマンドを使わないことに注意してください。これは、構文の強調表示をオンにするために使います。

これらのオプションを設定すると、$HOME/.vimrc ファイルは次のようになります。

```
set showmode
set nohlsearch
set autoindent
set tabstop=4
set expandtab
syntax on
```

1.5.2　nano の設定

テキストエディター nano はその重要性を増しており、多くのシステムでデフォルトのエディターとして使われています。個人的には、操作性や、操作機能の欠如があまり好みではありません。nano は、vim と同じような方法でカスタマイズできます。$HOME/.nanorc ファイルを編集します。編集したファイルは次のようになります。

```
set autoindent
set tabsize 4
include /usr/share/nano/sh.nanorc
```

最後の行によって、シェルスクリプトで構文の強調表示が可能になります。

1.5.3　gedit の設定

gedit のようなグラフィカルなエディターは、設定メニューを使って設定することができるので、とても簡単です[8]。

　図1-2 に示すように、[設定] → [エディター] タブを使って、タブの間隔をスペース 4 個分に設定したり、タブをスペースに展開したりできます。

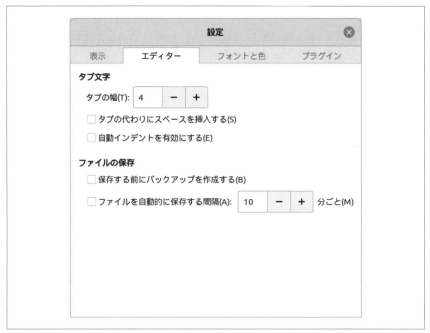

図1-2　gedit の設定の [エディター] タブ

　とても役に立つもう 1 つの機能が、[設定] → [プラグイン] タブにあります。この中で、コードサンプルを挿入するための「コードスニペット」プラグインを使用可能にすることができます。**図1-3** を参照してください。

図1-3　gedit の設定の［プラグイン］タブ

　本書の残りの部分では、コマンドラインおよび vim で作業を行いますが、読者が
作業しやすいエディターを自由に使ってもらってかまいません。これで、スクリプト
を作成するための基礎ができました。bash スクリプトでは、タブやスペースなどの
空白文字は重要ではありませんが、適切にレイアウトされ、一貫した間隔設定がなさ
れているファイルは読みやすいものです。本書の最後で Python について紹介すると
きに、言語によっては空白文字が重要であることを実感するでしょう。早くからよい
習慣を身につけたほうが得策です。

1.6　スクリプトの作成と実行

　エディターの準備ができたので、スクリプトの作成と実行に移ることができます。
読者が経験者である場合、本書では基礎から始めようとしていることをご了承くださ
い。ただし、ここでは位置パラメーターについても説明します。自分のペースで自由
に進めてください。

1.6.1　Hello World!

ご存じのように、「Hello World」スクリプトから始めるのは、ほとんど義務のようなものであり、これに関して期待を裏切ることはしません。まず、$HOME/bin/hello1.sh という新しいスクリプトを作成します。ファイルの中身は、**図1-4** に示すとおりです。

```
#!/bin/bash
echo "Hello World"
exit 0
```

図1-4　hello1.sh

それほど苦労することなく作成できたと思います。たった3行ですから。サンプルを読むときには、情報を身にしみ込ませるために、実際に練習してみることを勧めます。

#!/bin/bash

通常は、これが常にスクリプトの最初の行となり、**シバン**（shebang）と呼ばれます。シバンはコメントで始まりますが、それでもシステムは、この行を使います。シェルスクリプト内のコメントには、#の記号が付きます。シバンはシステムのインタープリターに対して、スクリプトを実行するように指示します。本書ではシェルスクリプトのために bash を使いますが、必要に応じて、PHP や Perl を使うこともできます[9]。この行を書かなかった場合、現在のシェルの中でコマンドが実行されます。別のシェルを実行すると、問題が生じる可能性があります。

echo "Hello World"

echo コマンドは、シェルの組み込みコマンドとして実行され、標準出力 STDOUT に書き出すために使われます。STDOUT は、デフォルトではディスプレイ画面です。出力すべき情報を二重引用符（"）で囲みます。引用符につい

---

[9]　訳注：FreeBSD のように bash が/bin/bash 以外の場所（/usr/local/bin/bash 等）にインストールされている OS もあります。このような OS でスクリプトを実行する場合は、
#!/usr/bin/env bash
と書くことで bash のインストール場所の違いを吸収できます。

ては、後で詳しく説明します。

```
exit 0
```
　　exit はシェルの組み込みコマンドであり、スクリプトを終了するために使わ
　　れます。終了ステータスを、整数の引数として指定します。0 以外のすべての
　　値は、スクリプトの実行において何らかのエラーが起こったことを表します。

1.6.2　スクリプトを実行する

　このスクリプトを PATH の環境の中に保存しただけでは、単独のスクリプトとして
は実行されません。必要に応じて、このファイルに実行権限を割り当てる必要があり
ます。簡単なテストのためには、このファイルを bash で直接実行することができま
す。次のコマンドは、この方法を示しています。

```
$ bash $HOME/bin/hello1.sh
```

　画面に「Hello World」というテキストが表示されるはずです。しかし、これは持
続的な解決方法ではありません。フルパスを入力することなく、どの場所からでもス
クリプトを容易に実行できるようにするために、スクリプトを $HOME/bin ディレク
トリーに入れる必要があります。また、次に示すように、実行権限を与える必要があ
ります。

```
$ chmod +x $HOME/bin/hello1.sh
```

　これで、**図1-5** に示すように、スクリプトを簡単に実行できるようになります。

```
mlss@mint:~$ chmod +x $HOME/bin/hello1.sh
mlss@mint:~$ hello1.sh
Hello World
mlss@mint:~$ ▮
```

図1-5

1.6.3　終了ステータスをチェックする

　このスクリプトは簡単なものですが、スクリプトや他のアプリケーションの終了ス
テータスを利用する方法を知っておく必要があります。前に、$HOME/bin ディレク
トリーを作成したときに使ったコマンドラインリストは、終了ステータスを利用する

方法を知るためのよいサンプルです。

```
$ command1 || command2
```

この例では、command1（コマンド 1）が何らかの理由で失敗した場合にのみ、command2（コマンド 2）が実行されます。具体的に言うと、command2 は、command1 が 0 以外の終了ステータスで終了した場合に実行されます。

同様に次の例では、command1 が成功し、0 の終了ステータスを発行した場合にのみ、command2 が実行されます。

```
$ command1 && command2
```

次の例に示すように、$?変数を参照すると、スクリプトの終了ステータスを明示的に読み取ることができます。

```
$ hello1.sh && echo $?
Hello World
0
```

出力結果は 0 です。これはファイルの最後の行に追加したものであり、その行に到達できない理由は何もないからです。

1.6.4　一意の名前を確保する

簡単なスクリプトの作成と実行ができるようになりましたが、スクリプトの名前について少し考える必要があります。この例では、hello1.sh という名前は適切であり、システム上のほかのものと衝突する可能性は低いでしょう。名前を付けるときには、すでに使われているプログラム名を避けるだけでなく、既存のエイリアス、関数、キーワード、組み込みコマンドと衝突する可能性のある名前は避けるべきです。

ファイルに sh という拡張子を付けても、名前が一意であるという保証にはなりませんが、Windows のようなファイル拡張子が使われない Linux では、拡張子はファイル名の一部になります。これは、作成するスクリプトに独自性を与えることに役立ちます。また、拡張子はエディターによって使われ、構文の強調表示のためにファイルを識別する手助けとなります。覚えているでしょうが、前に構文強調表示のためのファイル sh.nanorc を nano テキストエディターに追加しました。シェルスクリプト用以外にも、C 言語用の c.nanorc や Java 用の java.nanorc などのファイルを追加することができますが、これらのファイルは、それぞれの言語の拡張子に固有の

ものとなります。

　この章のコマンド階層の話に戻ると、type を使って、ファイル hello1.sh の場所と種類を判別することができます。

```
$ type hello1.sh      # 種類とパスを判別します
$ type -a hello1.sh   # 名前が一意でない場合、見つかったすべてのコマンドを表示します
$ type -t hello1.sh   # コマンドの簡潔な種類を表示します
```

これらのコマンドと出力結果は、**図1-6** のとおりです。

```
mlss@mint:~$ type hello1.sh
hello1.sh is hashed (/home/mlss/bin/hello1.sh)
mlss@mint:~$ type -a hello1.sh
hello1.sh is /home/mlss/bin/hello1.sh
mlss@mint:~$ type -t hello1.sh
file
mlss@mint:~$ 
```

図1-6

1.6.5　Hello Dolly!

　スクリプトの中に、固定された単純なメッセージよりも、もう少し多くの内容が欲しいと思うかもしれません。静的な内容のメッセージはそれなりに意義がありますが、より柔軟性を持たせることで、このスクリプトをもっと便利なものにすることができます。

　この章では、スクリプトに渡すことのできる位置パラメーター（位置引数）について説明します。次の章では、スクリプトをインタラクティブ（対話的）にして、実行時にユーザーに入力を促す方法について解説します。

1.6.5.1　引数を付けてスクリプトを実行する

　スクリプトを、引数を付けて実行することができます。結局のところ、Linux は自由な世界であり、コードを使ってやりたいことを自由にやらせてくれるのです。ただし、スクリプトがその引数を利用しない場合は、引数は単に無視されます。次のコマンドは、1 つの引数を付けてスクリプトを実行する様子を示しています。

```
$ hello1.sh fred
```

これでもスクリプトは実行され、エラーは発生しません。出力結果も変わらず、

「Hello World」と表示されます。

引数の識別子を**表1-1** に示します。

表 1-1　引数の識別子

引数の識別子	説明
\$0	スクリプトそのものの名前。使い方の説明文の中でよく使われる
\$1	位置引数。スクリプトに渡された最初の引数
\${10}	引数の位置を表すために 2 桁以上の数字が必要な場合の書き方。波括弧は、変数名とそれ以外の内容とを区切るために使われる。1 つの数字の値を指定する
\$#	引数の数。スクリプトを正しく実行するために必要な引数の数を設定しなければならない場合に、特に便利
\$*	すべての引数を参照する

引数を利用するためには、スクリプトの内容を少し変える必要があります。まずスクリプトをコピーし、実行権限を与え、新しい hello2.sh を編集します。

```
$ cp $HOME/bin/hello1.sh $HOME/bin/hello2.sh
$ chmod +x $HOME/bin/hello2.sh
```

コマンドラインで引数が渡された場合にそれを利用できるように、hello2.sh を編集する必要があります。**図1-7** は、コマンドライン引数の最も簡単な使い方を示しており、カスタムメッセージの表示を可能にしています。

```
#!/bin/bash
echo "Hello $1"
exit 0
```

図 1-7　hello2.sh

このスクリプトを実行してみましょう。次のようにして、引数を与えることができます。

```
$ hello2.sh fred
```

出力結果は「Hello fred」になるはずです。引数を指定しなかった場合は、変数が空になり、「Hello」だけが表示されます。**図1-8** を見ると、引数と出力結果が確認できます。

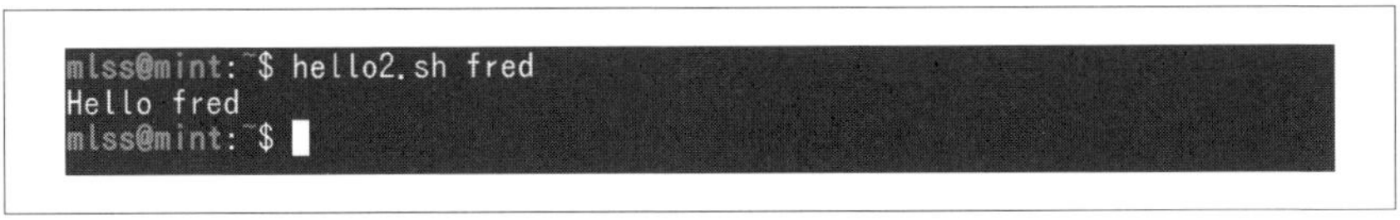

```
mlss@mint:~$ hello2.sh fred
Hello fred
mlss@mint:~$ █
```

図1-8

　$*を使うようにスクリプトを変更すると、すべての引数が表示されます。「Hello」に続いて、指定したすべての引数が表示されます。スクリプトを編集して、echo の行を次のように置き換えます。

　echo "Hello $*"

次のような引数を付けて、スクリプトを実行します。

$ **hello2.sh fred wilma betty barney**

図1-9 のような結果になります。

```
mlss@mint:~$ hello2.sh fred wilma betty barney
Hello fred wilma betty barney
mlss@mint:~$ █
```

図1-9

　それぞれの名前を、Hello <name>のように別々の行に表示したい場合は、ループ構造について説明するまで、もう少し待ってください。これを実現するには、for ループが最適です。

1.6.5.2　正しい引用符の重要性

　ここまで、echo を使って表示したい文字列を囲むために、単純な二重引用符の仕組みを用いてきました。

　実は、最初のスクリプトでは、単一引用符を使っても二重引用符を使っても問題ありません。echo 'Hello World' は、echo "Hello World"とまったく同じになります。

　しかし、2 番目のスクリプトでは、これは当てはまりません。そのため、bash で利用可能な引用符の仕組みを理解することがとても重要です。

これまで見てきたように、echo "Hello $1" と二重引用符を使うと、「Hello fred」のように、指定した値が表示される結果になります。ところが、echo 'Hello $1' と単一引用符を使うと、画面に表示される結果は「Hello $1」となります。つまり、変数の値ではなく、変数の名前がそのまま表示されるのです。

引用符の目的は、たとえば2つの単語の間のスペースのような、特殊文字を保護することです。スペースは通常、シェルによって区切られるデフォルトのフィールドとして解釈されますが、どちらの引用符も、このスペースが誤って解釈されないように保護します。単一引用符で囲まれたすべての文字は、特別な意味を持たないリテラル（そのままの文字）として、シェルによって読まれます。これには、$記号の値がbash によって展開されることなく、文字どおりの形式で表示されるという波及効果があります。つまり、単一引用符によって保護されていると、bash は変数の値を展開することができません。

そこで、二重引用符の出番です。二重引用符は、$以外のすべての文字を保護するので、bash は変数に保管されている値を展開することができるのです。

引用符で囲まれた文字列の中で、展開する必要のある変数と、文字どおりの$を一緒に使う必要がある場合は、二重引用符を使い、目的とする$をバックスラッシュ（日本語環境では¥記号）でエスケープします。たとえば、echo "$USER earns \$4" とすると、現在のユーザーが Fred である場合、「Fred earns $4」（フレッドは4ドル稼ぐ）と表示されます。

引用符のすべての仕組みを使って、コマンドラインで次の例を試してみましょう。必要に応じて、自由に時給をアップさせてください。

```
$ echo "$USER earns $4"
$ echo '$USER earns $4'
$ echo "$USER earns \$4"
```

結果は**図1-10**のようになります。

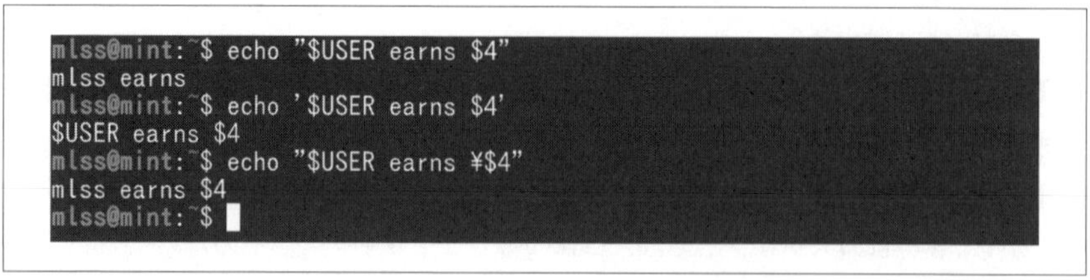

図1-10

1.6.6 スクリプト名を表示する

$0 変数はスクリプト名を表します。これは、スクリプトの使い方を説明する文の中でよく使われます。まだ条件文について説明していないので、ここでは名前の前にスクリプト名を表示することにします。

$HOME/bin/hello2.sh が次のような完全なコードブロックになるように、スクリプトを編集します。

```
#!/bin/bash
echo "You are using $0"
echo "Hello $*"
exit 0
```

コマンドからの出力結果は、**図1-11** のとおりです。

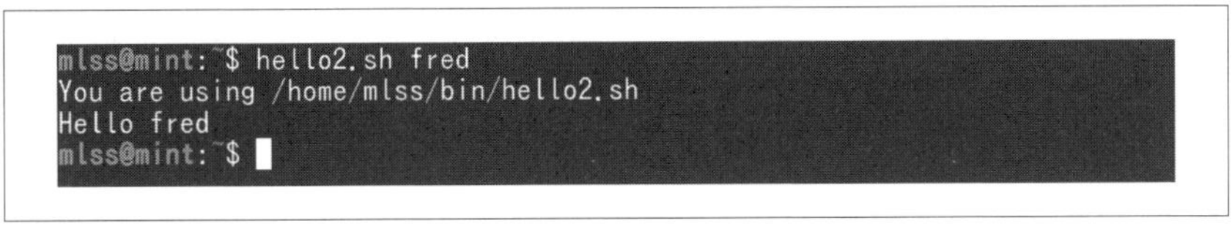

図1-11

パスを表示せずにスクリプトの名前だけを表示したい場合は、パスから名前を抽出する basename コマンドを使います。スクリプトの 2 番目の行を、次のように変更します。

```
echo "You are using $(basename $0)"
```

$(....) という構文は、その内側のコマンドの結果を評価するために使います。まず basename $0 を実行し、その結果を、$ によって表される無名の変数に代入します。

新しい実行結果は、**図1-12** のようになります。

```
mlss@mint:~$ hello2.sh fred
You are using hello2.sh
Hello fred
mlss@mint:~$
```

図1-12

　バッククォート（`）を使っても、同じ結果を得ることができます。これは読みやすさの点では劣りますが、他人が書いたスクリプトを読んだり修正したりする必要があるかもしれないので、紹介しておきます。$(....) 構文の代わりとなるこの方法は、次のように使います。

　　echo "You are using `basename $0`"

　ここで使用している文字はバッククォートであり、単一引用符ではないことに注意してください。英国や米国のキーボードでは左上の 1 キーの隣にあります。日本語の JIS キーボードでは Shift キーを押しながら @ キーを押します。

1.7　変数の宣言

　他のプログラミング言語と同様に、bash スクリプトでも変数を宣言できます。ところで、変数とはいったい何でしょうか？ それを使うメリットは何でしょうか？
　変数とは、何らかの値を、コード内で後で使うために保管しておくためのものです。スクリプト内で宣言できる変数には、次の 2 種類があります。

● ユーザー定義変数
● 環境変数

1.7.1　ユーザー定義変数

　変数を宣言するには、希望する名前を入力し、等号（=）を使ってその値を設定するだけです。
　次の例を見てください。

```
#!/bin/bash
name="Mokhtar"
age=35
total=16.5
echo $name  # Mokhtarが表示されます
echo $age   # 35が表示されます
echo $total # 16.5が表示されます
```

　見てわかるように、変数の値を表示するには、その前にドル記号（`$`）を使う必要があります。

　変数名と等号の間や等号と値の間に、スペースがないことに注意してください。

　間にスペースを入れると、シェルはその変数を、あたかもそれがコマンドであるかのように扱います。そして、そのようなコマンドは存在しないので、エラーになってしまうのです。

　以下はすべて、正しくない宣言の例です。

```
# 変数をこのように宣言してはいけません：
name = "Mokhtar"
age =35
total= 16.5
```

　もう1つの役に立つユーザー定義変数が配列です。配列は、複数の値を保持することができます。したがって、使いたい値が何十個もある場合は、スクリプトを変数で埋め尽くす代わりに、配列を使うべきです[10]。

　配列を宣言するには、次のように、配列の要素を括弧で囲むだけです。

```
#!/bin/bash
myarr=(one two three four five)
```

　特定の配列要素にアクセスするには、次のようにして、そのインデックスを指定します。

```
#!/bin/bash
myarr=(one two three four five)
echo ${myarr[1]} # 2番目の要素であるtwoが表示されます
```

　インデックスは、ゼロから始まります。

　すべての配列要素を表示するには、次のようにアスタリスク（`*`）を使います。

---

[10] 訳注：dash と ash では配列を使用できません。

```
#!/bin/bash
myarr=(one two three four five)
echo ${myarr[*]}
```

配列から特定の要素を取り除くには、unset コマンドを使います[11]。

```
#!/bin/bash
myarr=(one two three four five)
unset myarr[1]  # 2番目の要素が削除されます
unset myarr     # すべての要素が削除されます
```

1.7.2　環境変数

　ここまで、$HOME、$PATH、$USER など、自分たちで定義していない変数を使ってきました。これらの変数を定義した覚えはないのに、これらはどこから来たのかと疑問に思うかもしれません。

　これらの変数は、ユーザーが利用できるようにシェルによって定義されており、**環境変数**と呼ばれます。

　多くの環境変数が用意されており、printenv コマンドを使うと、それらをリストアップすることができます。

　また、printenv コマンドに特定の環境変数を指定することで、その値を表示することができます。

```
$ printenv HOME
/home/mlss
```

　これらの変数はすべて、bash スクリプトの中で利用できます。

　すべての環境変数は大文字で書かれることに注意してください。そのため、環境変数と区別しやすいように、ユーザー定義変数は小文字で宣言してください。これは必須ではありませんが、望ましい習慣です。

1.8　変数のスコープ

　いったん変数を宣言したら、その変数は bash スクリプト全体の中で、何の問題もなく利用できます。

　次のようなシナリオを考えてみましょう。あなたはコードを 2 つのファイルに分割

---

[11] 訳注：配列でない変数に unset コマンドを使用するとその変数は未定義の状態になります。

し、一方のファイルの中から、もう一方のファイルのコードを実行します。

```
#!/bin/bash
# 第1のスクリプト
name="Mokhtar"
./script2.sh # 第2のスクリプトを実行します
```

第2のスクリプトは次のようなものです。

```
#!/bin/bash
# 第2のスクリプト
echo $name
```

第2のスクリプトの中で name 変数を使いたいと仮定しましょう。しかし、それを表示しようとしても、何も表示されません。なぜなら、変数のスコープは、変数を作成したプロセスだけに限られるからです。

name 変数を使うには、export コマンドを使ってそれをエクスポートします。

したがって、先ほどのコードは次のようになります。

```
#!/bin/bash
# 第1のスクリプト
name="Mokhtar"
export name   # 他のプロセスからこの変数にアクセスできるようになります
./script2.sh
```

これで、第1のスクリプトを実行すると、第1のスクリプトファイルから来た name の値が表示されます。

第2のプロセス、すなわち script2.sh は変数をコピーするだけであり、元の変数には影響を及ぼさないことを覚えておいてください。

このことを証明するために、第2のスクリプトから変数を変更し、第1のスクリプトからその変数にアクセスしてみましょう。

```
#!/bin/bash
# 第1のスクリプト
name="Mokhtar"
export name
./script2.sh
echo $name
```

第2のスクリプトを次のようにします。

```
#!/bin/bash
# 第2のスクリプト
name="Another name"
echo $name
```

　第 1 のスクリプトを実行すると、第 2 のスクリプトからは変更した name が表示され、その後で第 1 のスクリプトから元の name が表示されます。つまり、元の変数はそのまま残っているというわけです。

1.9　コマンド置換

　ここまで、変数の宣言方法を見てきました。これらの変数は、整数、文字列、配列、浮動小数点数などを保持することができますが、これがすべてではありません。

　コマンド置換は、コマンドの実行結果を変数内に保管することを意味します。

　ご存じのとおり、pwd コマンドは現在の作業ディレクトリーを表示します。その値を変数に保管する方法を見てみましょう。

　コマンド置換を行う方法は 2 つあります。

- バッククォート文字（`）
- $( ) のように、ドル記号の形式を使用する

　最初の方法を使うには、コマンドを 2 つのバッククォートで囲みます。

```
#!/bin/bash
cur_dir=`pwd`
echo $cur_dir
```

　2 番目の方法は、次のように記述します。

```
#!/bin/bash
cur_dir=$(pwd)
echo $cur_dir
```

　コマンドからの出力結果をさらに処理したり、その結果に基づいて何らかのアクションを行ったりすることができます。

1.10　スクリプトのデバッグ

　これまで見てきたシンプルなスクリプトでは、うまくいかないことやデバッグが必要なことはほとんどありません。しかし、スクリプトが大きくなり、条件文による決定経路が含まれるようになると、スクリプトの進行状況を適切に解析するために、何らかのレベルのデバッグが必要になります。

　bash では、-v と -x の 2 つのオプションが用意されています。

　スクリプトからの詳細な出力を調べたい場合や、スクリプトが 1 行ずつどのように評価されるかについて詳しく知りたい場合は、-v オプションを使います。これは、シバンの中で指定することもできますが、多くの場合、bash を使ってスクリプトを直接実行するほうが簡単です。

```
$ bash -v $HOME/bin/hello2.sh fred
```

　この例では、埋め込まれた basename コマンドの各要素がどのように処理されるかがわかるので、とても便利です。最初のステップでは引用符が取り除かれ、次に括弧が取り除かれます。**図1-13** の結果を見てください。

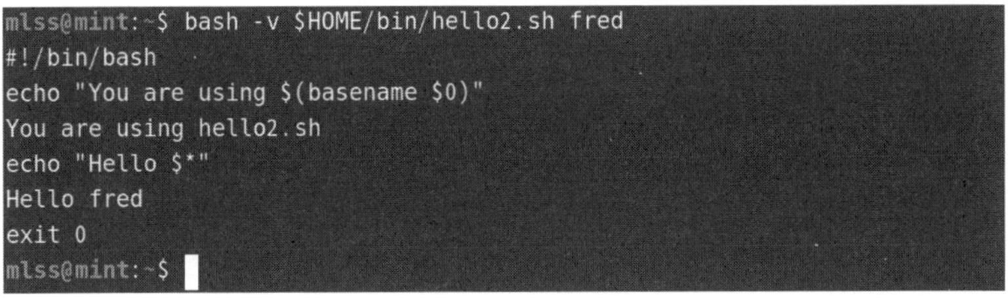

図1-13　-v オプションでのデバッグ

　-x はよく使われるオプションで、コマンドが実行されるときにそのコマンドを表示します。これは、スクリプトによって選択された条件分岐を知るために役立ちます。次の例を実行すると、この様子がわかります。

```
$ bash -x $HOME/bin/hello2.sh fred
```

　この場合も最初に basename が評価されていることはわかりますが、そのコマンドの実行に関する詳細なステップはわかりません。**図1-14** は、コマンドと出力結果

を示しています。

```
mlss@mint:~$ bash -x $HOME/bin/hello2.sh fred
++ basename /home/mlss/bin/hello2.sh
+ echo 'You are using hello2.sh'
You are using hello2.sh
+ echo 'Hello fred'
Hello fred
+ exit 0
mlss@mint:~$
```

図1-14　-x オプションでのデバッグ

　初心者や、プログラムコードを視覚的にデバッグした経験しかない人にとっては、この方法は難しいかもしれません。

　シェルスクリプトをデバッグするための、より新しいもう1つの方法は、Visual Studio Code を使うことです。

　「Bash Debug」と呼ばれる拡張機能があり、これを使うと、他のプログラミング言語と同様に、bash スクリプトを視覚的にデバッグすることができます[12]。

　ステップイン、ステップオーバー、ウォッチなど、おなじみのデバッグ機能がすべて使えます。

　拡張機能をインストールしたら、［ファイル］メニューから、シェルスクリプト用のフォルダーを開きます。次に、［実行］メニューの［構成の追加...］をクリックして［Bash Debug］を選択します。

　これにより構成ファイルの launch.json が開くので、次に示す情報を入力します。

```
{
    "version": "0.2.0",
    "configurations": [
        {
            "name": "Packt Bash-Debug",
            "type": "bashdb",
```

---

[12] 訳注：Bash Debug は、「1.1　技術要件」で説明したとおり、https://marketplace.visualstudio.com/items?itemName=rogalmic.bash-debug からインストールできます。あるいは、Visual Studio Code ウィンドウの左下の歯車アイコンをクリックして［拡張機能］を選択し、「Bash Debug」を検索すると、Bash Debug が一番上に表示されるので［インストール］をクリックします。Bash Debug の実行には bash のバージョン4以上が必要です。macOS をお使いの方は、デフォルトで bash のかなり古いバージョンの 3.2 がインストールされていますので Homebrew で bash の新しいバージョンをインストールすることをお勧めします。詳しい手順はインターネットで検索してください。

```
        "request": "launch",
        "program": "${command:SelectScriptName}",
        "args": []
      }
    ]
}
```

これで、「Packt Bash-Debug」というデバッグ構成が作成されます（**図1-15**）。

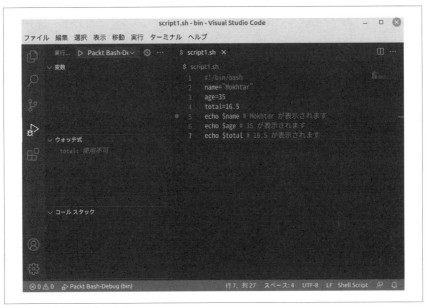

図1-15　デバッグ構成の作成

　ブレークポイントを挿入して F5 キーを押すか、［実行］メニューからデバッグを
開始します。.sh のファイルのリストが表示されます（**図1-16**）。

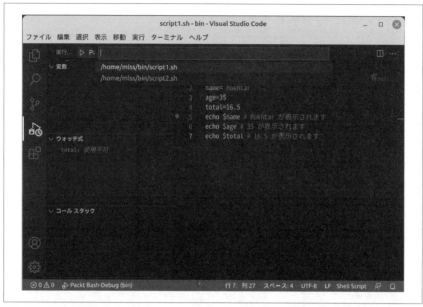

図1-16　デバッグの開始

　デバッグしたいファイルを選択し、**図1-17** のように、テストしたい任意の行にブレークポイントを設定します[†13]。

[†13] 訳注：デバッグ時にデバッグコンソールに「/dev/stdin: そのようなデバイスやアドレスはありません」というエラーメッセージが表示されますがこちらは無視してかまいません。"terminalKind": "integrated" という設定を launch.json に追加するとこのエラーメッセージは表示されなくなりますが、スクリプトの出力がデバッグ用に実行されるコマンドの長い文字列と一緒にデバッグコンソールの隣のターミナルに出力されるようになります。また、本書翻訳時点の Bash Debug 拡張機能の最新版 0.3.9 ではデバッグ対象のスクリプトのファイル名にスペースが含まれているとブレークポイントで停止しないという不具合がありました。もしこの不具合が発生した場合はファイル名をスペースを含まないものに変更して試してみてください。

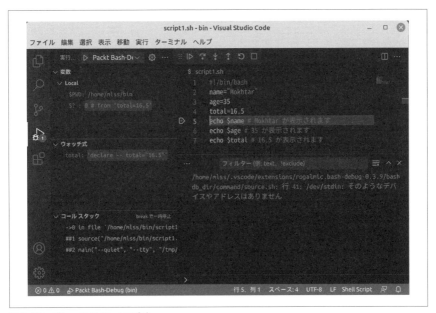

図1-17　ブレークポイントの設定

　コードの各行をステップオーバーするときに変数の値を観察するためのウォッチを
追加することができます（**図1-18**）。

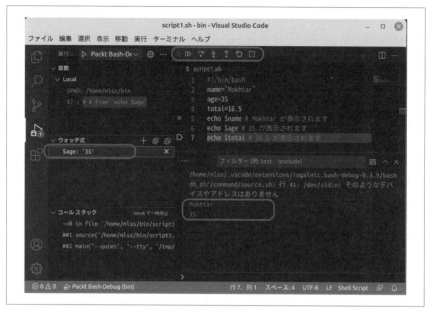

図 1-18　ウォッチの追加

スクリプトが必ずシバン（`#!/bin/bash`）で始まっていなければならないこと
に注意してください。

　これで、視覚的な方法でデバッグを行うことができます。それでは、よいコーディ
ングを！

1.11　まとめ

　これで、この章は終わりです。きっと役に立つものになったと思います。特に、
bash スクリプトを始めようとしている人にとっては、知識を増やしていくための
しっかりした基礎を築くことができたでしょう。

　bash は安全であり、組み込まれている機能によって危険にさらされることはあ
りません。bash は保護されており、コマンドの実行前にエイリアスや関数などが
チェックされる実行階層について学びました。これを知っておくと、適切な命名方法

やスクリプトの場所を特定するパスについて計画するときに役立ちます。

　最初に、Linux のシェルの種類について説明し、bash スクリプトとは何かを理解しました。

　次に、静的な内容の簡単なスクリプトを作成し、引数を使うと、容易に柔軟性を加えられることを理解しました。スクリプトの終了ステータスは、$?変数を使って読み取ることができます。||や&&を使ってコマンドラインリストを作ることができます。これは、リスト内の前のコマンドが成功したか失敗したかによって、その後の実行が決まります。

　次に、変数の宣言方法と環境変数の使い方を学びました。変数のスコープを確認し、それを別のプロセスにエクスポートする方法を理解しました。

　また、コマンド置換と呼ばれる、コマンドの結果を変数に保管する方法を学びました。

　最後に、bash のオプションや VS Code を使ってスクリプトをデバッグする方法を学びました。これは、スクリプトが小さいときにはあまり必要ではありませんが、複雑さが増したときに役立ちます。

　次の章では、スクリプトの実行中にユーザーからの入力を読み取る、インタラクティブなスクリプトを作成します。

1.12　練習問題

1-1　次のコードの問題点は何でしょうか？　また、どのように直したらよいでしょうか？

```
#!/bin/bash
var1 ="Welcome to bash scripting ..."
echo $var1
```

1-2　次のコードは、どのような結果になるでしょうか？

```
#!/bin/bash
arr1=(Saturday Sunday Monday Tuesday Wednesday)
echo ${arr1[3]}
```

1-3　次のコードの問題点は何でしょうか？　また、どのように直したらよいでしょうか？

```
#!/bin/bash
files = 'ls -la'
echo $files
```

1-4 次のコードで、変数 b と c の値は何になるでしょうか？

```
#!/bin/bash
a=15
b=20
c=a
b=c
```

2章
インタラクティブな
スクリプトの作成

「1章　bash のスクリプトとは何か、なぜそれが必要なのか？」では、スクリプト
の作成方法と、いくつかの基本要素の使い方を学びました。また、実行時にスクリプ
トに渡すことのできるパラメーターについても説明しました。この章では、シェル組
み込みコマンドの read を使うことでこれを拡張し、インタラクティブ（対話的）な
スクリプトの作成を可能にします。インタラクティブなスクリプトとは、スクリプト
の実行中に、ユーザーに情報を入力するよう促すスクリプトのことです。

この章では、以下のテーマを扱います。

- オプション付きの echo の使用
- read を使った基本的なスクリプト
- スクリプトのコメント
- read プロンプトを使ってスクリプトを拡張する
- 入力文字数を制限する
- 入力テキストの可視性を制御する
- オプションの受け渡し
- オプションの値を読み取る
- 標準的であること
- 簡単なスクリプトを使って理解を深める

2.1　オプション付きの echo の使用

ここまで本書では、echo コマンドはとても便利であり、すべてのスクリプトでは
ないにせよ、多くのスクリプトで使われることを見てきました。echo コマンドを実

行するときには、ファイルのフルパスを指定しないかぎり、組み込みコマンドが使われます。ファイルのフルパスは、次のコマンドを使って調べることができます。

```
$ which echo
/bin/echo
```

組み込みコマンドのヘルプを見るには、man bash を使い、echo を検索します[†1]。しかし、組み込みコマンドと echo コマンドはまったく同じなので、コマンドのオプションを見るには、ほとんどの場合、man echo を使うことを勧めます。

これまで見てきた echo の基本的な使い方では、テキストと改行が出力されます。多くの場合、これは望ましい処理であり、出力されたテキストの終わりに次のプロンプトが表示されるような事態を心配する必要はありません。改行によって、スクリプトからの出力と次のシェルプロンプトが分けられるからです。表示するテキスト文字列を何も指定しなかった場合、echo は STDOUT に改行だけを出力します。コマンドラインから次のコマンドを直接実行することで、これを試すことができます。実は、echo や他のどのコマンドも、必ずしもスクリプトから実行する必要はありません。echo をコマンドラインから実行するには、次のようにコマンドを入力するだけです。

```
$ echo
```

実行したコマンドと後続のプロンプトとの間に、明確に改行が出力されます。図2-1 を見ると、このことがよくわかります。

図2-1

改行を出力したくない場合は、echo の助けを借りて、次のいずれかの方法を使い

---

†1　訳注：bash の組み込みコマンドのヘルプは「help コマンド名」を実行しても見ることができます。help コマンドを使う方が bash のマニュアル全体を検索する必要がないため便利です。Debian 系の Linux ディストリビューションで manpages-ja パッケージとして利用可能な JM Project（https://linuxjm.osdn.jp/）が作成している各種コマンドの日本語版マニュアルのうち、bash の日本語版マニュアルについては本書の翻訳時点でバージョン 4.2 という 2010 年頃の古いバージョンのものですので英語版マニュアルを参照されることをお勧めします。普段日本語版マニュアルが表示される状態で英語版マニュアルを表示したい場合は LANG=C man bash で表示できます。

ます。これは、ユーザーに入力を促そうとしている場合に特に役立ちます。

```
$ echo -n "Which directory do you want to use? "
$ echo -e "Which directory do you want to use? \c"
```

どちらも改行が抑制される結果になります。最初の例では、改行を抑えるために -n
オプションを使っています。2 番目の例では、より汎用的な -e オプションを使って
います。このオプションは、テキスト文字列にエスケープシーケンス（エスケープ文
字列）を付加することを可能にします。同じコマンドライン上に入出力を続けるため
に、エスケープシーケンスとして\c を使います[†2]。

このスクリプトをコマンドラインから実行すると、出力結果に続いてコマンドプロ
ンプトが表示されるので、見栄えのいいものではありません。**図2-2** はこの様子を示
しています。

```
mlss@mint:~$ echo -e "Which directory do you want to use? ¥c"
Which directory do you want to use? mlss@mint:~$ 
```

図2-2

2.2　read を使った基本的なスクリプト

ユーザー入力を促すスクリプトを作成するうえで、改行を抑えることは、まさに私
たちが望むことです。まず、既存の hello2.sh スクリプトを hello3.sh としてコ
ピーし、それを基にインタラクティブなスクリプトを作成してみましょう。初めはプ
ロンプト（ユーザーに入力を促すメッセージ）の手段として echo を使いますが、そ
のスクリプトを徐々に拡張し、最終的にシェルの組み込みコマンドである read から
プロンプトを直接生成します。

```
$ cp $HOME/bin/hello2.sh $HOME/bin/hello3.sh
$ chmod +x $HOME/bin/hello3.sh
```

$HOME/bin/hello3.sh スクリプトを、次のように編集します。

[†2]　訳注：\c はこれ以降の文字を出力しないというエスケープシーケンスです。-e オプションを使った例で
\c の後に何か文字を入力した場合も試してみましょう。

```
#!/bin/bash
echo -n "Hello $(basename $0)! May I ask your name: "
read
echo "Hello $REPLY"
exit 0
```

　このスクリプトを実行すると、あいさつ文が表示され、名前を入力するよう促されます。echo文の中の$REPLY変数によって、この名前がそのまま表示されます。組み込みコマンドのreadにまだ変数名を与えていないので、デフォルトの$REPLY変数が使われます。このスクリプトの実行結果は、**図2-3**のとおりです。少し時間を取って、自分自身のシステム上でスクリプトを実行してみてください。

```
mlss@mint:~/bin$ ./hello3.sh
Hello hello3.sh! May I ask your name: Mokhtar
Hello Mokhtar
mlss@mint:~/bin$
```

図2-3

　この小さなステップは大きな進歩であり、このようなスクリプトには多くの使い道があります。たとえばインストールを行うときに、オプションやディレクトリーについて入力を促すインストールスクリプトを使った経験が、誰にでもあるでしょう。このスクリプトは、まだ取るに足らない例かもしれませんが、この章を読み進めていくにつれて、さらに役立つスクリプトへと近づいていきます。

2.3　スクリプトのコメント

　スクリプトにコメントを付ける方法は、常に早い段階で紹介しておくべきものです。スクリプトのコメントの前には、#記号を付けます。#記号の後はすべてコメントとなり、スクリプトとして評価されることはありません。シバン（#!/bin/bash）は元来コメントであり、そのため、シェルによって評価されません。Linuxカーネルはファイルの先頭が#!であるかどうかで実行しようとするファイルがスクリプトであるか実行ファイルであるかを判別し、スクリプトである場合にシバン全体を読み取り、そのスクリプトをどのコマンドインタープリターに渡すべきかを理解します。コメントは、行の先頭にあってもかまいませんし、行の途中にあってもかまいませ

ん[†3]。シェルスクリプトには、複数行のコメントという概念はありません。

ヒアドキュメント

　シェルスクリプトのコメントは1行ずつ#を付ける必要がありますが「ヒアド
キュメント」という機能を流用することで#を使わずに疑似的に複数行のコメン
トのように記述することができます。ヒアドキュメントはコマンドに複数行の文
字列を標準入力として与える機能です。以下のスクリプトはヒアドキュメントの
通常の使用例で、cat コマンドの入力に aaa から ccc までの3行の文字列を与
えます。END の部分は TEXT などの任意の文字列にすることができます。

```
#!/bin/bash
cat <<"END"
aaa
bbb
ccc
END
```

　このスクリプトを実行すると以下のように出力されます。

```
aaa
bbb
ccc
```

　ヒアドキュメントの終端の文字列は行の先頭にある必要があり、以下のように
インデントをすると動作しません。

```
#!/bin/bash
# この例は動作しません
    cat <<"END"
    aaa
    bbb
    ccc
    END
```

　インデントをしたい場合は<<の代わりに<<-を使用して、インデントにタブ
を使用することでインデントが可能になります。スペースでインデントした場合

---

†3　訳注：行の先頭ではなく、行の途中にコメントを付ける場合は、#の前にスペースがないとコメントとして
　　解釈されませんので注意しましょう。

は動作しません。

```
#!/bin/bash
# この例は動作します
    cat <<-"END"
    aaa
    bbb
    ccc
    END
```

このスクリプトを実行すると以下のように最初の実行例と同様に出力されます。

```
aaa
bbb
ccc
```

ヒアドキュメントを流用して疑似的に複数行のコメントを記述するには以下のようにします。コロン（:）は何もしない組み込みコマンドです。:は省略することもできます。:を省略した場合は bash -x コマンドでシェルスクリプトのデバッグを行う際に:コマンドが実行されたという履歴が出力されなくなるという動作の違いが生じます。

```
#!/bin/bash
echo "複数行のコメント1"

: <<"COMMENT"
これは
複数行の
コメント
です
COMMENT
```

注意が必要な点として、ヒアドキュメントの<<の次の文字列が引用符なしの場合は変数の展開が行われます。以下の例では$(touch empty.txt) のコマンド置換の部分が実行されて empty.txt という空のファイルが作成されます。シェルスクリプトの作成中にヒアドキュメントを使って実行させたくない部分を疑似的にコメントアウトすることができますが、引用符を付け忘れるとコマンド置換の部分が実行されてシェルスクリプトが意図しない動作をするおそれがありますので注意しましょう。

```
#!/bin/bash
echo "複数行のコメント2"

: <<COMMENT
これは
複数行の
コメント
です
$(touch empty.txt)
COMMENT
```

　コメントになじみがない人のために言うと、コメントは、誰がこのスクリプトを書いたのか、いつ書かれ、最後に更新されたのはいつか、このスクリプトは何を行うのか、などを記述するためにスクリプトに追加されるものだと覚えておいてください。これらはスクリプトのメタデータと言えます。

　スクリプト内のコメントの例を示します。

```
#!/bin/bash
# bashスクリプトにようこそ
# Author: Mokhtar
# Date: 1/5/2018
```

　コメントを書くのは、よい習慣です。そのコードが何をしているのか、なぜそれをしているのかを説明するコメントを書くようにしてください。そのスクリプトを後で編集する必要のある同僚やあなた自身の役に立つことでしょう。

2.4　read プロンプトを使ってスクリプトを拡張する

　組み込みコマンドの read を使って変数に代入する方法を見ました。ここまで、echo を使ってプロンプトを作成してきましたが、-p オプションを使うと、read そのものにこれを行わせることができます。read コマンドは余分な改行を出力しないので、行数を減らすことができ、複雑さもある程度軽減できます。

　これをコマンドラインで試すことができます。次のコマンドを入力し、read の動作を確認してください。

```
$ read -p "Enter your name: " name
Enter your name:
```

　ここでは、-p オプションを付けて read コマンドを使っています。そのオプションに続く引数は、プロンプトとして表示されるテキストです。通常は、ユーザーが入力する情報がはっきりと区別できるように、テキストの終わりにスペースを付けます。最後に指定した引数は、代入先となる変数です。ここでは単純に name としました。変数も、大文字と小文字を区別します。この最後の引数を指定しなかった場合もユーザーの応答を保管することができますが、その場合は REPLY 変数に保存されます。

> 変数の値を返すときには $ を使いますが、変数を宣言するときには使いません。簡単に言えば、変数を読み取るときには $VAR のように参照し、変数を設定するときには VAR=value のように記述します。

　-p オプションを使った read コマンドの構文は、次のようになります[4]。

```
read -p <プロンプト> <変数名>
```

hello3.sh を、次のように修正することができます。

```
#!/bin/bash
read -p "May I ask your name: " name
echo "Hello $name"
exit 0
```

　read のプロンプトでは、前に使ったような、メッセージ文字列中のコマンドは評価されません。

2.5　入力文字数を制限する

　これまで使ってきたスクリプトでは必要なかった機能ですが、処理を続行するために任意のキーを押してもらうようユーザーに求めたい場合もあるでしょう。現在のところ、 Enter キーを押すまでは、変数には代入されません。続行するためには、ユーザーは Enter キーを押す必要があります。 -n オプションとそれに続けて整数

---

[4] 訳注：ksh93、mksh、zsh では -p オプションはコプロセス（シェルからバックグラウンドで実行されるコマンドで、シェルと双方向のパイプでデータをやりとりできる）から入力を読み取るという別の役割をするオプションであるため -p オプションでプロンプトを指定できません。これらのシェルでプロンプトを指定する場合は read "<変数名>?<プロンプト>" のように ? を使用します。ksh93 と mksh はこの方法でプロンプトを指定する場合に変数名を省略できません。

を記述することで、続行する前に受け付ける文字数を指定できます。この例では、1
に設定します。次のコード例を見てください。

```bash
#!/bin/bash
read -p "May I ask your name: " name
echo "Hello $name"
read -n1 -p "Press any key to exit"
echo
exit 0
```

　スクリプトは、入力された名前を表示した後、いずれかのキーが押されるまで一時
停止します。1つのキーストロークだけを受け付けるので、任意のキーを押すと処理
が続行されます。これに対して前の文では、入力される名前がどれくらいの長さにな
るかわからないので、デフォルトの動作のままにしておく必要があり、ユーザーが
Enter キーを押すのを待たなければなりません。

> ここでは echo を追加していますが、これは、スクリプトが終了する前に必ず
> 改行されるようにするためです。これにより、シェルのプロンプトが新しい行
> から始まることが保証されます。

2.6　入力テキストの可視性を制御する

　入力を1文字に制限しましたが、画面上にそのテキストが表示されてしまいます。
同様に、名前を入力するときにも、 Enter キーを押す前に入力したテキストが見え
ています。この例では大した問題にはなりませんが、暗証番号やパスワードのような
デリケートなデータを入力する場合は、テキストを非表示にすべきです。 -s（サイ
レント）オプションを使うと、これを実現できます[†5]。スクリプトを少しだけ修正し
て、次のようにします。

```bash
#!/bin/bash
read -p "May I ask your name: " name
echo "Hello $name"
read -sn1 -p "Press any key to exit"
echo
exit 0
```

---

†5　訳注：ksh93 と mksh では -s オプションは入力された文字列をコマンド履歴に追加するという別の役割
　　をするオプションであるため -s オプションでテキストを非表示にできません。

これで、キーを押して続行するときに、画面に表示されなくなります。**図2-4**は、このスクリプトの動作を示しています。最初の行では、入力したテキスト（名前）が表示されていますが、-sを付けた入力行では、入力したテキストは表示されていません。

```
mlss@mint:~/bin$ ./hello3.sh
May I ask your name: fred
Hello fred
Press any key to exit
mlss@mint:~/bin$ 
```

図2-4

2.7　オプションの受け渡し

最初の章では、ユーザーから渡されたパラメーターを読み取る方法を見てきました。同じように、スクリプトにオプションを渡すことができます。ところで、オプションとは何でしょうか？　パラメーターとはどう違うのでしょうか？

オプションとは、前に1つのハイフン（-）が付いた文字のことです。

次の例を見てください。

```
$ ./script1.sh -a
```

-aがオプションです。ユーザーがこのオプションを入力したかどうかをスクリプトからチェックすることができ、もしそうであれば、それに応じて何らかの処理を行うことができます。

次のように、複数のオプションを渡すこともできます。

```
$ ./script1.sh -a -b -c
```

$1、$2、$3という変数を使うと、これらのオプションを表示することができます（**図2-5**）。

```bash
#!/bin/bash
echo $1
echo $2
echo $3
```

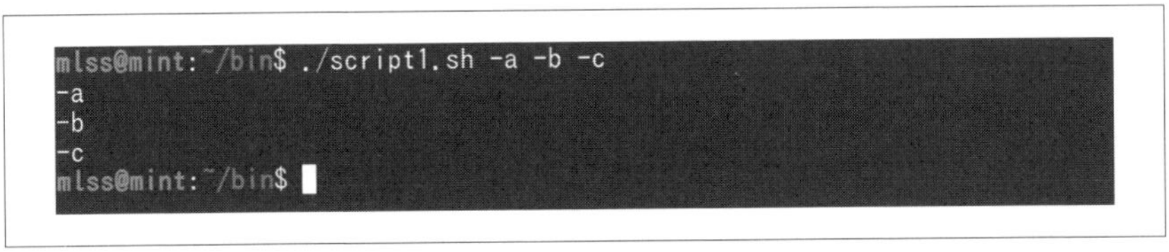

図2-5

　スクリプトでは、これらのオプションについてチェックすべきですが、まだ条件文について説明していないので、とりあえず簡単なままにしておきます。

　次のようにして、オプションに値を付けて渡すこともできます。

```
$ ./script1.sh -a -b 20 -c
```

ここでは、20という値を付けて-bオプションを渡しています（**図2-6**）。

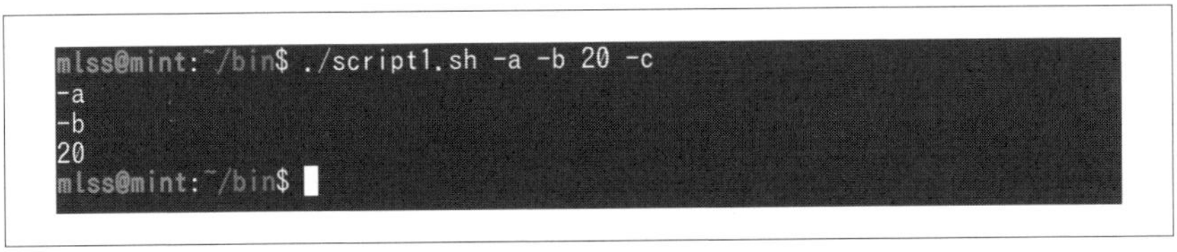

図2-6

　見てわかるように、$3変数は、渡された値である20です。

　これは、読者にとって喜ばしいことではないかもしれません。おそらく、$2が-bとなり、$3が-cとなることを望むでしょう。

　これらのオプションを正しく扱うには、条件文を使う必要があります。

```
#!/bin/bash
while [ -n "$1" ]
do
    case "$1" in
        -a) echo "-a option used" ;;
        -b) echo "-b option used" ;;
        -c) echo "-c option used" ;;
        *) echo "Option $1 not an option" ;;
    esac
    shift
done
```

while ループを知らなくても問題ありません。繰り返し文や条件文については、後の章で詳しく説明します。

shift コマンドは、オプションを左へ 1 つずらします。

したがって、もし 3 つのオプションまたはパラメーターがあったとして、shift コマンドを使うと、

- $3 は $2 となり、
- $2 は $1 となり、
- $1 は削除されます。

つまり、while ループを使ってオプションについて繰り返しながら、前に進んでいくような動きになります。

最初のループサイクルでは、$1 は 1 番目のオプションになります。shift でオプションをずらすと、$1 は 2 番目のオプションになり、以下同じように進んでいきます。

このコードを試す場合、オプションの値はまだ正しく識別できないことに注意してください。しかし心配は不要です。のちほど解決策を示すので、もう少しお待ちください。

2.7.1　オプションとパラメーターの受け渡し

オプションとパラメーターを同時に渡すには、次のように、二重ハイフン（--）で区切る必要があります。

```
$ ./script1.sh -a -b -c -- p1 p2 p3
```

このテクニックを使うと、二重ハイフンに達するまでオプションについて処理を繰り返し、その後でパラメーターについて処理を繰り返すことができます[6]。

---

[6]　訳注：$@ は $* と同様にすべての引数を参照する変数ですが $@ は二重引用符で囲んだ場合の展開のされ方が $* と異なります。たとえば -a、 -b、 -c の 3 つの引数がある場合に "$@" と二重引用符で囲んで変数を展開すると "-a" "-b" "-c" という 3 つの文字列になるのに対して "$*" は "-a -b -c" という 1 つの文字列になります。

```bash
#!/bin/bash
while [ -n "$1" ]
do
    case "$1" in
        -a) echo "-a option found" ;;
        -b) echo "-b option found";;
        -c) echo "-c option found" ;;
        --) shift
            break ;;
        *) echo "Option $1 not an option";;
    esac
    shift
done
#オプションに関する繰り返しはここで終わり
#パラメーターに関する繰り返しを開始
num=1
for param in $@
do
    echo "#$num: $param"
    num=$(( $num + 1 ))
done
```

　オプションとパラメーターを組み合わせてこれを実行すると、オプションのリストとパラメーターのリストが表示されます（**図2-7**）。

```
$ ./script1.sh -a -b -c -- p1 p2 p3
```

図2-7

　見てわかるように、二重ハイフンの後に渡されたものはパラメーターとして扱われています。

2.7.2　オプションの値を読み取る

　オプションとパラメーターを識別する方法を見てきましたが、そのほかに、オプ

ションの値を正しく読み取る方法が必要です。

特定のオプションについて値を渡さなければならない場合があります。この値をどのように読み取ったらよいでしょうか?

オプションに関する反復処理の中で、値を期待するオプションの番になったときに、$2変数をチェックします。

次のコードを見てください（**図2-8**）。

```bash
#!/bin/bash
while [ -n "$1" ]
do
    case "$1" in
        -a) echo "-a option passed";;
        -b) param="$2"
            echo "-b option passed, with value $param"
            shift ;;
        -c) echo "-c option passed";;
        --) shift
            break ;;
        *) echo "Option $1 not an option";;
    esac
    shift
done
num=1
for param in "$@"
do
    echo "#$num: $param"
    num=$(( $num + 1 ))
done
```

```
mlss@mint:~/bin$ ./script1.sh -a -b 20 -c
-a option passed
-b option passed, with value 20
-c option passed
mlss@mint:~/bin$
```

図2-8

今度はよさそうです。スクリプトは、オプションと、2番目のオプションに対して渡された値を識別しています。

ユーザーからオプションを取得するための bash の組み込みコマンドがあります。それが getopts です。

残念なことに、getopts は2文字以上のオプションをサポートしていません。

getopt と呼ばれる、bash の組み込みコマンドではない別のプログラムがあり、Linux 版は 2 文字以上のオプションをサポートしていますが、macOS 版は長いオプションをサポートしていません[†7]。

いずれにしても、getopts と getopt の使い方について詳しく知りたければ、巻末の参考文献を参照してください[†8]。

2.8 標準的であること

GitHub で公開されている bash スクリプトを使う機会があるかもしれませんが、標準的なオプション体系が存在していることに気がつくでしょう。これは必須ではありませんが、従うのが望ましいものです。

よく使われるオプションには、次のようなものがあります。

-a
すべての項目をリスト表示します。

-c
すべての項目の数を取得します。

-d
出力ディレクトリーを指定する。

-e
項目を展開します。

-f
ファイルを指定します。

-h
ヘルプページを表示します。

[†7] 訳注：getopts と名前がよく似ていますがこちらは末尾の「s」がありません。Linux 版の getopt は util-linux パッケージ（https://github.com/util-linux/util-linux）に含まれています。macOS 版の getopt は FreeBSD 等の BSD 系 OS と同じものが使われています。

[†8] 訳注：getopts については「A.1.3 getopts コマンド」で解説しています。getopts と getopt についての日本語の資料では「シェルスクリプト オプション解析 徹底解説（getopt / getopts）」（https://qiita.com/ko1nksm/items/cea7e7cfdc9e25432bab）がとても参考になります。

-i

> 大文字と小文字を区別しません。

-l

> テキストをリスト表示します。

-o

> 出力をファイルに送ります。

-q

> サイレントモードにします。ユーザーに尋ねません。

-r

> 再帰的に処理を行います。

-s

> ステルスモードを使用します。

-v

> 冗長モード（詳細モード）を使用します。

-x

> 実行可能ファイルを指定します。

-y

> ユーザーにプロンプトを表示せずに受諾します。

2.9　簡単なスクリプトを使って理解を深める

　これまで作成してきたスクリプトは依然として小さなものであり、正しい入力かどうかをテストするための条件文については、まだ説明していません。しかし、簡単なスクリプトをいくつか見てみましょう。これらのスクリプトは、機能を追加することで大いに役立つものです。

2.9.1　スクリプトを使ったバックアップ

　これまでスクリプトをいくつか作ってきたので、そろそろ、それらを別の場所にバックアップしたいと考えているかもしれません。プロンプトを表示するスクリプト

を作成し、バックアップしたいファイルの場所と種類を指定することができます。

最初の練習として、次のようなスクリプトを考えてみましょう。スクリプトを作成し、名前を $HOME/backup.sh とします。

```
#!/bin/bash
# Author: @theurbanpenguin
# Web: www.theurbapenguin.com
# バックアップするファイルと場所を入力するよう促すスクリプト
# ファイルはユーザーの$HOME/binディレクトリーから検索され、$HOME内の
# ディレクトリーだけにバックアップできます。
# Last Edited: July 4 2015
read -p "Which file types do you want to backup " file_suffix
read -p "Which directory do you want to backup to " dir_name
# 指定されたディレクトリーが存在していなければ、作成します。
test -d $HOME/$dir_name || mkdir -m 700 $HOME/$dir_name
# findコマンドは、検索基準すなわち.shにマッチするファイルをコピーします。
# -path、-prune、-oオプションは、バックアップディレクトリーをバックアップ
# から除外するためのものです。
find $HOME/bin -path $HOME/$dir_name -prune -o \
  -name "*$file_suffix" -exec cp {} $HOME/$dir_name/ \;
exit 0
```

ファイルにたくさんのコメントが書かれていることがわかるでしょう。しかし、白黒印刷では少し読みにくいかもしれません。本書の電子版をお持ちであれば、**図2-9**が色付きで読めるでしょう。

```
#!/bin/bash
# Author: @theurbanpenguin
# Web: www.theurbapenguin.com
# バックアップするファイルと場所を入力するよう促すスクリプト
# ファイルはユーザーの$HOME/binディレクトリーから検索され、$HOME内の
# ディレクトリーだけにバックアップできます。
# Last Edited: July 4 2015
read -p "Which file types do you want to backup " file_suffix
read -p "Which directory do you want to backup to " dir_name
# 指定されたディレクトリーが存在していなければ、作成します。
test -d $HOME/$dir_name || mkdir -m 700 $HOME/$dir_name
# findコマンドは、検索基準すなわち.shにマッチするファイルをコピーします。
# -path、-prune、-oオプションは、バックアップディレクトリーをバックアップ
# から除外するためのものです。
find $HOME/bin -path $HOME/$dir_name -prune -o ¥
  -name "*$file_suffix" -exec cp {} $HOME/$dir_name/ ¥;
exit 0
```

図2-9 backup.sh

スクリプトを実行して、たとえばバックアップするファイルとして.sh を、ディレクトリーとして backup を指定します。**図2-10**は、スクリプトの実行の様子とディレクトリーのファイル一覧を示しています。

```
mlss@mint:~/bin$ backup.sh
Which file types do you want to backup .sh
Which directory do you want to backup to backup
mlss@mint:~/bin$ ls /$HOME/backup
backup.sh          hello1.sh  hello3.sh        run_mysql.sh  script2.sh
connect_server.sh  hello2.sh  ping_server.sh   script1.sh
mlss@mint:~/bin$
```

図2-10

ちょっとしたスクリプト作成で、有意義なスクリプトが書けるようになったことがわかるでしょう。ただし、このスクリプトを個人使用以外の目的で使う場合は、ユーザー入力のエラーチェックを追加することを強く勧めます。これについては、本書を読み進めていく中で解説します。

2.9.2　サーバーへの接続

サーバーに接続するために利用できる、実用的なスクリプトをいくつか見てみましょう。初めに ping に関するスクリプトを紹介し、その次に、SSH の認証情報を入力するよう促すスクリプトを紹介します。

2.9.3　バージョン1：ping

これは特別なサーバーを必要としないので、誰でも実行できます。このスクリプトは、ping コマンドの詳細を知らないコンソールユーザーのために、ping コマンドを簡略化します。通常は無限に繰り返しますが、ここでは3回だけサーバーに対して ping を送ります。サーバーが動作していれば何も出力しませんが、動作していなければ、「Server Dead」と報告します。次に示すスクリプトを、

$HOME/bin/ping_server.sh として作成します[9]。

```
#!/bin/bash
# Author: @theurbanpenguin
# Web: www.theurbapenguin.com
# サーバーにpingを送るスクリプト
# Last Edited: July 4 2015
read -p "Which server should be pinged " server_addr
ping -c3 $server_addr 2>&1 > /dev/null || echo "Server Dead"
```

図2-11 は、成功した結果と失敗した結果を示しています。

```
mlss@mint:~/bin$ ping_server.sh
Which server should be pinged localhost
mlss@mint:~/bin$ ping_server.sh
Which server should be pinged 1.2.3.4
Server Dead
mlss@mint:~/bin$
```

図2-11

2.9.4 バージョン2：SSH

サーバーに SSH をインストールして実行することがよくあります。お使いのシステムで SSH を実行している場合や SSH サーバーにアクセスが可能な場合に、このスクリプトを実行できます。このスクリプトは、サーバーアドレスとユーザー名を入力するよう促し、それらを SSH クライアントに渡します。次に示すスクリプトを、$HOME/bin/connect_server.sh として作成します。

---

[9] 訳注：「2>&1 > /dev/null」の部分について、リダイレクトを複数指定した場合は左から右へ順番に評価されます。この部分の動作は標準エラー出力（2）を標準出力（1）にリダイレクトして、続いて標準出力を /dev/null にリダイレクトします。これによって ping コマンドが標準エラー出力に出力するエラーメッセージは標準出力として画面上に表示され、標準出力に出力する通常のメッセージは /dev/null に出力先が変更されるため表示されなくなります。標準エラー出力に出力するエラーメッセージが標準出力を経由して /dev/null に出力されるという動作にはならないことに注意してください。リダイレクトの指定の順序を変えて「> /dev/null 2>&1」にした場合は、標準出力を /dev/null にリダイレクトして、続いて標準エラー出力を標準出力にリダイレクトしますが、2>&1 で参照している標準出力は既に /dev/null に出力先が変更されているため、標準エラー出力に出力するエラーメッセージも /dev/null に出力されます。これにより ping コマンドが出力するメッセージは一切表示されなくなります。このようにリダイレクトを複数指定した場合は指定の順序によって異なる動作になります。

```
#!/bin/bash
# Author: @theurbanpenguin
# Web: www.theurbapenguin.com
# SSH接続のための情報を入力するスクリプト
# Last Edited: July 4 2015
read -p "Which server do you want to connect to: " server_name
read -p "Which username do you want to use: " user_name
ssh ${user_name}@$server_name
```

スクリプトの最後の行で波括弧 {} を使っているのは、変数と @ 記号を区切るためです。

2.9.5　バージョン3：MySQL/MariaDB

　次のスクリプトでは、データベース接続に関する詳細情報と、実行すべき SQL クエリーを入力します。お使いのシステムで MariaDB または MySQL のデータベースサーバーを使用している場合、またはそれらに接続が可能な場合に、このスクリプトを実行できます[10]。このデモでは MySQL を使いますが、どの MariaDB や MySQL サーバーでも、バージョン 5 以降であれば動作するはずです。このスクリプトは、ユーザーとパスワードの情報のほかに、実行すべき SQL コマンドを取得します。次のスクリプトを、 $HOME/bin/run_mysql.sh として作成します。

```
#!/bin/bash
# Author: @theurbanpenguin
# Web: www.theurbapenguin.com
# MYSQLのユーザー、パスワード、コマンドを入力するよう促すスクリプト
# Last Edited: July 4 2015
read -p "MySQL User: " user_name
read -sp "MySQL Password: " mysql_pwd
echo
read -p "MySQL Command: " mysql_cmd
read -p "MySQL Database: " mysql_db
mysql -u"$user_name" -p$mysql_pwd $mysql_db -Be"$mysql_cmd"
```

---

[10] 訳注：mysql コマンドがインストールされていない場合、Debian 系の Linux ディストリビューションでは sudo apt install mysql-client または sudo apt install mariadb-client でインストールできます。Red Hat 系の Linux ディストリビューションのうち CentOS と Rocky Linux では sudo dnf install mysql または sudo dnf install mariadb、Fedora では sudo dnf install community-mysql または sudo dnf install mariadb でインストールできます（dnf コマンドがインストールされていない場合は、代わりに yum コマンドを使ってください）。

このスクリプトでは、MySQLのパスワードを read コマンドで入力するときに、-s オプションを使って非表示にしています。ここでも、次のプロンプトが必ず新しい行から始まるように、echo を単独で使っています。

図2-12 は、このスクリプトの実行結果を示しています。

図2-12

パスワードの表示が抑制されていることと、MySQLコマンドの実行が容易であることがよくわかります。

これは簡単な例であり、スクリプトの最後の行でパスワードをコマンドライン上に直接指定しているため、警告メッセージが表示されていますが、基本的な使い方は理解してもらえるでしょう。

2.9.6　ファイルの読み取り

read コマンドは、ユーザーの入力を読み取るためだけのものではありません。read コマンドを使ってファイルを読み取り、何らかの処理を行うことができます。

```
#!/bin/bash
while read line
do
    echo $line
done < yourfile.txt
```

ファイルの内容を while コマンドにリダイレクトし、read コマンドを使って内容を1行ずつ読み取ります。

echo コマンドを使って、その行を出力します。

2.10　まとめ

　今やあなたは、シェルスクリプトに関して「読んで理解できる」というバッジを手にしていることを誇りに思ってください。この章では、実行中にユーザーに入力を促す、インタラクティブなスクリプトを作成してきました。このようなプロンプトを使うと、コマンドラインでのユーザーの操作を容易にすることができます。このような方法を使うと、ユーザーはコマンドラインオプションを覚えている必要はありませんし、パスワードがコマンドライン履歴に保存されるような事態を避けることができます。パスワードを使うときには、read の -sp オプションを使って、その値を簡単に取得することができます。

　また、値を持つオプションや値を持たないオプションの渡し方と、値を正しく識別する方法を学びました。二重ハイフンを使って、オプションとパラメーターを同時に渡す方法についても学びました。

　次の章では、bash での条件文についてじっくり学びます。

2.11　練習問題

2-1　次のコードの中に、コメントはいくつあるでしょうか？

```
#!/bin/bash
# Welcome to shell scripting
# Author: Mokhtar
```

2-2　次のようなコードがあり、

```
#!/bin/bash
echo $1
echo $2
echo $3
```

次のオプションを付けて、このスクリプトを実行すると、

```
$ ./script1.sh -a -b50 -c
```

このコードの実行結果はどのようになるでしょうか？

2-3 次のコードを見てください。

```
#!/bin/bash
shift
echo $#
```

次のオプションを付けてこれを実行すると、

```
$ ./script1.sh Mokhtar -n -a 35 -p
```

1. 結果はどのようになるでしょうか？
2. 削除されるパラメーターは何でしょうか？

3章
条件の付加

　前の章で、read コマンドを使ってインタラクティブなスクリプトが作成できるようになり、パラメーターやオプションを読み取って入力を容易にする方法を理解しました。

　いよいよ、スクリプトの詳細な部分へと踏み込んでいきます。これらは、ある文を実行すべきかどうかをテストするための条件文を使って、スクリプトに書き込まれます。スクリプトに知性を加える準備ができたので、これから作成するスクリプトは、より堅牢で、より読みやすく、より信頼性の高いものになります。条件文は、AND やOR の簡単なコマンドラインリストと組み合わせて書くことができ、多くの場合は、伝統的な if 文の中に書かれます。

　この章では、以下のテーマを扱います。

- コマンドラインリストを使ったシンプルな決定経路
- リストを使ってユーザー入力を検証する
- シェル組み込みコマンドの test の使用
- if を使って条件文を作成する
- else を使って if を拡張する
- test コマンドを伴う if 文
- elif を使って条件を増やす
- case 文の使用
- レシピ：grep のフロントエンドを作成する

3.1 コマンドラインリストを使ったシンプルな
決定経路

これまで、「1 章 bash のスクリプトとは何か、なぜそれが必要なのか？」でも
「2 章 インタラクティブなスクリプトの作成」でも、いくつかのスクリプトでコマン
ドラインリスト（｜｜および&&）を使ってきました。コマンドラインリストは、私たち
が作成できる最も簡単な条件文の 1 つであり、そのため、この章で詳しく説明する前
の段階でのサンプルとして使うのが妥当だと考えたのです。

コマンドラインリストとは、AND または OR のいずれかの表記法を使って結合され
る、2 つ以上の文のことです。

- && —— AND
- || —— OR

AND の表記法を使って 2 つの文を結合した場合、2 番目のコマンドは、最初のコマ
ンドが成功した場合にのみ実行されます。これに対して、OR の表記法では、最初の
コマンドが失敗した場合にのみ 2 番目のコマンドが実行されます。

コマンドが成功したか失敗したかは、終了ステータスを読み取ることで判断されま
す。ゼロ（0）はアプリケーションの正常終了を表し、ゼロ以外はすべて失敗を表しま
す。特殊パラメーターの$? を使って終了ステータスを読み取ることで、アプリケー
ションが成功したかどうかを調べることができます。次の例はこれを示しています。

```
$ echo $?
```

たとえば、スクリプトがユーザーのホームディレクトリーから実行されていること
を確かめる必要がある場合は、これをスクリプトのロジックに組み込むことができま
す。これはコマンドラインからテストすることもでき、必ずしもスクリプト内に書く
必要はありません。次のようなコマンドラインの例を考えてみましょう。

```
$ test $PWD == $HOME || cd $HOME
```

二重の縦棒（||）は、ブール演算子の OR を意味します。これにより、最初の文が**真**
（true）でない場合にのみ、2 番目の文が実行されることが保証されます。簡単に言え
ば、もし現在、ホームディレクトリーにいなければ、コマンドラインリストの最後ま
で進みます。test コマンドについては、すぐ後で詳しく説明します。

testだけでなく、ほとんどのコマンドにこれを組み込むことができます。たとえば、あるユーザーがシステムにログインしているかどうかを調べ、もしログインしていれば、writeコマンドを使ってそのユーザーのコンソールにメッセージを直接送ることができます。前の例と同様に、スクリプトに追加する前に、コマンドラインでこれをテストすることができます。次のコマンドラインの例はこれを示しています。

```
$ who | grep mlss > /dev/null 2>&1 && write mlss $(tty) < message.txt
```

mlssの部分を、調べたいユーザー名に変えてください。

これをスクリプト内で使う場合は、ほぼ間違いなく、ユーザー名を変数に置き換えます。一般に、同じ値を2回以上参照する場合は、変数を使うのがよい考えです。この例では、mlssというユーザーを検索しています。

このコマンドラインリストを分解すると、まずwhoコマンドを使って、ログインしているユーザーをリスト表示します。そのリストをパイプでgrepに渡し、目的とするユーザー名を検索します。ここでは検索結果には興味がなく、検索が成功したかどうかにだけ関心があります。そのため、出力結果はすべて/dev/nullにリダイレクトします。二重のアンパサンド（&&）は、コマンドリスト内の最初の文が真を返した場合にのみ、2番目の文が実行されることを表します。mlssというユーザーがログインしていれば、writeコマンドを使ってそのユーザーにメッセージを送ります。$(tty)でttyコマンドを実行して端末名（/dev/pts/0等）を取得してwriteコマンドの引数として与えています。**図3-1**は、このコマンドの実行結果を示しています[†1]。

図3-1 writeコマンドによるメッセージの送信

[†1] 訳注：このコマンドを実行する際はデスクトップ環境上のターミナルではなくSSHでログインして実行してください。デスクトップ環境上のターミナルで実行した場合は、メッセージは送信されますが、デスクトップ環境を終了しないかぎり受信したメッセージを見ることができません。

3.2 リストを使ってユーザー入力を検証する

次に示すスクリプトでは、最初の位置パラメーターに値が渡されていることを確認します。「1章 bash のスクリプトとは何か、なぜそれが必要なのか？」で作成した hello2.sh スクリプトを修正し、ユーザー入力をチェックしてから Hello テキストを表示するようにします。

hello2.sh を hello4.sh としてコピーしてもかまいませんし、新規のスクリプトをゼロから作成してもかまいません。**図3-2** に示すように、入力する内容は多くありません。このスクリプトを、$HOME/bin/hello4.sh として作成します。

```
#!/bin/bash
echo "You are using $(basename $0)"
test -z "$1" || echo "Hello $1"
exit 0
```

図3-2 hello4.sh

次のコマンドを使って、スクリプトが実行可能であることを保証します。

```
$ chmod +x $HOME/bin/hello4.sh
```

これで、引数を付けて、または引数を付けずに、このスクリプトを実行できます。test 文は、$1 変数が 0 バイトかどうかを調べます。0 バイトであれば、Hello の文は表示されません。そうでなければ、Hello のメッセージが表示されます。簡単に言えば、名前（引数）を渡した場合は Hello メッセージが表示される、ということです。

図3-3 は、スクリプトにパラメーターを渡さなかった場合と、パラメーターを渡した場合の実行結果を示しています。

図3-3

3.3　シェル組み込みコマンドの test の使用

　そろそろ、スクリプト作成という高速道路の脇に車を寄せ、test というコマンド
についてもう少し詳しく見るべき時かもしれません。これはシェルの組み込みコマ
ンドでもあり、それ自体で実行可能なファイルでもあります。言うまでもありません
が、そのファイルへのフルパスを指定しないかぎり、まず組み込みコマンドにヒット
します。

　test は常に、**真**（true）または**偽**（false）——すなわち 0 または 1 の終了ステー
タス——を返します。評価すべき式を指定せずに test コマンドを実行すると、test
は偽を返します。したがって、次のようにして test を実行すると、エラー出力はあ
りませんが、終了ステータスは 1 になります[†2]。

```
$ test
```

　test の基本的な構文は次のとおりです。

```
test EXPRESSION
```

　ここで EXPRESSION は、評価すべき式を表します。また、次のようにして、test
コマンドを反転させる（真と偽を逆にする）ことができます。

```
test ! EXPRESSION
```

　複数の式を含める必要がある場合は、-a オプション（AND）または -o オプション
（OR）を使います。

```
test EXPRESSION -a EXPRESSION
test EXPRESSION -o EXPRESSION
```

　また、test を、式を囲む角括弧 [] に置き換えることで、省略版として書くことも
できます。

```
[ EXPRESSION ]
```

3.3.1　文字列のテスト

　2 つの文字列が同じかどうかをテストすることができます。たとえば、root ユー

---

†2　訳注：test コマンドに続ける形で test ; echo $?と書いて実行すると test コマンドの終了ステータス
　　を表示することができます。

ザーかどうかをテストするための1つの方法は、次のコマンドを使うことです[†3]。

```
test "$USER" = root
```

角括弧の表記法を使って、次のように書くこともできます。

```
[ "$USER" = root ]
```

それぞれの括弧と内部のテスト条件との間にスペースを入れなければならないことに注意してください。

同様に、次のいずれかの方法を使って、rootでないアカウントかどうかをテストすることができます。

```
test ! "$USER" = root
[ ! "$USER" = root ]
```

また、文字列の長さが0バイトかどうかをテストすることができます。これについては、前のhello4.shの例で説明しました。

-nオプションを使うと、文字列が値を持っているかどうかを調べることができます。たとえば、ある変数がユーザーの環境内に存在するかどうかを調べることで、現在の接続がSSHを通じて確立されているかどうかを確認できます。次の2つの例のように、testまたは角括弧を使ってこれを行います。

```
test -n "$SSH_TTY"
[ -n "$SSH_TTY" ]
```

これが真（終了ステータスが0）であれば、SSHを通じて接続されています。偽（1）であれば、SSHを通じて接続されていません。

前にも見たように、文字列の長さが0バイトかどうかのテストは、ある変数が設定されているかどうかを判断する場合に役立ちます。

```
test -z "$1"
```

あるいは、もっと簡単に、次のように書くことができます。

[†3] 訳注：$USER、=、rootのそれぞれがtestコマンドの引数になるため=の前後にもスペースが必要なことに注意してください。また、式に変数を使う場合は二重引用符で囲むようにしてください。もし囲まないとこの例では変数$USERが未定義の場合にコマンドがtest = rootとなって不適切な式によるエラーが発生します。

```
[ -z "$1" ]
```

このテストの結果が真であることは、スクリプトに入力パラメーターが何も渡されなかったことを意味します。

3.3.2　整数のテスト

文字列値のテストと同様に、整数値のテストも行うことができます。スクリプトの入力をテストするもう 1 つの方法は、位置パラメーターの数を数え、それが 0 より大きいかどうかをテストすることです。

test "$#" -gt 0

または、次のように角括弧を使います。

```
[ "$#" -gt 0 ]
```

$#変数は、スクリプトに渡されたパラメーターの数を表します。
数値に対して行うことのできるテストが数多くあります。

number1 -eq number2
　　number1 が number2 と等しいかどうかをチェックします。

number1 -ge number2
　　number1 が number2 以上であるかどうかをチェックします。

number1 -gt number2
　　number1 が number2 より大きいかどうかをチェックします。

number1 -le number2
　　number1 が number2 以下であるかどうかをチェックします。

number1 -lt number2
　　number1 が number2 より小さいかどうかをチェックします。

number1 -ne number2
　　number1 が number2 と等しくないかどうかをチェックします。

3.3.3　ファイルの種類のテスト

　値についてテストする場合、ファイルの存在や種類についてテストすることもできます。たとえば、あるファイルがシンボリックリンクである場合にだけ、そのファイルを削除したいとします。これは、カーネルをコンパイルするときによく使われます。/usr/src/linux ディレクトリーは、最新のカーネルソースコードへのシンボリックリンクであるはずです。より新しいバージョンをダウンロードして新しいカーネルをコンパイルする場合は、既存のリンクを削除して、新しいリンクを作成する必要があります。万が一、誰かが/usr/src/linux ディレクトリーを作成していた場合に備えて、リンクを削除する前に、それがリンクであるかどうかをテストすることができます。

```
# [ -h /usr/src/linux ] && rm /usr/src/linux
```

　-h オプションは、そのファイルがシンボリックリンクであるかどうかをテストします。そのほかのオプションには、次のようなものがあります。

-d

　　ディレクトリーであるかどうかをテストします。

-e

　　どのような形式であれ、ファイルが存在するかどうかをテストします。

-x

　　ファイルが実行可能であるかどうかをテストします。

-f

　　ファイルが通常のファイルであるかどうかをテストします。

-r

　　ファイルが読み取り可能であるかどうかをテストします。

-p

　　ファイルが名前付きパイプであるかどうかをテストします。

-b

　　ファイルがブロックデバイス（ハードディスクや USB メモリーなど）である

かどうかをテストします。

file1 -nt file2

    file1 が file2 より新しいかどうかをテストします。

file1 -ot file2

    file1 が file2 より古いかどうかをテストします。

-O file

    ファイルの所有者がログイン中のユーザーであるかどうかをテストします。

-c

    ファイルがキャラクターデバイス(キーボードやマウスなど)であるかどうか
    をテストします。

このほかにもオプションが存在するので、必要であれば、man ページを参照して
ください[4]。本書を通じて、さまざまなオプションを使用するので、実用的で便利な
サンプルが得られるでしょう。

3.4　ifを使って条件文を作成する

これまで見てきたように、コマンドラインリストを使って簡単な条件を組み立てる
ことができます。これらの条件文は、test を使っても使わなくても書くことができ
ます。しかし、作業の複雑さが増してくると、if を使った文を作成したほうが簡単
です。これにより、間違いなくスクリプトの読みやすさが向上し、ロジックの設計が
容易になります。また、私たちの考え方や話し方とも、ある程度一致します。if が
話し言葉において持つ意味と、bash スクリプトにおいて持つ意味は同様だからです。

if 文を使うと、スクリプト内で複数行を占めることになりますが、より多くのこと
ができるようになり、スクリプトも読みやすくなります。それはそれとして、if 条件
の作成について見てみましょう。次に示すのは、if 文を使ったスクリプトの例です。

---

[4]　訳注:bash の組み込みコマンドの test については bash 上で help test で参照してください。
    /usr/bin/test については man test になります。

```
#!/bin/bash
# ログイン時に歓迎のメッセージをユーザーに表示するスクリプト
# Author: @theurbanpenguin
# Date: 1/1/1971
if [ "$#" -lt 1 ] ; then
    echo "Usage: $0 <name>"
    exit 1
fi
echo "Hello $1"
exit 0
```

if 文の中のコードは、条件が真と評価される場合にのみ実行されます。if ブロックの終わりは、fi（if を逆にしたもの）で示されます。vim やその他のテキストエディターで色分けされたコードは、読みやすさの向上に役立ちます。**図3-4** はこれを示しています。

```
#!/bin/bash
# ログイン時に歓迎のメッセージをユーザーに表示するスクリプト
# Author: @theurbanpenguin
# Date: 1/1/1971
if [ "$#" -lt 1 ] ; then
    echo "Usage: $0 <name>"
    exit 1
fi
echo "Hello $1"
exit 0
```

図3-4　hello5.sh

スクリプトには、条件が真である場合に実行される複数の文を容易に加えることができます。この例では、ユーザーの助けになるように使い方の説明文を表示し、エラーを示すコードとともにスクリプトを終了しています。これにより、ユーザーの名前をスクリプトに渡した場合にのみ Hello メッセージが表示されることが保証されます。

図3-5 は、このスクリプトを、引数を付けて実行した場合と引数を付けずに実行した場合の結果を示しています。

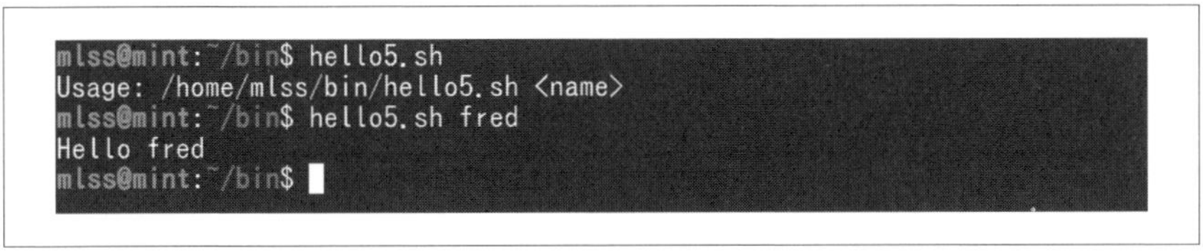

図 3-5

次の疑似コードは、if 条件文の構文を示しています。

```
if 条件; then
    文1
    文2
fi
```

コードのインデント（字下げ）は必須ではありませんが、読みやすさの向上に役立つので、強く推奨します。then 文を if 文と同じ行に書くとコードが読みやすくなりますが、if と then を分けるためにセミコロン（;）が必要です。

3.5 else を使って if を拡張する

if 条件の結果にかかわらずスクリプトを続行する必要がある場合、両方の条件に対処しなければならないことがよくあります。つまり、真の場合に何を行うべきかと、偽の場合に何を行うべきかの両方への対処です。そのような場合に else キーワードが利用できます。これにより、条件が真の場合にコードの一方のブロックを実行し、条件が偽と評価される場合に別のブロックを実行できるようになります。これについての疑似コードは次のようになります。

```
if 条件; then
    文
else
    文
fi
```

前に作った hello5.sh スクリプトを拡張しようと考えたときに、パラメーターが存在しているかどうかにかかわらず正しく実行されるようにすることは簡単です。次のように、hello6.sh としてこれを作り変えます。

```bash
#!/bin/bash
# 歓迎のメッセージをユーザーに表示するスクリプト
# Author: @theurbanpenguin
# Date: 1/1/1971
if [ "$#" -lt 1 ] ; then
    read -p "Enter a name: "
    name=$REPLY
else
    name=$1
fi
echo "Hello $name"
exit 0
```

ここでは、読みやすさに役立つ名前付きの変数を設定しており、read プロンプト
または入力パラメーターから値を $name に割り当てることができます。どちらの場
合もスクリプトは適切に動作し、それらしい形になってきています。

3.6　test コマンドを伴う if 文

ここまで、test コマンドあるいは省略版の [ ] の使い方を見てきました。このコ
マンドは、ゼロ（真）またはゼロ以外（偽）の終了ステータスを返します。
この返された結果を、if 文を使ってチェックする方法を見てみましょう。

3.6.1　文字列のチェック

if 文と test コマンドを一緒に使って、文字列が特定の基準にマッチするかどう
かを調べることができます。

if ["$string1" = "$string2"]
　　string1 が string2 と同じかどうかをチェックします。

if ["$string1" != "$string2"]
　　string1 が string2 と同じでないかどうかをチェックします。

if ["$string1" \< "$string2"]
　　string1 が string2 より小さいかどうかをチェックします。

if ["$string1" \> "$string2"]
　　string1 が string2 より大きいかどうかをチェックします。

後の 2 つは、バックスラッシュ（日本語環境では¥記号）を使ってエスケープする必要があります。これをしないと、文字列の比較ではなくリダイレクトが行われてしまいます。

```
if [ -n "$string1" ]
```
    string1 がゼロよりも長いかどうかをチェックします。

```
if [ -z "$string1" ]
```
    string1 の長さがゼロかどうかをチェックします。

if 文がどのように動作するかを示す例を、いくつか見てみましょう（**図3-6**）。

```
#!/bin/bash
if [ "mokhtar" = "Mokhtar" ]
then
    echo "文字列は同一です"
else
    echo "文字列は同一ではありません"
fi
```

```
mlss@mint:~/bin$ script1.sh
文字列は同一ではありません
mlss@mint:~/bin$
```

図3-6

　この if 文は、2 つの文字列が同一かどうかをチェックします。片方の先頭の文字が大文字なので、それらは同一ではないと識別されます。

角括弧とテスト条件の間のスペースに注意してください。このスペースがないと、警告が表示される場合があります。

　不等価演算子（!=）も同様に機能します。また、次のように if 文を否定しても、同じ結果になります。

```
if ! [ "mokhtar" = "Mokhtar" ]
```

文字列の大小を比較する演算子は、最初の文字列が2番目の文字列より大きいか、あるいは小さいかを、文字コード順の観点からチェックします（**図3-7**）。

```bash
#!/bin/bash
if [ "mokhtar" \> "Mokhtar" ]
then
    echo "文字列1は文字列2より大きい"
else
    echo "文字列1は文字列2より小さい"
fi
```

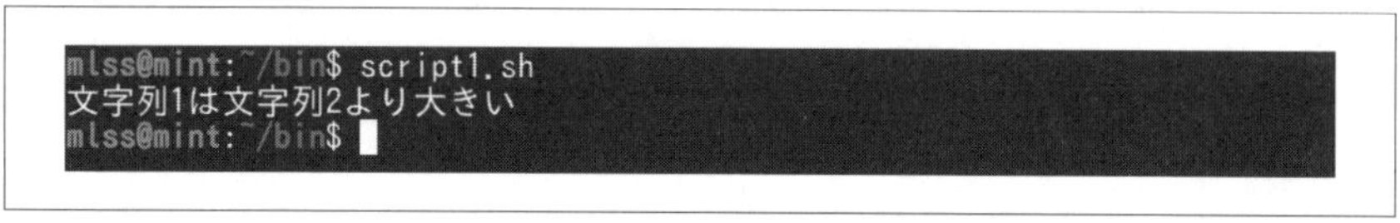

```
mlss@mint:~/bin$ script1.sh
文字列1は文字列2より大きい
mlss@mint:~/bin$ 
```

図3-7

文字コード順では、大文字よりも小文字のほうが大きくなります。

-n オプションを使うと、文字列の長さをテストできます（**図3-8**）。

```bash
#!/bin/bash
if [ -n "mokhtar" ]
then
    echo "文字列の長さがゼロより大きい"
else
    echo "文字列の長さがゼロです"
fi
```

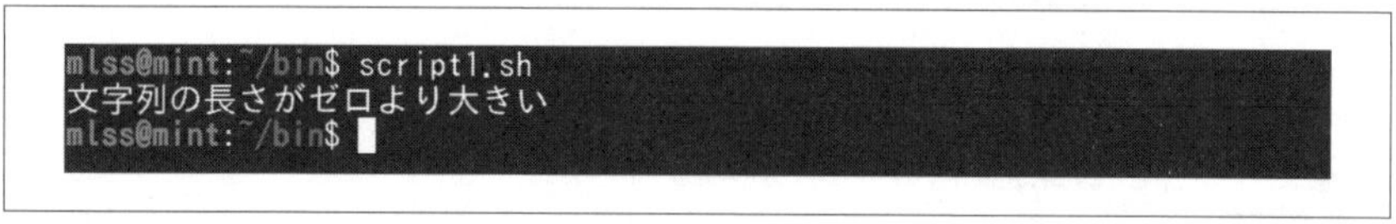

```
mlss@mint:~/bin$ script1.sh
文字列の長さがゼロより大きい
mlss@mint:~/bin$ 
```

図3-8

-z オプションを使うと、文字列の長さがゼロかどうかをテストできます（**図3-9**）。

```
#!/bin/bash
if [ -z "mokhtar" ]
then
    echo "文字列の長さはゼロです"
else                          *
    echo "文字列の長さはゼロではありません"
fi
```

```
mlss@mint:~/bin$ script1.sh
文字列の長さはゼロではありません
mlss@mint:~/bin$ █
```

図3-9

　ここでは、テストされる文字列はスペースを含んでいませんが、そのまわりを引用符で囲んであります。

　スペースを含んだ文字列を使う場合は、必ず引用符で囲んでください。

3.6.2　ファイルやディレクトリーのチェック

　同じように、if 文を使ってファイルやディレクトリーをチェックすることができます。

　例を見てみましょう。

```
#!/bin/bash
mydir=/home/mydir
if [ -d "$mydir" ]
then
    echo "$mydirというディレクトリーは存在しています"
else
    echo "$mydirというディレクトリーは見つかりません"
fi
```

　ここでは、指定したパスがディレクトリーであるかどうかを調べるために、-d のテストを使っています。

　テストの残りの部分は前と同様です。

3.6.3　数値のチェック

　同じように、test コマンドと if 文を使って数値をチェックすることができます（**図3-10**）。

```
#!/bin/bash
if [ 12 -gt 10 ]
then
    echo "数値1は数値2よりも大きい"
else
    echo "数値1は数値2よりも小さい"
fi
```

```
mlss@mint:~/bin$ script1.sh
数値1は数値2よりも大きい
mlss@mint:~/bin$ █
```

図3-10

　予想どおり、12 は 10 よりも大きいという結果になります。

　他のすべての数値テストも同様に機能します。

3.6.4　テストの結合

　複数のテストを結合し、1 つの if 文を使ってそれらをチェックすることができます。

　これを行うには、AND コマンド（&&）や OR コマンド（||）を使います（**図3-11**）。

```
#!/bin/bash
mydir=/home/mydir
name="mokhtar"
if [ -d "$mydir" ] && [ -n "$name" ]; then
    echo "ディレクトリーは存在しており、nameの長さもゼロではありません"
else
    echo "どちらかのテストが失敗しました"
fi
```

```
mlss@mint:~/bin$ script1.sh
どちらかのテストが失敗しました
mlss@mint:~/bin$ █
```

図3-11

　この if 文は 2 つのチェックを行います。つまり、指定したディレクトリーが存在していることと、名前の長さがゼロでないことをチェックします。

　次の echo コマンドを評価するためには、この 2 つのテストが成功（ゼロ）を返さ

なければなりません。

　どちらかが失敗すると、if 文は else 節に進みます。

　OR コマンド（||）は AND とは違い、いずれかのテストが成功（ゼロ）を返すと、その if 文は成功となります（**図3-12**）。

```
#!/bin/bash
mydir=/home/mydir
name="mokhtar"
if [ -d "$mydir" ] || [ -n "$name" ]; then
    echo "どちらかまたは両方のテストが成功しました"
else
    echo "どちらのテストも失敗しました"
fi
```

```
mlss@mint:~/bin$ script1.sh
どちらかまたは両方のテストが成功しました
mlss@mint:~/bin$
```

図3-12

　これを見ても明らかですが、どちらかのテストが真を返すと、結合されたテストに対して if 文は真を返します。

3.7　elif を使って条件を増やす

　さらに多くの制御が必要になったら、elif キーワードが利用できます。else と違って、elif には、テストすべき追加の条件が必要です。elif は、必要な数だけ追加することができます。このようにして、さまざまな状況に対処することができます。疑似コードで示すと次のようになります。

```
if 条件; then
    文
elif 条件; then
    文
else
    文
fi
```

　複雑なコードの一部分に対して簡略化された選択肢を提供するスクリプトを作ることで、オペレーターの操作を簡単にすることができます。たとえ、要求を満たすため

にスクリプトが複雑さを増したとしても、オペレーターにとっては、スクリプトの実行は大いに簡略化されたものになります。スクリプトを作成するときに、ユーザーが複雑な操作をコマンドラインから容易に実行できるようにするのが、私たちの仕事です。多くの場合、このためには、スクリプトにより複雑さを加える必要がありますが、この作業は、スクリプト化されたアプリケーションによる信頼性という形で報われます。

3.7.1 elif を使って backup2.sh を作成する

バックアップを実行するために前に作ったスクリプトを再び取り上げます。この $HOME/bin/backup.sh スクリプトは、ファイルの種類と、バックアップの保存先となるディレクトリーを入力するようユーザーに促します。バックアップのために使ったツールは、find と cp でした。

新しく学んだ知識を使うと、tar コマンドと、オペレーターによって選択される圧縮レベルを用いてバックアップを実行するスクリプトを作成できます。バックアップディレクトリーそのものを除いて、ホームディレクトリー全体をバックアップするので、ファイルの種類を選択する必要はありません。

オペレーターは、H、M、L という 3 つの文字を使って圧縮率を選択します。この選択は、tar コマンドに渡されるオプションと、作成されるバックアップファイルに影響を及ぼします。H（High）を選択すると bzip2 圧縮が使われ、M（Medium）を選択すると gzip 圧縮が使われます。L（Low）を選択すると、圧縮されない tar アーカイブが作成されます。このロジックを、拡張した if 文の中に記述します。

```
if [ "$file_compression" = "L" ]; then
    tar_opt=$tar_l
elif [ "$file_compression" = "M" ]; then
    tar_opt=$tar_m
else
    tar_opt=$tar_h
fi
```

ユーザーの選択に基づいて、tar コマンドの正しいオプションを設定することができます。評価すべき条件が 3 つあるので、if、elif、else の 3 つの文が適しています。スクリプトからの次の抜粋を見ると、変数がどのように設定されるかがわかります。

```
tar_l="-cvf $backup_dir/b.tar --exclude $backup_dir $HOME"
tar_m="-czvf $backup_dir/b.tar.gz --exclude $backup_dir $HOME"
tar_h="-cjvf $backup_dir/b.tar.bzip2 --exclude $backup_dir $HOME"
```

スクリプト全体は次のコードのようになり、これを $HOME/bin/backup2.sh とし
て作成します。

```
#!/bin/bash
# Author: @theurbanpenguin
# Web: www.theurbapenguin.com
read -p "Choose H, M or L compression " file_compression
read -p "Which directory do you want to backup to " dir_name
# 次の行は、ディレクトリーが存在していなければ、それを作成します
test -d "$HOME/$dir_name" || mkdir -m 700 "$HOME/$dir_name"
backup_dir="$HOME/$dir_name"
tar_l="-cvf $backup_dir/b.tar --exclude $backup_dir $HOME"
tar_m="-czvf $backup_dir/b.tar.gz --exclude $backup_dir $HOME"
tar_h="-cjvf $backup_dir/b.tar.bzip2 --exclude $backup_dir $HOME"
if [ "$file_compression" = "L" ]; then
    tar_opt=$tar_l
elif [ "$file_compression" = "M" ]; then
    tar_opt=$tar_m
else
    tar_opt=$tar_h
fi
tar $tar_opt
exit 0
```

このスクリプトを実行するときに、H、M、L のいずれかを大文字で選択する必要が
あります。スクリプト内でそのように選択が行われるからです。**図3-13** は、スクリ
プトの実行の最初の部分を示しています。ここでは M を選択しています。

```
mlss@mint:~/bin$ backup2.sh
Choose H, M or L compression M
```

図 3-13

3.8　case 文の使用

1つの式に対して複数の評価を行う場合、複数の elif 文を使うよりも、case 文の
ほうが簡潔になる場合があります。

case 文の基本的な構文は、疑似コードを使うと次のようになります。

```
case 式 in
    ケース1)
        文1
        文2
    ;;
    ケース2)
        文1
        文2
    ;;
    *)
        文1
    ;;
esac
```

この文の構文は、他の言語に存在する switch 文に似ています。bash では、case 文を使って、文字列や整数などの単純な値をテストすることができます。case 文は、[a-f]（a から f まで）のように文字の範囲を扱うことができますが、[1-20] のように整数の範囲を簡単に扱うことはできません。

case 文は、まず式を展開し、それを、それぞれの項目に順々にマッチさせようと試みます。マッチするものが見つかると、;; までのすべての文を実行します。;; は、マッチしたものについてのコードの終わりを表します。マッチするものが何もない場合は、*によって表される、case における else 文がマッチします。これはリスト内の最後の項目でなければなりません。

次に示す grade.sh スクリプトを考えてみましょう。このスクリプトは、生徒の成績を評価するためのものです。

```
#!/bin/bash
#学生の成績を評価するスクリプト
#Usage: grade.sh <学生> <成績>
#Author: @likegeeks
#Date: 1/1/1971
if [ ! "$#" -eq 2 ] ; then
    echo "<学生> <成績>を指定してください"
    exit 2
fi
case "${2^^}" in #パラメーター展開を使って、入力を大文字にします
    [A-C]) echo "$1 は優れた生徒です"
    ;;
    [D]) echo "$1 はもう少しがんばる必要があります！"
    ;;
```

```
    [E-F]) echo "$1 は来年もっとがんばりましょう"
    ;;
    *) echo "$1 $2 について成績を評価することができません"
    ;;
esac
```

このスクリプトは、まず if 文を使って、スクリプトに 2 つの引数が渡されたことをチェックします。渡されていない場合は、エラー状態としてスクリプトを終了します。

```
if [ ! "$#" -eq 2 ] ; then
    echo "<学生> <成績>を指定してください"
    exit 2
fi
```

次に、$2 変数の値に対してパラメーター展開を使い、「^^」を使って入力を大文字にします[†5]。これは、スクリプトに渡された、学生の成績を表します。入力を大文字に変換しているので、まず、A から C までの文字に対してマッチさせようと試みます。

その他の成績、D から F までについても同様のテストを行います。

図3-14 は、さまざまな成績を指定してスクリプトを実行した結果です。

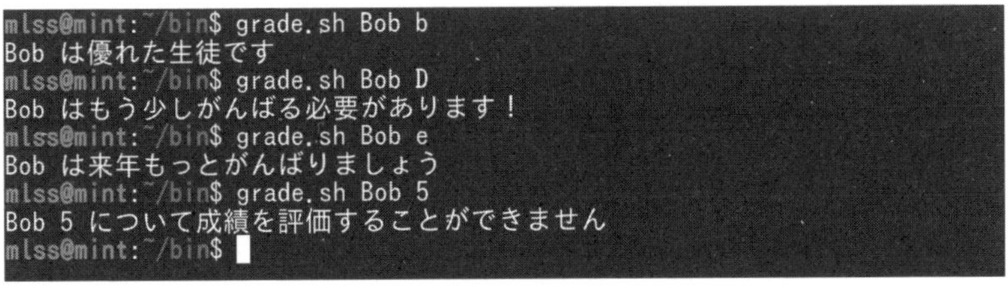

図3-14

case 文での文字列のマッチング

case 文での文字列のマッチングについて補足します。grade.sh の例では

†5　訳注：小文字にしたい場合は「„」を使います。

[A-C] のような文字の範囲を指定して成績の引数として与えられた 1 文字との
マッチングを行っていましたが、case 文ではこのほかにもさまざまなパターン
を用いてマッチングを行うことができます。

```bash
#!/bin/bash

case "$1" in
    orange)
        echo "orangeという文字列にマッチします。"
    ;;
    apple | banana)
        echo "appleまたはbananaという文字列にマッチします。"
    ;;
    "?AT" | "*day")
        echo -n "?ATまたは*dayという文字列にマッチします（引用符で囲むと?と"
        echo "*のワイルドカードは機能しません）。"
    ;;
    ?AT)
        echo "任意の1文字の後にATが続く文字列(CAT、RAT等)にマッチします。"
    ;;
    *day)
        echo -n "任意の長さで末尾がdayで終わる文字列(Sunday、Monday、"
        echo "day等)にマッチします。"
    ;;
    [A-Z]*)
        echo -n "先頭がアルファベットの大文字で始まる任意の長さの文字列に"
        echo "マッチします。"
    ;;
    [!0-9]*)
        echo -n "先頭が数字以外で始まる（!は否定を表します）任意の長さの"
        echo "文字列にマッチします。"
    ;;
    *)
        echo "どれにもマッチしなかった場合です。"
    ;;
esac
```

　また、パターンは変数に入れて使用することもできます。その際は変数を引用
符で囲むかどうかによって動作が異なることに注意しましょう。

```
#!/bin/bash
pattern="*day"

case "$1" in
    '$pattern')
        echo '$patternという文字列にマッチします（変数の展開が行われません）。'
    ;;
    "$pattern")
        echo -n "*dayという文字列にマッチします（変数の展開が行われますが*の"
        echo "ワイルドカードは機能しません）。"
    ;;
    $pattern)
        echo -n "任意の長さで末尾がdayで終わる文字列(Sunday、Monday、day等)"
        echo "にマッチします。"
    ;;
    *)
        echo "どれにもマッチしなかった場合です。"
    ;;
esac
```

3.9　レシピ：grep のフロントエンドを作成する

　この章のフィナーレとして、学習した機能を 1 つにまとめたスクリプトを作成します。このスクリプトはオペレーターに、ファイル名、検索文字列、および grep コマンドで実行したい操作を入力するよう促します。次に示すスクリプトを $HOME/bin/search.sh として作成し、忘れずに実行可能にしておいてください。

```
#!/bin/bash
#Author: @theurbanpenguin
usage="使用法: search.sh <ファイル> <検索文字列> <操作>"

if [ ! "$#" -eq 3 ] ; then
    echo "$usage"
    exit 2
fi

[ ! -f "$1" ] && exit 3

case "$3" in
    [cC])
        mesg="$1 の中で $2 にマッチする行数を数えます"
        opt="-c"
```

```
        ;;
        [pP])
            mesg="$1 の中で $2 にマッチする行を表示します"
            opt=""
        ;;
        [dD])
            mesg="$1 から $2 にマッチする行を除いてすべて表示します"
            opt="-v"
        ;;
        *)
            echo "$1 $2 $3 を評価できません"
            exit 1
        ;;
    esac
    echo $mesg
    grep $opt $2 $1
    exit 0
```

まず、次のコードを使って、3つの入力引数があるかどうかをチェックします。

```
    if [ ! "$#" -eq 3 ] ; then
        echo "$usage"
        exit 2
    fi
```

次のチェックではコマンドラインリストを使い、test -f の結果、引数のファイルが通常のファイルでなければスクリプトを終了します。

```
    [ ! -f "$1" ] && exit 3
```

case 文は、次の3つの操作を考慮に入れています。

- マッチする行数を数える
- マッチする行を表示する
- マッチする行を除いてすべて表示する

図3-15 は、/etc/ntp.conf ファイルを検索し、「server」という文字列で始まる行数を取得する様子を示しています。この例では、行数を数える c オプションを選択

しています†6。

```
mlss@mint:~/bin$ search.sh /etc/ntp.conf ^server c
/etc/ntp.conf の中で ^server にマッチする行数を数えます
4
mlss@mint:~/bin$
```

図 3-15

3.10 まとめ

　スクリプト作成において最も重要で最も時間のかかる作業の 1 つは、スクリプトを使用可能で堅牢なものにするために必要なすべての条件文を組み立てることです。しばしば話題にされる、80/20 ルールというものがあります。これによると、あなたの時間の 20 パーセントはメインスクリプトを書くことに費やされ、80 パーセントの時間は、起こり得るすべての事態がスクリプト内で正しく扱われていることを確認することに費やされます。これはスクリプトの手続き的整合性と呼ばれるものであり、私たちはそれぞれのシナリオを注意深く正確に取り扱おうと努力します。

　この章ではまず、コマンドラインリストを使った簡単なテストについて見ました。必要なアクションが単純なものであれば、これは優れた機能性を提供し、追加することも簡単です。より複雑さが必要とされる場合は、if 文を追加します。

　if 文の使用については、必要に応じて else や elif キーワードを使うことで、それらを拡張することができます。elif キーワードには、評価される独自の条件が必要であることを忘れないでください。

　if 文を test コマンドと一緒に使って、文字列、ファイル、数値をチェックする方法を学びました。

---

†6　訳注：/etc/ntp.conf が存在しない場合は、Debian 系の Linux ディストリビューションでは sudo apt install ntp でインストールできます。Red Hat 系の Linux ディストリビューションの古いバージョン（CentOS 7 等）では sudo yum install ntp でインストールできます。本書翻訳時点で Red Hat 系の Linux ディストリビューションでは ntp に代わって chrony が使用されるようになっており、残念ながら ntp をインストールできるパッケージは用意されていないようです。ntp をインストールできない環境の場合は、代わりに curl -o ntp.conf https://cgit.freebsd.org/src/plain /usr.sbin/ntp/ntpd/ntp.conf で FreeBSD のデフォルトの ntp.conf をダウンロードして、ntp.conf の#server で始まる行の#を削除してから試してみてください。もちろん、search.sh はお手元のテキストでも「search.sh sample.txt "です" P」のように試せます。

最後に、1 つの式が評価される case の使い方を見ました。

次の章では、すでに用意されているコードスニペットを読み込むことの重要性を学びます。コードスニペットとして保存可能な、if 文のサンプルを作成します。このコードスニペットは、編集時にスクリプトに読み込むことができます。

3.11　練習問題

3-1　次のコードの結果は「True」でしょうか、「False」でしょうか？

```
if [ "LikeGeeks" \> "likegeeks" ]
then
    echo "True"
else
    echo "False"
fi
```

3-2　次の 2 つのスクリプトは、どちらが正しいでしょうか？

```
#!/bin/bash
if ! [ "mokhtar" = "Mokhtar" ]
then
    echo "文字列は同一ではありません"
else
    echo "文字列は同一です"
fi
```

または

```
#!/bin/bash
if [ "mokhtar" != "Mokhtar" ]
then
    echo "文字列は同一ではありません"
else
    echo "文字列は同一です"
fi
```

3-3　次の例で「True」を返すには、「??」の部分の演算子として、いくつのコマンドを使うことができるでしょうか？

```
#!/bin/bash
if [ 20 ?? 15 ]
then
    echo "True"
else
    echo "False"
fi
```

3-4 次のコードの結果は、どのようになるでしょうか？

```
#!/bin/bash
mydir=/home/mydir
name="mokhtar"
if [ -d "$mydir" ] || [ -n "$name" ]; then
    echo "True"
else
    echo "False"
fi
```

4章
コードスニペットの作成

前の章で、判断を下すための条件テストが書けるようになりました。コーディングに慣れてくると、コードの断片を保存しておいて、後で利用できるようにする必要が出てきます。スクリプトを書くときに、どうしたら時間と労力を省くことができるでしょうか？

もしあなたが、コマンドラインを使うことは好きだが、グラフィカルな統合開発環境（IDE：Integrated Development Environment）を使いやすくする機能も好きということであれば、この章は新しい考え方を示してくれるでしょう。コマンドラインから vi や vim などのテキストエディターを使って、よく使われるスクリプト要素に対するショートカットを作成することができます。

この章では、以下のテーマを扱います。

- 短縮入力
- コードスニペットの使用
- VS Code を使ったスニペットの作成

4.1　短縮入力

~/.vimrc ファイルについては「1.5.1　vim の設定」でざっと説明しましたが、短縮入力（abbr コマンド）について知るために、このファイルをもう一度取り上げます。このファイルは、おそらく読者の Linux ディストリビューションにもインストールされており、vim テキストエディターのための実行制御メカニズムとして機能します。古いディストリビューションや UNIX バリアントには（vim の元となった）vi テキストエディターがあり、~/.exrc ファイルが使われます。vim と vi のどちらを

使用しているか、どちらの実行制御ファイルを使用すべきかについて確信が持てない
場合は、単に vi と入力して実行してください。空白ページが開けば、それは間違い
なく vi です。vim のスプラッシュ画面とともに新しい空白ドキュメントが開く場合
は、改良された vi、すなわち vim を使っています。

　短縮入力は、長い文字列の代わりにショートカット文字列を使うことを可能にしま
す。短縮入力は、vim セッションの中で最終行モードから設定できますが、多くの場
合は、制御ファイルの中で設定します。次のように、短縮入力によって、シバンを簡
単に表現することができます。

```
abbr _sh #!/bin/bash
```

短縮入力の基本的な構文は次のとおりです。

```
abbr <ショートカット> <文字列>
```

　この短縮入力を使うと、編集モードにいるときに、単に_sh と入力するだけで済み
ます。ショートカットコードの後に Enter キーを押すと、シバンの完全なテキスト
が表示されます。実際には、Enter キーだけでなく、文字や数字以外の任意のキーを
押してもショートカットが展開されます。このようなシンプルな機能は、テキストエ
ディターとして vim を使ううえで大いに役立ちます。**図4-1** は、更新した~/.vimrc
ファイルを示しています。

```
set showmode nohlsearch
set autoindent tabstop=4
set expandtab
syntax on
abbr _sh #!/bin/bash
```

図4-1　~/.vimrc ファイル

　短縮入力は1つに制限されるものではなく、複数の abbr コードを追加することが
できます。たとえば、Perl スクリプト用のシバンをサポートするための短縮入力を
追加できます。

```
abbr _pl #!/usr/bin/perl
```

　アンダースコア（_）の使用は必須ではありませんが、ショートカットコードを

一意に保ち、入力エラーをなくすのがその狙いです。また、短縮入力が最も使われるのは 1 行に対してですが、決して 1 行に限られるわけではありません。if 文に対する次のような短縮入力を考えてみましょう。

```
abbr _if if [-z $1];then<CR>echo "> $0 <name><CR>exit 2<CR>fi
```

これは確かに動作はしますが、if 文の書式設定は完璧ではなく、複数行の短縮入力は理想に程遠いものです。そこで、前もって用意しておいたコードスニペットの利用を検討します。

4.2　コードスニペットの使用

コードスニペット（code snippet）という言葉が意味するのは、単に、現在作成しているスクリプトに読み込むことのできる、事前に用意されたコードということです。これは特に、vim を使っている場合に便利です。編集中に他のテキストファイルの内容を読み込むことができるからです。

Esc
:r <パスおよびファイル名>

たとえば、$HOME/snippets に存在している if というファイルの内容を読み込む必要があるとすると、vim の中で次のキーシーケンスを使います。

Esc
:r $HOME/snippets/if

現在のドキュメントの現在のカーソル位置の下に、このファイルの内容が読み込まれます。この方法では、必要に応じて複雑なコードスニペットを作成し、読みやすさと一貫性のために適切なインデントを維持することができます。

そこで、home ディレクトリーの中に、常にコードスニペットのディレクトリーを作成するようにしましょう。

```
$ mkdir -m 700 $HOME/snippets
```

このディレクトリーを共有する必要はないので、作成時にモードを 700 に設定し、そのユーザーにプライベートなものにするのがよいでしょう。

スニペットを作成するときに、疑似コードを使うか実際のサンプルを使うかは、作

成者の自由です。筆者の好みは、実際のサンプルを使い、受け入れ側のスクリプトで要件を反映するようにそれを編集することです。シンプルな if スニペットの内容は、次のようになります。

```
if [ -z $1 ] ; then
    echo "Usage: $0 <name>"
    exit 2
fi
```

　これは、if 文を作成するためのレイアウトを、実際的なサンプルを使って示してくれます。この例では、$1 が設定されていないかどうかをチェックし、スクリプトを終了する前に、ユーザーにエラーを示します。重要なのは、スニペットを短く保ち、変更する必要性を抑えつつも、理解しやすく、必要に応じて拡張可能なものにすることです。

4.2.1　ターミナルに色を導入する

　スクリプトを実行するオペレーターやユーザーに対してテキストメッセージを表示したい場合、メッセージを容易に解釈できるように、テキストに色を付けることができます。エラーを表すものとして赤色を使い、成功を表すために緑色を使うと、作成するスクリプトの機能性を容易に高めることができます。すべてではありませんが、ほとんどの Linux ターミナルは、色をサポートしています。組み込みコマンドの echo を -e オプションと一緒に使うと、色を表示させることができます。

　テキストを赤色で表示するには、echo コマンドを次のように使います[†1]。

```
$ echo -e "\033[31mError\033[0m"
```

図4-2 は、このコードと実行結果を示しています。

[†1]　訳注：\033[31m のような文字色の制御に使われる文字列を ANSI エスケープシーケンスと呼びます。bash の組み込みコマンド echo の -e オプションはバックスラッシュによるエスケープを有効にするオプションです。\033 は 8 進数で 33、10 進数で 27、16 進数で 1B の文字コードに該当する ASCII 制御文字の ESC（エスケープ）を表しています。\0 の代わりに\x を使うと 16 進数で表記することができ、\e でも ESC を表すことができます。echo -e "\x1b[31mError\x1b[0m" や echo -e "\e[31mError\e[0m"を実行してみて同じ出力になることを確認してみましょう。詳細は bash 上で help echo で参照してください。bash の組み込みコマンドでない/bin/echo のオプション等については man echo で参照してください。

```
mlss@mint:~/bin$ echo -e "¥033[31mError¥033[0m"
Error
mlss@mint:~/bin$ ▮
```

図 4-2

　赤色のテキストは、そのテキストにすぐに注意を向けさせ、スクリプトの実行が失敗した可能性があることを示します。このような方法で色を使うことは、アプリケーション設計の基本原則に従っています。このコードが読みづらいと感じる場合は、色とリセットコードを表すわかりやすい変数を使うことができます。

　前のコードでは、赤色と、最後にシェルのデフォルト色に戻すためのリセットコードを使いました。これらの色コードに対して変数を作成することができます。

```
RED="\033[31m"
GREEN="\033[32m"
BLUE="\033[34m"
RESET="\033[0m"
```

\033 はエスケープ文字を表す値であり、続く [で文字色等の制御を開始することを表します。31 は赤を表す色コードで、m は制御の終了を表します[†2]。

　変数を使うときには、それらがテキストと正しく区切られるように注意する必要があります。前の例を修正すると、次のように簡単に表現できます。

```
$ echo -e "${RED}Error$RESET"
```

RED 変数が確実に識別され、Error という単語から切り離されるように、波括弧を使っています。

　これらの変数定義を $HOME/snippets/color ファイルとして保存すると、他のスクリプトからそれらを利用できるようになります。興味深いことに、このスクリプト

---

†2　訳注：ANSI エスケープシーケンスを使うことで文字色の変更に加えて太字にしたり下線を引いたりすることもできます。詳細は https://en.wikipedia.org/wiki/ANSI_escape_code#CSI_(Control_Sequence_Introducer)_sequences を参照してください。

ファイルを編集する必要はありません。source コマンドを使って、これらの変数定義を実行時にスクリプトに読み込むことができるからです。読み込み側のスクリプトでは、次の行を追加します。

```
source $HOME/snippets/color
```

シェル組み込みコマンドの source を使うと、これらの色の変数が、実行時にスクリプトに読み込まれます。**図4-3** は、hello5.sh を修正した hello7.sh スクリプトを示しています。このスクリプトでは、これらの色の変数を使っています。

```bash
#!/bin/bash
# ログイン時に歓迎のメッセージをユーザーに表示するスクリプト
# Author: @theurbanpenguin
# Date: 1/1/1971
source $HOME/snippets/color
if [ "$#" -lt 1 ] ; then
    echo -e "${RED}Usage: $0 <name>$RESET"
    exit 1
fi
echo -e "${GREEN}Hello $1$RESET"
exit 0
```

図4-3　hello7.sh

スクリプトを実行すると、この効果がわかります。**図4-4** は、パラメーターを渡した場合と渡さなかった場合の両方の結果を示しています。

```
mlss@mint:~/bin$ hello7.sh fred
Hello fred
mlss@mint:~/bin$ hello7.sh
Usage: /home/mlss/bin/hello7.sh <name>
mlss@mint:~/bin$ 
```

図4-4

色分けされた出力によって、スクリプトの成功と失敗が簡単に識別できます。パラメーターを渡した場合には緑色の「Hello fred」が、必要な名前を渡さなかった場合には赤色の Usage 文が、それぞれ表示されています。

4.3 VS Code を使ったスニペットの作成

グラフィカルな IDE を愛する人たちであれば、シェルスクリプト用のエディターとして VS Code を使うことができます。「1.10 スクリプトのデバッグ」では、これをデバッガーとして利用しました。ここでは、エディターとしての機能を 1 つ紹介します。

次のようにして、VS Code 内で独自のスニペットを作成できます。

［ファイル］→［ユーザー設定］→［ユーザー スニペットの構成］を選択します。

shell と入力し、shellscript を選択します。shellscript.json ファイルが開きます。

このファイルには 2 つの括弧が準備されており、それらの間に自分のスニペットを入力します（**図4-5**）。

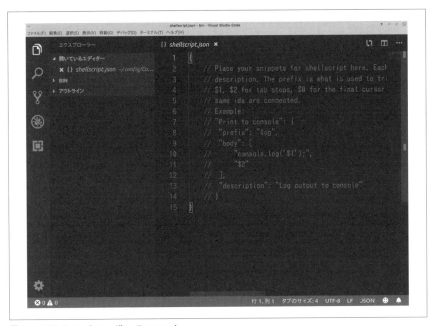

図4-5　VS Code のユーザー スニペット

スニペットを作成するために、括弧の間に次のように入力します（**図4-6**）。

```
"Print a welcome message": {
    "prefix": "welcome",
    "body": [
        "echo 'Welcome to shell scripting!' "
    ],
    "description": "Print welcome message"
}
```

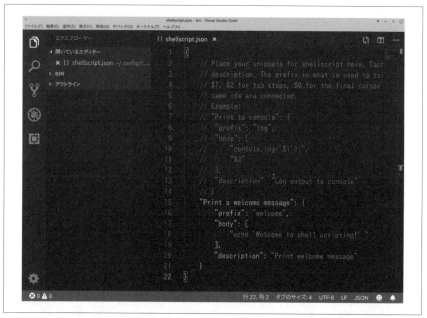

図4-6　スニペットを入力

このテンプレートを使い、ニーズに従ってこれを修正することができます。

混乱を避けるために、シェルスクリプトのキーワードとは別の接頭辞（prefix）を使うようにしてください。

任意の.sh ファイルを開いて welcome と入力し始めると、自動補完によって、作成したスニペットが表示されます（**図4-7**）。

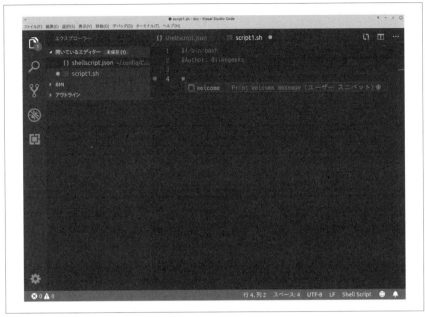

図4-7　作成したスニペットの表示

　接頭辞は、好きなものを使うことができます。この例では welcome を使ったので、welcome と入力し始めると自動補完が始まります。

　スニペットの本体（body）には、多くの行を追加することができます。

```
"Print a welcome message": {
    "prefix": "welcome",
    "body": [
        "echo 'Welcome to shell scripting!' ",
        "echo 'This is a second message'"
    ],
    "description": "Print welcome message"
}
```

　コード編集を簡略化するために、スニペットの本体内でプレースホルダーを使うことができます。

　プレースホルダーは次のように記述します。

```
$1, $2, ...
```

前のスニペットを修正し、次のようにプレースホルダーを追加します。

```
"Print a welcome message": {
    "prefix": "welcome",
    "body": [
        "echo 'Welcome to shell scripting! $1' "
    ],
    "description": "Print welcome message"
}
```

welcome と入力し始め、スニペットを選択すると、ちょうどプレースホルダーの位置でカーソルが止まり、あなたの入力を待っていることに気がつくでしょう。

このような編集可能な場所に何を入力すべきかを忘れてしまいそうな場合は、選択肢を利用することができます。

```
"Print a welcome message": {
    "prefix": "welcome",
    "body": [
        "echo 'Welcome to shell scripting! ${1|first,second,third|}' "
    ],
    "description": "Print welcome message"
}
```

コード内でこのスニペットを選択して Enter キーを押すと、選択肢が表示され、カーソルがあなたの入力を待っているのがわかるでしょう（**図4-8**）。

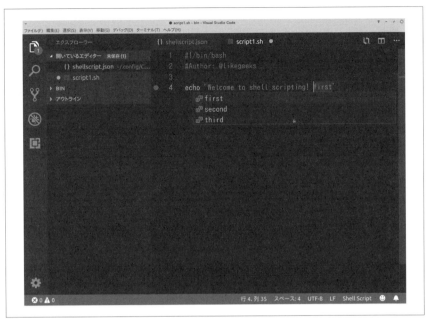

図4-8　選択肢の表示

これはとても便利です！

また、プレースホルダーにデフォルト値を追加することもでき、 Tab キーを押す
と、この値が入力されます。

```json
"Print a welcome message": {
    "prefix": "welcome",
    "body": [
        "echo 'Welcome to shell scripting! ${1:book}' "
    ],
    "description": "Print welcome message"
}
```

4.4　まとめ

どの管理者にとっても、スクリプトの再利用は、効率を追求するうえで最も重要で
す。コマンドラインで vim を使うことは、スクリプトを素早く効率的に編集すること
に役立ち、短縮入力を利用することで入力の手間を軽減できます。短縮入力は、ユー

ザー個人の.vimrcファイルに設定するのが最善であり、abbrコマンドを使って定
義します。コードスニペットは、短縮入力以上に、使う価値が感じられます。これは
現在のスクリプトに読み込むことのできる、あらかじめ用意されたコードの塊です。

　また、コマンドラインで色を使うことの有用性についても解説しました。色を使う
と、スクリプトからフィードバックを与えることができます。一見すると、これらの
色コードは親しみやすいものではありませんが、変数を使うことで処理が簡単になり
ます。私たちは色コードの変数を作成し、それをファイルに保存しました。source
コマンドを使うことで、それらの変数を現在の環境で利用することができます。

　最後に、VS Codeを使ってコードスニペット作成する方法と、プレースホルダー
を追加してコード編集を容易にする方法を説明しました。

　次の章では、テスト式を書くために利用できる、その他の仕組みについて見ること
にします。それらを利用すると、整数や変数を使うのが簡単になります。

4.5　練習問題

4-1　次のコードは、VS Codeで1つの行を表示するスニペットを作成します。選
　　択肢を持つスニペットを作成するには、どうしたらよいでしょうか？

```
"Hello message": {
    "prefix": "hello",
    "body": [
        "echo 'Hello $1' "
    ],
    "description": "Hello message"
}
```

4-2　コードスニペットをシェルで使えるようにするには、どのコマンドを使ったら
　　よいでしょうか？

5章
代替構文

　ここまでのスクリプトの旅の中で、test コマンドを使って条件文を判断できることを見てきました。また、さらに進んで、角括弧も利用できることを学びました。ここでは、test コマンドを再び取り上げ、単一の角括弧についてさらに詳しく見ることにします。角括弧について学んだ後は、変数やパラメーターのより高度な取り扱い、たとえばデフォルト値の指定や引用符の問題の理解へと進みます。

　最後に、bash、ksh、zsh のような進んだシェルでは、二重の括弧が使えることを学びます。二重角括弧や二重丸括弧を使うと、構文全体を簡略化することができ、標準的な数学記号の使用が可能になります。

　この章では、以下のテーマを扱います。

- test コマンドの要約
- パラメーターのデフォルト値の指定
- 疑わしいときは……引用符を！
- [[を使った高度なテスト
- ((を使った算術演算

5.1　test コマンドの要約

　これまで、組み込みコマンドの test を使って条件文を作成してきました。test を他のオプションと一緒に使うと、その戻り値を調べて、ファイルシステムにおけるファイルの状態を判断することができます。オプションを付けずに test コマンドを

実行すると、偽（false）の結果が返されます[†1]。

```
$ test
```

5.1.1 ファイルのテスト

　一般に、test を使って、ファイルに関する条件をチェックすることができます。たとえば -e オプションを使うと、あるファイルが存在するかどうかをテストできます。次のコマンドは、/etc/hosts ファイルの存在をテストします。

```
$ test -e /etc/hosts
```

　この test をもう一度実行し、今度はファイルが存在することだけでなく、それが通常のファイルであることをチェックします。通常のファイルとは、ディレクトリー、名前付きパイプ、デバイスファイルのような特殊な目的を持たないファイルのことです。通常のファイルかどうかをテストするオプションは -f です。

```
$ test -f /etc/hosts
```

5.1.2 ロジックの追加

　スクリプト内からファイルを開く必要がある場合、それが通常のファイルであることと、読み取り権限が設定されていることの両方をテストします。test を使ってこれを行うには、複数の条件を AND でつなぐために、-a オプションを含めます。次のコマンド例では、ファイルが読み取り可能であることをチェックするために、-r の条件を使っています。

```
$ test -f /etc/hosts -a -r /etc/hosts
```

　同様に、-o を使うと、1 つの式の中で 2 つの条件を OR でつなぐことができます。

5.1.3 角括弧の詳細

　test コマンドの代わりに単一の角括弧を使って、同じ条件テストを実装することができます。前の条件テストをもう一度使い、test コマンドそのものを省略すると、次のように書くことができます。

[†1] 訳注：test コマンドに続ける形で test ; echo $? と書いて実行すると test コマンドの終了ステータスを表示することができます。オプションを付けない場合の test コマンドの終了ステータスは 1 になります。

```
$ [ -f /etc/hosts -a -r /etc/hosts ]
```

私たちは（経験豊かな管理者でさえも）言語要素に慣れており、それらをあるがま
まに受け入れます。もし、[がシェルの組み込みコマンドであり、独立したファイル
のコマンドでもあると知ったら、多くの Linux 管理者はきっと驚くでしょう。type
コマンドを使うと、このことを確認できます[†2]。

```
$ type -a [
```

図5-1 はこのコマンドの出力結果を示しており、それらの存在が確認できます。

```
mlss@mint:~/bin$ type -a [
[ is a shell builtin
[ is /usr/bin/[
mlss@mint:~/bin$
```

図 5-1

　組み込みコマンドの [は test コマンドを模倣したものですが、閉じ括弧の] を必
要とします。

　[コマンドは bash やそれ以前の Bourne シェルで使われますが、それについて少
し深く理解できたので、次にコマンドラインリストの構文にもう少しだけ追加するこ
とができます。次のコマンドサンプルでは、コマンドラインリストのほかに、望まし
い機能が使われていることがわかります。

```
$ FILE=/etc/hosts
$ [ -f $FILE -a -r $FILE ] && cat $FILE
```

FILE 変数を設定したので、そのファイルの内容を表示する前に、それが通常のファ
イルであることと、ユーザーによって読み取り可能であることの両方をテストするこ
とができます。このようにすると、複雑なスクリプトのロジックを必要とせずに、よ
り堅牢なスクリプトにすることができます。**図5-2** は、このコードを使用している様
子を示しています。

[†2] 訳注：type コマンドの -a オプションは指定した名前のコマンドが存在する場所（エイリアス、組み込み
　　コマンド、関数を含む）をすべて表示するオプションです。このほかのオプションについては help type
　　で参照してください。

```
mlss@mint:~/bin$ FILE=/etc/hosts
mlss@mint:~/bin$ [ -f $FILE -a -r $FILE ] && cat $FILE
127.0.0.1       localhost
127.0.1.1       mint

# The following lines are desirable for IPv6 capable hosts
::1     ip6-localhost ip6-loopback
fe00::0 ip6-localnet
ff00::0 ip6-mcastprefix
ff02::1 ip6-allnodes
ff02::2 ip6-allrouters
mlss@mint:~/bin$ █
```

図5-2

　変数によるこの種の省略は、よく使われるものであり、理解しやすいものです。た
だし、読みやすさを増すものでなければ、省略には常に注意が必要です。スクリプト
作成での私たちの目的は、明快で理解しやすいコードを書くことであり、この目的に
貢献しないのであれば、むやみに使用することは避けるべきです。

5.2　パラメーターのデフォルト値の設定

　bash のパラメーターの内部では、名前が付けられた領域がメモリー内にあり、そ
こに保管された値に私たちがアクセスすることを可能にしています。パラメーターに
は、次の2つの種類があります。

● 　変数
● 　特殊パラメーター

5.2.1　変数

　変数とは何か、それらを定義するにはどうすればよいかについては、すでに「1.7
変数の宣言」で説明しました。
　記憶をよみがえらせるために言うと、等号を使って値を割り当てる（代入する）こ
とで、変数を定義できます。次に示すように、間にスペースは入れません。

```
#!/bin/bash
myvar=15
myvar2="welcome"
```

なので、ここでは特に新しいことはありません。

5.2.2　特殊パラメーター

特殊パラメーターはもう１つの種類のパラメーターであり、シェルそのものによって管理され、読み取り専用として提示されます。これらのパラメーターには、以前に $0 などのパラメーターとして遭遇していますが、ここでは、もう１つの $- について見てみましょう。特殊パラメーターの使い方を理解するために、echo コマンドを使って、それらのパラメーターを展開します。

```
$ echo "My shell is $0 and the shell options are: $-"
```

$- パラメーターは、設定されているシェルオプションを表します。これらは、set -o コマンドを使って表示することができますが、プログラムで読み取るには $- を使います。

図5-3 は、このコードの結果を示しています。

```
mlss@mint:~/bin$ echo "My shell is $0 and the shell options are: $-"
My shell is bash and the shell options are: himBHs
mlss@mint:~/bin$
```

図 5-3

ここで設定されているオプションは、次のとおりです。

h

これは「hashall」の略で、PATH パラメーターを使ってプログラムが検索されるようにします。

i

これがインタラクティブ（対話的）なシェルであることを示します。

m

これは「monitor」の略で、bg コマンドや fg コマンドを使って、コマンドをバックグラウンドに移したり戻したりできるようにします。

B

ブレース展開（波括弧による展開）を可能にします。たとえば、`mkdir dir{1,2}` とすると、`dir1` と `dir2` が作成されます。

H

履歴からコマンドを繰り返すために、実行するコマンドの履歴展開（`history` コマンドで確認後、`!501` などのように実行）を可能にします。

s

コマンドを標準入力から読み込みます。インタラクティブなシェルを起動するときに、位置パラメーターの設定を可能にします。バージョン 4.4 より前の bash では、このオプションは表示されません。

5.2.3　デフォルト値の設定

`test` コマンドまたは角括弧を使う場合、変数（コマンドラインパラメーターも含む）にデフォルト値を与えることができます。前に作成した `hello4.sh` を例に取ると、このスクリプトを修正して、`name` パラメーターがゼロバイトの場合にデフォルト値を設定することができます。

```
#!/bin/bash
name=$1
[ -z "$name" ] && name="Anonymous"
echo "Hello $name"
exit 0
```

このコードは機能しますが、デフォルト値をどのようにコーディングするかは自由です。もう 1 つの方法として、パラメーターにデフォルト値を直接割り当てることもできます。次のようなコマンドを考えてみましょう。ここでは、デフォルト値を直接割り当てています。

```
name=${1-"Anonymous"}
```

これは、bash では**パラメーター置換**として知られており、次の疑似コードのように書くことができます。

```
${parameter-default}
```

ここで `parameter` はパラメーターを、`default` はデフォルト値を、それぞれ表し

ます。

　変数（parameter）が宣言されておらず、その値がヌルである場合には、常にデフォルト値が使われます。ヌル値を持つパラメーターが明示的に宣言されている場合は、次の例のように、:-という構文を使います。

```
parameter=
${parameter:-default}
```

　スクリプトを編集して hello8.sh を作成し、bash のパラメーター置換を利用して、デフォルト値を与えることができます。

```
#!/bin/bash
#パラメーター置換を使ってデフォルト値を指定します
name=${1-"Anonymous"}
echo "Hello $name"
exit 0
```

　図 5-4 は、このスクリプトと、値を渡した場合と渡さなかった場合の両方の実行結果を示しています。

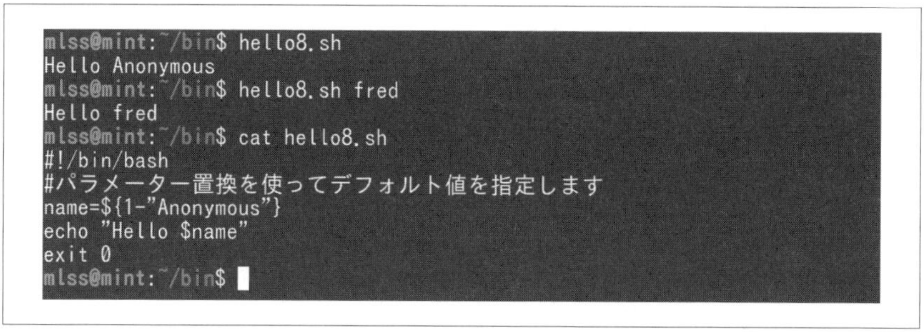

図 5-4

　hello8.sh スクリプトは、パラメーターの割り当てに直接組み込まれたロジックによって、私たちが必要とする機能を提供します。このロジックと割り当ては、スクリプト内の 1 行のコードで済みます。これは、スクリプトを簡潔に保ち、読みやすさを維持するための大きな一歩です。

5.3　疑わしいときは……引用符を！

　変数はパラメーターの一種であることがわかったので、このことを常に念頭に置くようにしましょう。特にマニュアルやハウツー本を読むときには、そうすべきです。さまざまなドキュメントでパラメーターに言及していることがありますが、その場合、$1 などの特殊パラメーターだけでなく変数も含まれます。これを踏まえて、コマンドライン上やスクリプト内でパラメーターを使うときに、それらを引用符で囲むことが望ましい理由を説明します。これを学ぶと、後で（特にループを使うときに）多くの悩みを減らすことができます。

　まず第一に、変数の値の読み取りに関して使用すべき正しい用語は、**パラメーター展開**です。これは、読者や筆者にとっては変数を読み取ることですが、bash にとっては、きわめて単純なことです。パラメーター展開のような正しい名前を割り当てることで、その意味のあいまいさは減りますが、同時に複雑さが増してしまいます。次の例で、コマンドの最初の行は、fred という値を name パラメーターに代入します。コマンドの 2 行目はパラメーター展開を使って、保管された値をメモリーから表示します。$記号は、パラメーター展開を可能にするために使います。

```
$ name=fred
$ echo "The value is: $name"
```

　この例では、スペースを使っているので、echo が 1 つの文字列を表示できるように、二重引用符で囲んでいます。もし引用符がなければ、echo はこれを複数の引数と見なしていたでしょう。bash を含めて、ほとんどのシェルでは、スペースはデフォルトのフィールドセパレーター（区切り文字）として扱われるからです。私たちが引用符を使おうと考えないのは、たいてい、スペースを直接目にしていない場合です。前に使ったコマンドラインのコードを、もう一度見てみましょう。

```
$ FILE=/etc/hosts
$ [ -f $FILE -a -r $FILE ] && cat $FILE
```

　これは確かに動作しましたが、ちょっと幸運だったかもしれません。特に、自分自身で作成したものではないファイルのリストから FILE パラメーターに代入しようとしていた場合には、幸運だった可能性があります。ファイル名の中にスペースが含まれることは、大いに考えられるからです。別のファイルを使って、このコマンドをもう一度見てみましょう。次の例を考えてみてください。

```
$ echo "The File Contents" > "my file"
$ FILE="my file"
$ [ -f $FILE -a -r $FILE ] && cat $FILE
```

構造的には、コードに何も変化がありませんが、今回は失敗します。これは、[コ
マンドに多くの引数を渡しすぎているためです。代わりに test コマンドを使ったと
しても、失敗という結果は同じです。

FILE パラメーターへのファイル名の代入を正しく引用符で囲んだにもかかわらず、
そのパラメーターが展開されるときに、スペースを保護することができなかったので
す。**図5-5** を見ると、コードが失敗している様子がわかります。

図5-5

残念ながら、スクリプトの準備が足りなかったことがわかります。悲しいかな、か
つて堅牢だと考えていたものは、タイタニック号のようにぼろぼろになって、私たち
のコードは沈没してしまいました。

簡単な解決策は、特に希望しない場合を除いて、パラメーター展開を引用符で囲む
という基本に戻ることです。次のように簡単な修正を加えることで、この船を沈まな
いようにすることができます。

```
$ FILE="my file"
$ [ -f "$FILE" -a -r "$FILE" ] && cat "$FILE"
```

これで、ホワイト・スター・ライン社[†3]のドックに堂々と立つことができます。次
のコード例で、タイタニック2号が進水する様子を目にすることができます (**図5-6**)。

---

†3　訳注：タイタニック号を所有していた会社。

```
mlss@mint:~/bin$ FILE="my file"
mlss@mint:~/bin$ [ -f "$FILE" -a -r "$FILE" ] && cat "$FILE"
The File Contents
mlss@mint:~/bin$
```

図5-6

　これらの小さな引用符が持つ効果は、本当に驚くべきものです。変数を展開するときには、決して引用符を軽んじるべきではありません。このことを確実に身につけるために、この現象を別の、さらに単純な例で明らかにしてみましょう。単純にファイルを削除したいというシナリオを考えてみます。最初の例では、引用符は使いません。

```
$ rm $FILE
```

　このコードは失敗を生み出します。パラメーター展開によって、次のように認識されるコマンドになるからです。

```
$ rm my file
```

　my というファイルや file というファイルは見つからないので、このコードは失敗します。さらに悪いことに、それらの名前のいずれかが偶然に一致してしまうと、間違ったファイルを消してしまう可能性さえあるのです。しかし、次の例のように、パラメーター展開を引用符で囲めば、窮地を脱することができます。

```
$ rm "$FILE"
```

　これで次のコマンド例のように、希望するコマンドへと正しく展開されます。

```
$ rm "my file"
```

　これらの例によって、パラメーターを展開するときに注意が必要なことが明らかに

なり、読者が落とし穴に気づいてもらえることを心から願っています[4]。

5.4 [[を使った高度なテスト

[[条件]]という二重角括弧を使うことで、より高度な条件テストを行うことができます。ただし、これは Bourne シェルとは互換性がありません[5]。二重角括弧は、定義されたキーワードとして最初に ksh で導入され、bash や zsh でも利用することができます。単一の角括弧と違って、これはコマンドではなく、キーワードです。type コマンドを使うと、このことを確認できます。

```
$ type [[
[[ is a shell keyword
```

5.4.1 空白文字

空白文字に関するかぎり、[[がコマンドではないという事実は重要です。キーワードとして、[[は、その引数が bash によって展開される前にそれらを解析します。そのため、単一のパラメーターは、常に単一の引数として表されます。たとえベストプラクティスに反するとしても、[[は、パラメーターの値に含まれる空白文字に関連するいくつかの問題を軽減してくれます。前にテストした条件を再び考えると、次の例のように、[[を使う場合は引用符を省略できます。

```
$ echo "The File Contents" > "my file"
$ FILE="my file"
$ [[ -f $FILE && -r $FILE ]] && cat "$FILE"
```

それでもなお、見てわかるように、cat を使うときにはパラメーターを引用符で囲む必要があります。二重角括弧の中で引用符を使うこともできますが、それらは省略可能です。また、-a オプション（AND）や-o オプション（OR）の代わりに、伝統的

---

[4] 訳注：ShellCheck（https://github.com/koalaman/shellcheck）というシェルスクリプトの静的解析ツールを使用すると、文法の誤り、引用符を使用すべき箇所での不使用、不適切な test コマンドの条件の記述などのシェルスクリプトの様々な問題点をチェックして、問題がある場合はどう修正すればよいか教えてくれます。Debian 系の Linux ディストリビューションでは sudo apt install shellcheck でインストールできます。Red Hat 系の Linux ディストリビューションのうち Fedora では sudo dnf install ShellCheck でインストールでき、CentOS などでは sudo dnf install epel-release && sudo dnf install ShellCheck（dnf コマンドがインストールされていない場合は sudo yum install epel-release && sudo yum install ShellCheck）でインストールできます。

[5] 訳注：dash と ash では [[を使用できません。

な&&や||も使えることに注目してください。

5.4.2　その他の高度な機能

　二重角括弧を使って利用できる特別な機能をいくつか紹介します。たとえ、それら
を使うことで移植性を失うとしても、その損失を上回るほどの優れた機能です。bash
だけを使うのであれば問題ありませんが、二重角括弧を使ったスクリプトは Bourne
シェルでは実行できないことを覚えておいてください。ここで説明する高度な機能と
は、パターンマッチングと正規表現です。

5.4.2.1　パターンマッチング

　二重角括弧を使うと、単なる文字列のマッチングよりも多くのことができ、パター
ンマッチングを使うことができます。たとえば、Perl スクリプト、すなわち.pl で終
わるファイルだけを処理しなければならない場合があるかもしれません。次の例のよ
うに、マッチングの対象としてパターンを含めることで、条件の中でこれを容易に実
装することができます。

```
$ [[ $FILE = *.pl ]] && cp "$FILE" scripts/
```

5.4.2.2　正規表現

　正規表現については、「11 章　正規表現」で詳しく説明しますが、ここで簡単に見
ておきましょう。

　正規表現を使うと、前の例を次のように書き直すことができます。

```
$ [[ $FILE =~ \.pl$ ]] && cp "$FILE" scripts/
```

単一のドット（.）は正規表現では特別な意味を持つので、\を使ってエスケー
プする必要があります。

　図5-7 は、my.pl というファイルと、my.apl という別のファイルに対する正規表
現マッチングを示しています。.pl で終わるファイルに対してマッチングが正しく行
われています。

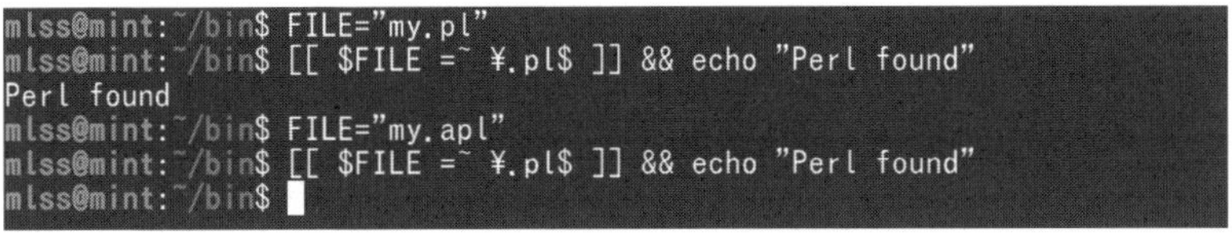

図 5-7

5.4.2.3　正規表現スクリプト

正規表現を使ったもう1つの簡単な条件テストの例として、「color」についての米国と英国のスペル、つまり「color」と「colour」を扱うことにします。スクリプトからの出力をカラーで表示するかモノクロで表示するかをユーザーに尋ねますが、このときに両方のスペルに対応します。スクリプト内でそれを処理する行は、次のようになります。

```
if [[ $REPLY =~ colou?r ]] ; then
```

この正規表現は、u を省略可能な u? にすることで、「color」と「colour」の両方のスペルに対応します。また、シェルのオプションを有効にすることで、大文字と小文字の区別をなくし、「COLOR」と「color」の両方に対応します[6]。

```
shopt -s nocasematch
```

スクリプトの終わりに、次のコマンドを使って、このオプションを再び無効にします。

```
shopt -u nocasematch
```

「4.2.1　ターミナルに色を導入する」で $GREEN および $RESET と名付けた変数を使うと、出力結果の色が影響を受けます。$GREEN による緑色は、色の定義ファイルを source コマンドで読み込んだ場合にだけ表示されます。これは、ユーザーがカラー表示を選択した場合に設定されます。モノクロを選択した場合は、これらの変数がヌルであり、色に影響がないことが保証されます。

スクリプト全体は、**図5-8** のようになります。

---

[6]　訳注：shopt は bash の組み込みコマンドで dash、ash、ksh93、mksh、zsh では使用できません。

```
#!/bin/bash
# ログイン時に歓迎のメッセージをユーザーに表示するスクリプト
# Author: @theurbanpenguin
# Date: 1/1/1971
shopt -s nocasematch  #大文字と小文字の区別をオフにします
read -p "Type color or mono for script output: "
if [[ $REPLY =~ colou?r ]] ; then
    source $HOME/snippets/color
fi
#パラメーターが設定されていない場合はモノクロ表示になります
echo -e "${GREEN}This is $0 $RESET"
shopt -u nocasematch  #大文字と小文字の区別をリセットします
exit 0
```

図 5-8　prompt_color.sh

5.5　((を使った算術演算

　bash やその他の高度なシェルを使用している場合、(( )) という表記法を使って、スクリプトでの算術演算を簡略化することができます。

5.5.1　単純な計算

　bash での二重丸括弧の構成体は、算術展開を可能にします。これを最も簡単な形式で使うと、整数の計算を容易に実行できます。これは、組み込みコマンドの let の代わりになります。次の例は、二重丸括弧と let コマンドの使い方を示しています。結果は同じになります。

```
$ (( a = 2 + 3 ))
$ let a=2+3
```

　どちらの場合も、パラメーター a には、2 + 3 の結果が代入されます。パラメーター名を二重丸括弧の外で指定する形で算術展開の結果をパラメーターに代入する場合や算術展開の結果をコマンドの引数に使いたい場合は、丸括弧の前にドル記号が必要です[7]。

---

[7]　訳注：dash と ash ではドル記号を使わない記法を使用できません。また、dash では let コマンドを使用できません。

```
#!/bin/bash
a=$(( 2 + 3 ))
echo $a
echo $(( 2 + 3 ))
```

5.5.2　パラメーター操作

　おそらく、私たちにとってもう少し役に立つのは、二重丸括弧を使って書くことのできる、C 言語スタイルのパラメーター操作でしょう。これは、ループ内でカウンターをインクリメントしたり、ループの繰り返し回数に制限を設けたりするために使うことができます。次のコマンドを考えてみましょう。

```
$ COUNT=1
$ (( COUNT++ ))
$ echo $COUNT
```

　この例では、まず COUNT を 1 に設定し、次に ++ 演算子を使ってそれをインクリメントします（1 を加えます）[8]。最後の行で出力されるときに、パラメーターの値は 2 になっています。**図5-9** はこの結果を示しています。

図5-9

　次の構文を使うことで、少しだけ長くなりますが、同じ結果を得ることができます。

```
$ COUNT=1
$ (( COUNT=COUNT+1 ))
$ echo $COUNT
```

　当然ですが、これは COUNT パラメーターのどのような増加でも可能であり、1 だけの増加に限られるものではありません。同様に、次の例のように、 -- 演算子を使ってカウントダウンすることもできます。

---

[8]　訳注：使用可能な演算子については man bash で ARITHMETIC EVALUATION のセクションを参照するか help let で参照してください。

```
$ COUNT=10
$ (( COUNT-- ))
$ echo $COUNT
```

ここでは、10 という値を使って開始し、二重丸括弧の中で値を 1 減らしています。

 丸括弧の中でパラメーターを展開するために $ を使っていないことに注意してください。二重丸括弧はパラメーター操作のために使うものであり、そのため、明示的にパラメーターを展開する必要はありません。

5.5.3 標準的な算術テスト

二重丸括弧から得られるもう 1 つの利点は、テストと一緒に使うことにあります。「より大きい」をテストするために -gt を使う代わりに、単純に > を使うことができるのです。次のコードを見てください。

```
(( COUNT > 1 )) && echo "Count is greater than 1"
```

図5-10 は、これを使った例を示しています。

```
mlss@mint:~/bin$ COUNT=10
mlss@mint:~/bin$ (( COUNT-- ))
mlss@mint:~/bin$ (( COUNT > 1 )) && echo "Count is greater than 1"
Count is greater than 1
mlss@mint:~/bin$
```

図5-10

二重丸括弧が私たちにとってとても便利なのは、C 言語スタイルの操作とテストの両方における、この標準化によるものです。二重丸括弧の用途は、コマンドラインとスクリプトの両方に及びます。後でループ構成体について詳しく見るときに、この機能を幅広く使います。

5.6 まとめ

この章で、多くの新しい、興味深い選択肢を読者に紹介できたことを心から願っています。これは広い範囲に及ぶものであり、まず test の使い方を復習することから始め、[が構文の構成体ではなくコマンドであることを知りました。それがコマンド

であることの主な効果は空白文字に関することであり、変数を引用符で囲むことの必要性について学びました。

　私たちは一般に変数のことを「変数」と呼びますが、それらの正しい名前が（特に bash のドキュメントにおいては）パラメーターであることを学びました。変数を読み取ることは、パラメーター展開です。パラメーター展開を理解することは、[[キーワードの使い方を理解することに役立ちます。二重角括弧はコマンドではなく、パラメーターを展開しません。これは、変数を引用符で囲む必要がないことを意味しています。たとえ、それらが空白文字を含んでいたとしてもです。さらに、パターンマッチングや正規表現のような、二重角括弧を使った高度なテストを行うことができます。

　最後に、二重丸括弧の表記法を使った算術展開やパラメーター操作について学びました。これがもたらす最大の機能は、カウンターの容易なインクリメントやデクリメントです。

　次の章では、bash で使われるループ構成体へと進み、この章で得られた新しいスキルを活用します。

5.7　練習問題

5-1 シェルスクリプトを使って、25 から 8 を引くには、どうしたらよいでしょうか？

5-2 my file という名前のファイルを削除したい場合に次のコマンドはどこが間違っているでしょうか？ また、どのように修正したらよいでしょうか？

```
$ rm my file
```

5-3 次のコードの問題点は何でしょうか？

```
#!/bin/bash
a=(( 8 + 4 ))
echo $a
```

6章
ループを使った反復処理

　前章までで算術演算とテストが行えるようになり、より強力なスクリプトを作成できるようになりました。しかし、しばしば、何らかの作業を繰り返し行わなければならない場合があります。たとえば、ログファイルのエントリーを順番に調べて何らかの処理を行ったり、何らかのコードを連続して実行したりする場合です。私たちは忙しいので、ある作業を 100 回以上繰り返すよりも、しなければならないことがたくさんあります。ループは私たちの友達です。

　ループ構造は、スクリプトの活力源です。ループは、同じ作業を確実に、一貫して、何度も繰り返し行うことのできる、馬車馬のように働くエンジンです。たとえば、ある CSV ファイルの中に 100,000 行のテキストがあり、その中で不正なエントリーをチェックしなければならない状況を想像してみてください。スクリプトは、いったん作成してしまえば、このような作業を容易に、しかも正確に行うことができますが、人間の場合は、信頼性と正確性がすぐに低下してしまいます。

　そこで、どうしたら時間を節約し、正気を保つことができるかを見てみましょう。この章では、以下のテーマを扱います。

- for ループ
- 高度な for ループ
- IFS（内部フィールドセパレーター）
- ディレクトリーとファイルのチェック
- C 言語スタイルの for ループ
- ネストされたループ
- ループの出力結果のリダイレクト
- while ループと until ループ

- ファイルからの入力の読み込み
- オペレーター用メニューの作成

6.1　forループ

ループの制御手段はすべてシンプルです。まず、for ループから見ることにします。for は bash でのキーワードで、その働きに関して言えば、if と似ています。次の例のように、type コマンドを使ってこれを確認できます。

```
$ type for
for is a shell keyword
```

予約済みのシェルキーワードとして、for ループは、スクリプト内で使うこともできますし、コマンドライン上で直接使うこともできます。このようにして、スクリプト内およびスクリプト外でループを活用することができ、コマンドラインの使用を容易にすることができます。単純な for ループの例を示します。

```
# for u in bob joe ; do
> useradd $u
> echo "$u:Password1" | chpasswd    # 作成したユーザーをパイプで chpasswd に渡します
> passwd -e $u
> done
```

useradd コマンドはユーザーを作成するために使われ、chpasswd コマンドは、複数のパスワードをバッチモードで更新するために使われます。

for ループの中では、in の右側のリストから値が読み取られ、左側の変数に代入されます。この例では、bob と joe を含んでいるリストから、u という変数に読み込まれます。リスト内のそれぞれの項目が、一度に 1 つずつ変数に代入されます。このようにして、処理すべき項目がリスト内に残っているかぎり、ループが繰り返し実行されます。

このループの実行は、私たちにとっては、実質的に次のことを意味します。

1. bob というユーザーを作成します。
2. bob のパスワードを設定します。
3. bob が初めてログインしたときにパスワードをリセットする必要があるように、パスワードを有効期限切れにします。

　その後、ループの先頭に戻り、joe というユーザーについて同じ処理を繰り返します。

　図6-1 は、このコードの実行結果を示しています。sudo -i によって root 権限を得た後で、ループの実行へと進み、ユーザーを作成します。

```
mlss@mint:~/bin$ sudo -i
[sudo] password for mlss:
root@mint:~# for u in bob joe ; do
> useradd $u
> echo "$u:Password1" | chpasswd
> passwd -e $u
> done
passwd: password expiry information changed.
passwd: password expiry information changed.
root@mint:~# █
```

図6-1

　for ループの中で読み込まれるリストは、この例のように静的に指定することもできますし、動的に生成することもできます。動的なリストを作成するために、さまざまなファイル取得のテクニックを使って、リストに追加することができます。たとえば、次の例のように*を使うと、ディレクトリー内のすべてのファイルを処理することができます。

```
$ for f in * ; do
> stat "$f"
> done
```

たとえばファイル取得などで、リストを動的に生成する場合は、変数の展開を引用符で囲むべきです。引用符がないと、ファイル名にスペースが含まれていてコマンドが失敗する可能性があります。stat コマンドで引用符を使っているのは、このためです。

　次の例では、ba*で始まるファイル名を取得します。その後で、stat コマンドを使って、i ノードのメタデータを表示します。コードと実行結果を**図6-2** に示します。

```
mlss@mint:~/bin$ for f in ba* ; do
> stat "$f"
> done
  File: backup.sh
  Size: 981          Blocks: 8          IO Block: 4096    regular file
Device: 801h/2049d   Inode: 1583016     Links: 1
Access: (0777/-rwxrwxrwx)  Uid: ( 1001/    mlss)  Gid: (65534/ nogroup)
Access: 2022-03-18 17:29:24.886098768 +0900
Modify: 2022-02-28 09:38:38.023354630 +0900
Change: 2022-03-18 17:29:04.529520791 +0900
  Birth: -
  File: backup2.sh
  Size: 707          Blocks: 8          IO Block: 4096    regular file
Device: 801h/2049d   Inode: 1583316     Links: 1
Access: (0766/-rwxrw-rw-)  Uid: ( 1001/    mlss)  Gid: (65534/ nogroup)
Access: 2022-03-18 17:29:26.626148170 +0900
Modify: 2022-03-05 14:50:31.742389442 +0900
Change: 2022-03-18 17:29:04.529520791 +0900
  Birth: -
```

図6-2

　このリストは、別のコマンドの出力結果や複数のコマンドのパイプラインから生成することもできます。たとえば、ログインしているすべてのユーザーのカレントディレクトリーを表示したければ、次のようなコードを試すことができます[†1]。

```
$ for user in $(who | cut -f1 -d" ") ; do
> lsof -u "$user" -a -c bash | grep cwd
> done
```

　この例を見ると、パラメーター名の選択が私たちに任されていることがわかります。パラメーターの名前は1文字に限られるわけではなく、この例では user という名前を使っています。小文字を使うことで、環境変数の USER を上書きしてしまうことはありません。**図6-3** は、このコードと出力結果を示しています。

---

†1　訳注：cut -f1 -d" " は与えられた入力を1行ずつ -d オプションで指定された区切り文字（ここではスペース）でフィールドに分割し、-f オプションで指定されたフィールド（ここでは一番左のフィールド）を出力します。そのため $(who | cut -f1 -d" ") は who コマンドの出力のうちユーザー名の部分が抽出されることになります。cut コマンドの使用方法の詳細については man cut で参照してください。

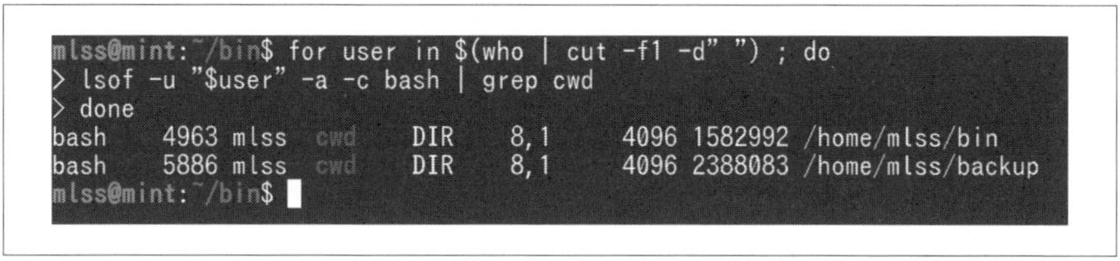

図6-3

　lsof コマンドは、開かれているファイルをリスト表示します。この例では、bash コマンドを使って、カレントディレクトリーとして開かれているファイルを、ユーザーごとに順番に検索しています。

　ここまで作成してきたスクリプトを組み合わせて、hello9.sh という新しいスクリプトを作成します。$HOME/bin/hello2.sh スクリプトをコピーして作成する場合は、それを編集して for ループを追加します。

```bash
#!/bin/bash
echo "You are using $(basename $0)"
for n in "$@"
do
    echo "Hello $n"
done
exit 0
```

　ループを使って、渡されたコマンドライン引数のそれぞれについて処理を繰り返し、各ユーザーに個別にあいさつを表示します。このスクリプトを実行すると、それぞれのユーザーに対して Hello のメッセージが表示されることがわかります。**図6-4** はこの様子を示しています。

図6-4

　ここで見た例は、まだ小さなものですが、スクリプトとループを使って何が行えるかを少しは理解できたと思います。このスクリプトの引数は、これまで使ってきた

ユーザー名でも、それ以外の何でもかまいません。ユーザー名にこだわるのであれば、前に見たように、ユーザーアカウントの作成やパスワードの設定を追加することは、とても簡単です。

6.2　高度な for ループ

前の例では、for ループを使って、それぞれの値がスペースを含まない単純な値について処理を繰り返しました。

ご存じのように、値にスペースが含まれる場合は、二重引用符を使用すべきです。

```
#!/bin/bash
for var in one "This is two" "Now three" "We'll check four"
do
    echo "Value: $var"
done
```

実行結果を**図6-5**に示します。

図6-5

見てわかるように、二重引用符のおかげで、それぞれの値が期待どおりに表示されています。

この例では、複数の値を1つの行に書き、スペースやアポストロフィが含まれているため、それらの値を二重引用符で囲んであります。もし、ファイル内のように、値が複数の行に書かれていたとしたら、どうでしょうか？

また、リスト内の値と値の間のセパレーター（区切り文字）が、カンマやセミコロンなど、スペース以外のものだったとしたら、どうでしょうか？

そこで IFS の出番です。

6.3　IFS（内部フィールドセパレーター）

　IFS は「Internal Field Separator」（内部フィールドセパレーター）の略で、フィールドを区切るための文字として使われます。デフォルトでは、IFS 変数の値は、スペースとタブと改行です。

　たとえば、次のようなファイルがあり、それぞれの行について処理を繰り返したいと仮定しましょう。

```
Hello, this is a test
This is the second line
And this is the last line
```

これらの行について反復する for ループを書いてみましょう。

```
#!/bin/bash
file="file1.txt"
for var in $(cat $file)
do
    echo " $var"
done
```

実行結果を見ると、私たちが求めるものではありません（**図6-6**）。

図6-6

　ファイルの中でシェルが最初に見つけたセパレーターがスペースなので、シェルは

それぞれの単語をフィールドとして扱いますが、私たちはそれぞれの行をフィールドとして扱いたいのです。

そこで、IFS 変数を改行だけに変更する必要があります。

それぞれの行について正しく反復するように、スクリプトを修正しましょう。

```
#!/bin/bash
file="file1.txt"
IFS=$'\n'    #IFSを改行に変更します
for var in $(cat $file)
do
    echo " $var"
done
```

IFS 変数を改行に変更した結果、期待どおりに動くようになりました（**図6-7**）。

図6-7

`IFS=$'\n'` という IFS の定義の中で、ドル記号（\$）を使っていることに注目してください。デフォルトでは bash は、\r（復帰）、\n（改行）、\t（タブ）などのエスケープ文字を解釈しません。そのため、何もしないと、単に\およびnという文字として扱われてしまうので、エスケープ文字として解釈させるために、その前にドル記号を使う必要があるのです[†2]。

ただし、使用する IFS が通常の文字の場合は、ドル記号を使う必要はありません。

6.4　ディレクトリーとファイルのチェック

簡単な for ループを使って、ディレクトリーの内容について処理を繰り返すことができ、if 文を使って、そのパスがディレクトリーかファイルかを調べることができます。

---

†2　訳注：エスケープ文字として解釈させるにはドル記号と一緒に単一引用符を使う必要があります。二重引用符ではエスケープ文字として解釈されませんので注意してください。

```bash
#!/bin/bash
for path in /home/mlss/*
do
    if [ -d "$path" ]
    then
        echo "$path is a directory"
    elif [ -f "$path" ]
    then
        echo "$path is a file"
    fi
done
```

実行結果を**図6-8**に示します。

```
mlss@mint:~/bin$ count_files.sh
/home/mlss/backup is a directory
/home/mlss/bin is a directory
/home/mlss/book.pdf is a file
/home/mlss/snippets is a directory
/home/mlss/ダウンロード is a directory
/home/mlss/デスクトップ is a directory
/home/mlss/ドキュメント is a directory
mlss@mint:~/bin$
```

図6-8

　これはきわめて簡単なスクリプトです。ディレクトリーの内容について処理を繰り返し、if 文を使って、そのパスがディレクトリーかファイルかをチェックします。その後で、それぞれのパスの隣に、それがファイルであるかディレクトリーであるかを表示します。

ファイル名にスペースが含まれている可能性があるので、path 変数を引用符で囲んでいます。

6.5　C言語スタイルの for ループ

　読者が C 言語の経験をお持ちであれば、for ループを C 言語のスタイルで書けると知ったら、きっとうれしいでしょう。この機能は ksh から取り入れたものです。C 言語の for ループは、次のように書くことができます。

```
for (v=0; v < 5; v++)
{
    printf("Value is %d\n", v);
}
```

C 言語の開発者にとっては、for ループでこの構文を使うことは簡単でしょう。
次の例を見てください[3]。

```
#!/bin/bash
for (( v=1; v <= 10; v++ ))
do
    echo "Value is $v"
done
```

for ループに関しては多くの構文スタイルがあり、どれを使うかは自由です。

6.6　ネストされたループ

ネストされたループ（入れ子のループ）とは、ループの中にループが含まれている
ことを意味します。次の例を見てください。

```
#!/bin/bash
for (( v1 = 1; v1 <= 3; v1++ ))
do
    echo "First loop $v1:"
    for (( v2 = 1; v2 <= 3; v2++ ))
    do
        echo " Second loop: $v2"
    done
done
```

まず外側のループが実行され、その中で内側のループが 3 回実行されます。これが
3 回繰り返されます（**図6-9**）。

---

[3]　訳注：この C 言語スタイルの記法は ksh93 と zsh でも使用できます。dash、ash、mksh では使用で
　　きません。

```
mlss@mint:~/bin$ nested_loops.sh
First loop 1:
  Second loop: 1
  Second loop: 2
  Second loop: 3
First loop 2:
  Second loop: 1
  Second loop: 2
  Second loop: 3
First loop 3:
  Second loop: 1
  Second loop: 2
  Second loop: 3
mlss@mint:~/bin$ 
```

図6-9

6.7　ループの出力結果のリダイレクト

done キーワードに続ける形で、ループの出力結果をファイルにリダイレクトすることができます。

```
#!/bin/bash
for (( v1 = 1; v1 <= 5; v1++ ))
do
    echo "$v1"
done > file
```

ファイルが存在しない場合は、file ファイルが作成され、そこにループの実行結果が出力されます。

ループの出力結果を画面に表示する必要がなく、代わりにファイルに保存したい場合に、このリダイレクトは便利です。

6.7.1　ループの制御

ループに入った後で、そのループを通常より早く抜け出したり、特定のリスト項目を処理から除外したりしたい場合があります。たとえば、リスト内ですべての種類のファイルではなく、ディレクトリーだけを処理したい場合は、break や continue といったループ制御のための組み込みコマンドを使うことで、これを実装できます。

break コマンドは、それ以降のリスト項目を処理することなく、ループから抜け出すために使われます。これに対して continue コマンドは、ループ内の現在のリス

ト項目の処理を中止し、次のリスト項目を使って処理を再開するために使われます。

　ディレクトリーだけを処理したいと仮定すると、ループ内にテストを実装し、ファイルの種類を判断するようにします。

```
$ for f in * ; do
> [ -d "$f" ] || continue
> chmod 3777 "$f"
> done
```

　ループの中では、SGIDやスティッキービットを含めて権限を設定しますが、これはディレクトリーについてだけ行います。*の検索によって、すべてのファイルが返されますが、ループ内の最初の文によって、ディレクトリーだけを処理することが保証されます。このテストが失敗する場合は、ディレクトリーではないということなので、continueコマンドによって、後続の文は実行されず、次のリスト項目へと進みます。テストが真を返す場合は、ディレクトリーを扱っていることになるので、後続の文が処理されて、chmodコマンドが実行されます。

　ディレクトリーが見つかるまでループを実行し、見つかったらループを終了するようにしたい場合は、次のようにコードを修正します。ループの中でそれぞれのファイルについて調べ、それがディレクトリーであれば、breakコマンドを使ってループを抜け出します。

```
$ for f in * ; do
> [ -d "$f" ] && break
> done
$ echo "We have found a directory: $f"
```

図6-10は、このコードを実行している様子を示しています。

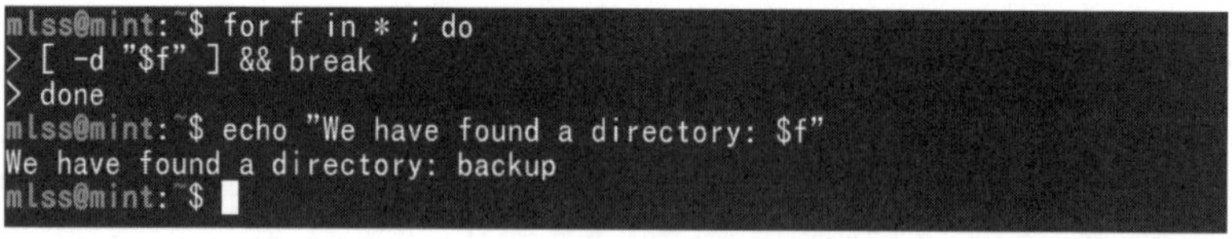

図6-10

　同様に、次のコードを使って、リスト内で見つかったすべてのディレクトリーを表示することができます。

```
$ for f in * ; do
> [ -d "$f" ] || continue
> dir_name="$dir_name $f"
> done
$ echo "$dir_name"
```

ループの中で、リスト項目がディレクトリーである場合にだけ処理を行うことで、結果を得ることができます。if テストを使って、通常のファイルだけを扱うこともできます。この例では、ディレクトリー名を dir_name 変数に追加しています。ループを終了すると、ディレクトリーの完全なリストが表示されます。**図6-11** はこの結果を示しています。

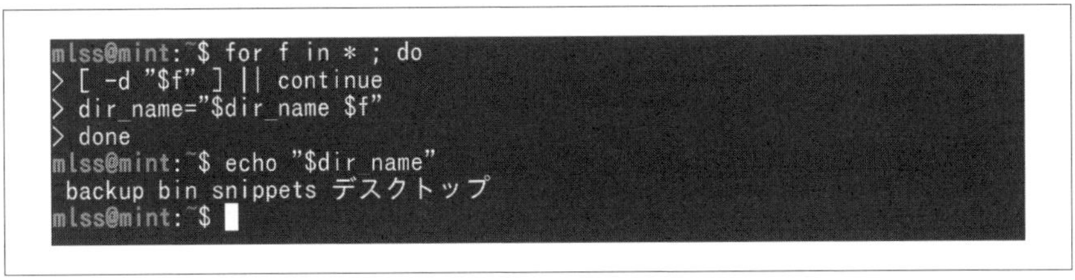

図6-11

これらのサンプルと読者自身のアイデアを用いると、continue と break のコマンドを使って、ループを自由に制御することができるでしょう。

6.8　while ループと until ループ

for ループを使う場合は、あるリストについて繰り返し処理を行います。それは自分で作成したリストでもかまいませんし、動的に生成されたものでもかまいません。while ループや until ループを使うと、条件が真または偽になるという事実に基づいてループ処理を行うことができます。

while ループは、条件が真であるかぎり繰り返し、逆に until ループは、条件が偽であるかぎり繰り返します。次のコマンドは 10 からゼロまで数えるもので、ループのそれぞれの繰り返しの中で変数を表示し、値を 1 減らします。

```
$ COUNT=10
$ while (( COUNT >= 0 )) ; do
> echo -e "$COUNT \c"
> (( COUNT-- ))
```

```
> done ; echo
```

図6-12 を見ると、このコマンドの実行結果、すなわちゼロへのカウントダウンの様子がわかります。

```
mlss@mint:~/bin$ COUNT=10
mlss@mint:~/bin$ while (( COUNT >= 0 )) ; do
> echo -e "$COUNT ¥c"
> (( COUNT-- ))
> done ; echo
10 9 8 7 6 5 4 3 2 1 0
mlss@mint:~/bin$
```

図6-12

 \c というエスケープシーケンスを使用することで、echo で通常行われる改行が抑制されます。このようにして、カウントダウンの表示を 1 行の中に収めています。きっと、素晴らしい効果だと読者も同意してくれるでしょう。

このループの機能は、until ループを使っても実現できます。条件が真になるまで繰り返すことになるので、ロジックを少しだけ考え直す必要があります。一般に、どちらのループを使うかは個人の好みであり、読者にとってどちらがより効果的であるかによります。次の例は、until を使って書かれたループを示しています。

```
$ COUNT=10
$ until (( COUNT < 0 )) ; do
> echo -e "$COUNT \c"
> (( COUNT-- ))
> done ; echo
```

6.9 ファイルからの入力の読み込み

さて、これらのループを使うと、単に数字をカウントダウンする以上のことができそうです。テキストファイルからデータを読み込み、それぞれの行を処理してみましょう。前に見たシェル組み込みコマンドの read を使うと、ファイルを 1 行ずつ読み込むことができます。このようにして、ループを使ってファイルの各行を処理します。

これらの機能を実演するために、サーバーのアドレス（ホスト名または IP アドレ

ス）が書かれたファイルを使います。次の例では、Google の DNS サーバーの IP ア
ドレスを利用します。次のコマンドは、servers.txt ファイルの内容を表示します。

```
$ cat servers.txt
8.8.8.8
8.8.4.4
```

while ループの条件の中で read コマンドを使うことで、ファイルから読み込む
行が存在するかぎり、ループ処理を行うことができます。入力ファイルは、ここでは
done キーワードの後に直接指定します。ファイルから読み込んだ各行について、そ
れが示すサーバーが起動しているかどうかを、ping コマンドを使ってテストします。
サーバーが応答すれば、利用可能なサーバーのリストにそれを追加します。ループが
終了すると、このリストを表示します。次の例では、本書で学んだスクリプトの要素
がいろいろと使われていることがわかるでしょう。

```
$ while read server ; do
> ping -c1 $server && servers_up="$servers_up $server"
> done < servers.txt
$ echo "The following servers are up: $servers_up"
```

図6-13 は実行結果を示しており、このコードの動作が確認できます。

```
mlss@mint:~/bin$ cat servers.txt
8.8.8.8
8.8.4.4
mlss@mint:~/bin$ while read server ; do
> ping -c1 $server && servers_up="$servers_up $server"
> done < servers.txt
PING 8.8.8.8 (8.8.8.8) 56(84) bytes of data.
64 bytes from 8.8.8.8: icmp_seq=1 ttl=114 time=10.0 ms

--- 8.8.8.8 ping statistics ---
1 packets transmitted, 1 received, 0% packet loss, time 0ms
rtt min/avg/max/mdev = 10.029/10.029/10.029/0.000 ms
PING 8.8.4.4 (8.8.4.4) 56(84) bytes of data.
64 bytes from 8.8.4.4: icmp_seq=1 ttl=114 time=9.09 ms

--- 8.8.4.4 ping statistics ---
1 packets transmitted, 1 received, 0% packet loss, time 0ms
rtt min/avg/max/mdev = 9.096/9.096/9.096/0.000 ms
mlss@mint:~/bin$ echo "The following servers are up: $servers_up"
The following servers are up:  8.8.8.8 8.8.4.4
mlss@mint:~/bin$ █
```

図6-13

　この種のループを使うと、コマンドラインまたはファイルから供給される情報を
処理する、きわめて実用的なスクリプトを作成することができます。読み込むファ
イル名を $1 に置き換えることは、とても簡単です。$1 は、スクリプトに渡される
位置パラメーターを表します。2 章で作成した ping_server.sh スクリプトに戻
り、入力パラメーターを受け取るように修正してみましょう。スクリプトを、新し
い $HOME/bin/ping_server_from_file.sh ファイルとしてコピーします。スク
リプト内では、まず入力パラメーターがファイルかどうかをテストします。次に、日
付を含んだタイトルを持つ出力ファイルを作成します。ループに入ったら、利用可
能なサーバーをこのファイルに追加し、スクリプトの最後にこのファイルを表示し
ます。

```
#!/bin/bash
# Author: @theurbanpenguin
# Web: www.theurbapenguin.com
# ファイルからサーバーにpingを行うスクリプト
# Last Edited: August 2015
if [ ! -f "$1" ] ; then
    echo "The input to $0 should be a filename"
    exit 1
fi
echo "The following servers are up on $(date +%x)" > server.out
while read server
do
    ping -c1 "$server" && echo "Server up: $server" >> server.out
done < "$1"
cat server.out
```

このスクリプトは、次のようにして実行できます。

```
$ ping_server_from_file.sh servers.txt
```

このスクリプトの実行結果は、**図6-14** のようになります。

```
mlss@mint:~/bin$ ping_server_from_file.sh servers.txt
PING 8.8.8.8 (8.8.8.8) 56(84) bytes of data.
64 bytes from 8.8.8.8: icmp_seq=1 ttl=114 time=7.96 ms

--- 8.8.8.8 ping statistics ---
1 packets transmitted, 1 received, 0% packet loss, time 0ms
rtt min/avg/max/mdev = 7.966/7.966/7.966/0.000 ms
PING 8.8.4.4 (8.8.4.4) 56(84) bytes of data.
64 bytes from 8.8.4.4: icmp_seq=1 ttl=114 time=10.1 ms

--- 8.8.4.4 ping statistics ---
1 packets transmitted, 1 received, 0% packet loss, time 0ms
rtt min/avg/max/mdev = 10.159/10.159/10.159/0.000 ms
The following servers are up on 2022年03月18日
Server up: 8.8.8.8
Server up: 8.8.4.4
mlss@mint:~/bin$
```

図6-14

6.10　オペレーター用メニューの作成

　限られたシェルの機能だけを必要とし、コマンドラインの詳しい使い方は学びたくないという Linux オペレーターのために、メニューを提供することができます。彼らのログインスクリプトを使って、彼らのためのメニューを起動します。このメニューはコマンドのリストを提示し、ユーザーはその中からコマンドを選択します。ユーザーがメニューの終了を選択するまで、メニューはループします。まず、新しい $HOME/bin/menu.sh スクリプトを作成します。メニューのループの基礎は次のとおりです。

```
while true
do
......
done
```

　このループは無限ループです。true コマンドは常に真を返すので、ループは連続して実行されます。ただし、ユーザーがメニューを終了するためのループ制御の仕組みを提供することができます。メニューの構造を作るために、ループ内でいくつかのテキストを echo で表示し、コマンドを選択するようユーザーに求める必要があります。毎回、画面を消去してからメニューを表示し、ユーザーが希望するコマンドを実行した後で、追加の read プロンプトを表示します。

　これによりユーザーは、画面が消去されてメニューが再び読み込まれる前に、コマンドの出力結果を読むことができます。この段階では、スクリプトは次のコードのようになります。

```
#!/bin/bash
# Author: @theurbanpenguin
# Web: www.theurbapenguin.com
# サンプルメニュー
# Last Edited: August 2015

while true
do
    clear
    echo "Choose an item: a, b or c"
    echo "a: Backup"
    echo "b: Display Calendar"
    echo "c: Exit"
    read -sn1
    read -n1 -p "Press any key to continue"
done
```

　この段階でスクリプトを実行すると、スクリプトを終了する仕組みがありません。メニュー選択に何もコードを加えていないからです。ただし、機能をテストすることはでき、 Ctrl - C キーを使って終了することができます。

　この段階では、**図6-15** のようにメニューが表示されます。

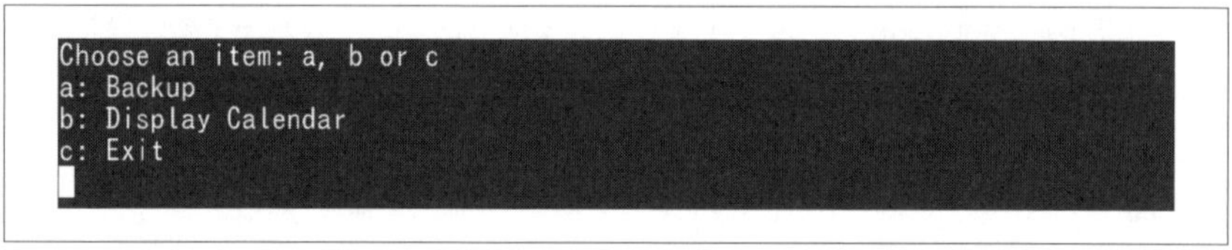

図6-15

　メニュー選択の背後のコードを作成するために、case 文を実装します。次のように、2つの read コマンドの間にこれを追加します。

```
read -sn1
case "$REPLY" in
    a) tar -czvf $HOME/backup.tgz ${HOME}/bin;;
    b) cal;;
    c) exit 0;;
```

```
    esac
    read -n1 -p "Press any key to continue"
```

case 文に、次の 3 つのオプション a、b、c を追加しました。

オプション a
    tar コマンドを実行して、スクリプトをバックアップします。

オプション b
    cal コマンドを実行して、今月のカレンダーを表示します。

オプション c
    スクリプトを終了します。

ログインスクリプトを終了するときにユーザーがログアウトしていることを保証するために、次のコマンドを実行します。

```
$ exec menu.sh
```

exec コマンドを使うと、menu.sh ファイルが完了した後でシェルが残らないことが保証されます。このようにすることで、ユーザーは Linux のシェルを経験する必要がなくなります。スクリプト全体は、**図6-16** のようになります。

```
#!/bin/bash
# Author: @theurbanpenguin
# Web: www.theurbapenguin.com
# サンプルメニュー
# Last Edited: August 2015

while true
do
    clear
    echo "Choose an item: a, b or c"
    echo "a: Backup"
    echo "b: Display Calendar"
    echo "c: Exit"
    read -sn1
    case "$REPLY" in
        a) tar -czvf $HOME/backup.tgz ${HOME}/bin;;
        b) cal;;
        c) exit 0;;
    esac
    read -n1 -p "Press any key to continue"
done
```

図6-16　menu.sh

6.11　まとめ

　この章では、大きな進歩を遂げ始めました。以前に使った多くの要素を結集して、機能的なスクリプトを作成できるようになりました。この章ではループに焦点を合わせましたが、コマンドラインリスト、if 文、case 文、算術計算も活用しました。

　ループをスクリプトの「馬車馬」と説明することからこの章を始め、for、while、until の各ループを使ってこれを説明しました。for ループは、リストの各要素について処理を繰り返すために使われます。リストは静的でも動的でもかまいません。動的リストを重点的に説明し、ファイル取得やコマンド展開によって、これらのリストがいかに容易に作成できるかを示しました。

　また、複雑な値について処理を繰り返す方法と、IFS を設定して、フィールドに関して正しく処理を繰り返す方法を解説しました。

　ネストされたループの書き方と、ループの出力結果をファイルにリダイレクトする方法も学びました。

　while ループと until ループは、条件を使って制御します。while ループは、与えられた条件が真である間、ループします。until ループは、与えられた条件が真を返すまで、すなわち条件が偽である間、ループします。continue と break のコマンドはループ固有のものであり、それらを exit と併用することで、ループのフロー

を制御できます。

　次の章では、関数を使ってスクリプトをモジュール化する方法を学びます。

6.12　練習問題

6-1　次のスクリプトから、画面にいくつの行が表示されるでしょうか？

```
#!/bin/bash
for (( v1 = 12; v1 <= 34; v1++ ))
do
    echo "$v1"
done > output
```

6-2　次のスクリプトから、画面にいくつの行が表示されるでしょうか？

```
#!/bin/bash
for (( v=8; v <= 12; v++ ))
do
    if [ $v -ge 12 ]
    then
        break
    fi
    echo "$v"
done
```

6-3　次のスクリプトはどこが間違っているでしょうか？ また、どのように修正したらよいでしょうか？

```
#!/bin/bash
for (( v=1, v <= 10, v++ ))
do
    echo "value is $v"
done
```

6-4　次のスクリプトから、画面にいくつの行が表示されるでしょうか？

```
#!/bin/bash
count=10
while (( count >= 0 )) ; do
    echo $count
done
$((count--))
exit 0
```

7章
関数の作成

　この章では、関数の素晴らしい世界に飛び込みます。関数は、強力で適応力のあるスクリプトを作成するための、モジュール式のビルディングブロック（構成要素）と捉えることができます。関数を作成することは、スクリプトの他の部分から分離された単一の構成要素にコードを追加することです。1つの関数の改善に重点的に取り組むことは、スクリプト全体を1つの対象物として改善しようと努力するよりも、はるかに簡単です。関数がなければ、問題領域に焦点を合わせることは困難であり、コードが頻繁に繰り返されることになります。これは、多くの場所でアップデートを行う必要があることを意味します。関数は、「コードのブロック」や「スクリプト内のスクリプト」などと呼ばれ、複雑なコードに関連する多くの問題を解決することができます。

　この章では、以下のテーマを扱います。

- 関数の導入
- 関数へのパラメーターの引き渡し
- 変数のスコープ
- 関数から値を返す
- 再帰関数
- メニューでの関数の使用

7.1　関数の導入

　関数は、名前付きの要素としてメモリー内に存在する、コードのブロック（ひとかたまりのコード）です。これらの要素は、スクリプトの中だけでなく、シェルの環境

内でも作成できます。コマンドライン上であるコマンドを発行すると、最初にエイリ
アスがチェックされ、その次に、一致する関数名がチェックされます。次のコマンド
を使うと、自分のシェル環境内に存在する関数を表示できます[†1]。

```
$ declare -F
```

出力結果は、使用しているディストリビューションや自身が作成した関数の数に
よって異なります。**図7-1** に示しているのは、筆者の Linux Mint での結果の一部
です。

```
mlss@mint:~/bin$ declare -F
declare -f __expand_tilde_by_ref
declare -f __get_cword_at_cursor_by_ref
declare -f __grub_dir
declare -f __grub_get_last_option
declare -f __grub_get_options_from_help
declare -f __grub_get_options_from_usage
declare -f __grub_list_menuentries
declare -f __grub_list_modules
declare -f __grubcomp
declare -f __load_completion
declare -f __ltrim_colon_completions
declare -f __parse_options
declare -f __reassemble_comp_words_by_ref
declare -f _allowed_groups
declare -f _allowed_users
declare -f _apt
declare -f _available_interfaces
declare -f _cd
```

図 7-1

小文字の -f オプションを使うと、存在している関数とそれに関する定義を表示で
きます。ただし、1 つの関数の定義だけが見たければ、type コマンドを使うことが
できます。

```
$ type quote
```

[†1]　訳注：declare コマンドは変数の値や属性を設定したり表示したりするコマンドです。ksh93、mksh、zsh
などのシェルでは typeset コマンドで同様のことが可能です。bash では typeset コマンドは declare
コマンドの別名になっています。ksh93、mksh、zsh では typeset -f で関数の定義を含む一覧が表示さ
れます。dash と ash では declare コマンドと typeset コマンドのどちらも使用できません。declare
コマンドの使用方法については「A.1.2　declare コマンド」で解説しています。

このコードは、シェルの中に quote 関数が存在していれば、その関数のコードブロックを表示します。**図7-2** は、このコマンドの実行結果を示しています。

```
mlss@mint:~/bin$ type quote
quote is a function
quote ()
{
    local quoted=${1//¥'/¥'¥¥¥'¥'};
    printf "'%s'" "$quoted"
}
mlss@mint:~/bin$
```

図7-2

bash の quote 関数は、渡された入力パラメーターを単一引用符で囲みます。たとえば、USER 変数を展開し、その値を文字列リテラルとして表示することができます。**図7-3** は、このコマンドと出力結果を示しています。

```
mlss@mint:~/bin$ quote $USER
'mlss'mlss@mint:~/bin$
```

図7-3

ほとんどのコードは、サンプルレイアウトを示す疑似コードを使って表現することができます。関数も例外ではなく、関数を作成するためのコードは、次の例のように表現できます。

```
function-name() {
    <code to execute>
}
```

ここで function-name は関数名を、<code to execute>は実行すべきコードを、それぞれ表します。また、次のように、関数を定義するためのもう1つの方法があります。

```
function <function-name> {
    <code to execute>
}
```

functionというキーワードは、POSIX（Portable Operating System Interface）
仕様との移植性のために推奨されていませんが、一部の開発者によって今でも使われ
ています。

 functionキーワードを使う場合には () は必要ありませんが、functionキー
ワードを使わずに関数を定義する場合には、() が必須であることに注意してく
ださい。

関数を作成するには、前にループで使った do と done のブロックは使いません。
コードブロックの境界を定義するには、波括弧を使います。

次のコードは、システム情報を表示するための簡単な関数を示しています。これは
コマンドライン上で作成することができ、シェルの中に存在することになります。こ
れは、複数のログインにわたって持続されるものではありませんし、シェルが閉じら
れたり、unset コマンドを使って削除されたりすると、失われます。関数を持続させ
るためには、自分のユーザーアカウントのログインスクリプトに追加する必要があり
ます。サンプルコードは次のとおりです。

```
$ show_system() {
> echo "The uptime is:"
> uptime
> echo
> echo "CPU Detail"
> lscpu
> echo
> echo "User list"
> who
> }
```

前の例と同様に、type コマンドを使って関数の詳細を表示することができます。

```
$ type show_system
```

実行結果を**図7-4**に示します。

```
mlss@mint:~/bin$ type show_system
show_system is a function
show_system ()
{
    echo "The uptime is:";
    uptime;
    echo;
    echo "CPU Detail";
    lscpu;
    echo;
    echo "User list";
    who
}
mlss@mint:~/bin$ ▮
```

図7-4

　この関数を実行するには、単に show_system と入力するだけでよく、静的なテキストと、uptime、lscpu、who の 3 つのコマンドからの出力結果が表示されます。これはきわめて簡単な関数ですが、実行時にパラメーターを渡せるように変更することで、より多くの機能を追加できます。

7.2　関数へのパラメーターの引き渡し

　この章の冒頭で、関数のことを「スクリプト内のスクリプト」と呼びましたが、スクリプトが入力パラメーターを持てるのと同様に、関数もパラメーターを受け取ることができます。これにより、関数の動作をより動的にすることができます。スクリプトに取り組む前に、コマンドラインで役に立つ関数を見てみましょう。

筆者の不満の 1 つは、過剰にコメントが書かれた設定ファイルです。特に、利用可能なオプションを詳しく説明するドキュメントにはイライラします。

　GNU（GNU's Not Unix）の sed コマンドを使うと、設定ファイルを編集して、

コメントが書かれた行や空の行を削除できます[†2]。ここでは、sed（ストリームエディター）について簡単に紹介しますが、次の章で詳しく説明します。

インプレース編集（上書き保存）を実行する sed のコマンドラインは、次のようになります。

```
$ sed -i.bak '/^\s*#/d;/^$/d' <filename>
```

filename には、編集対象となるファイル名を指定します。

これを要素ごとに分解し、詳しく見てみましょう。

sed -i.bak
　ファイルを編集し、.bak という拡張子を持つバックアップファイルを作成します。元のファイルは、<filename>.bak としてアクセスできます。

/^
　このキャレット（^）は、キャレットの後にあるもので始まる行を編集することを意味します。つまり、キャレットは行の先頭にマッチします。

\s*
　これは任意の数の空白文字（スペース、タブ、改行）を意味します。スペースやタブがない場合もマッチします。

#/
　これは通常の#記号です。したがって、^\s*#全体では、コメントで始まる行、または空白文字とコメントで始まる行（を検索する）という意味になります。

d
　これは、マッチする行を削除するという処理を意味します。

;/^$/d
　セミコロン（;）は、式を区切るために使います。2番目の式は最初の式と似て

いますが、こちらは空の行を削除するためのものです。

　これを関数の中に持っていくために、適切な名前を考える必要があります。筆者は
関数名に動詞を組み込むのが好きです。これは一意性のために役立ち、関数の目的を
明確にします。次のように、clean_file 関数を作成します。

```
$ function clean_file {
> sed -i.bak '/^\s*#/d;/^$/d' "$1"
> }
```

　スクリプト内と同様に、コマンドライン引数を受け取るために位置パラメーターを
使います。関数内でファイル名をハードコーディングする代わりに、$1 を使います。
ファイル名に含まれる可能性のあるスペースから保護するために、この変数を引用
符で囲みます。この clean_file 関数をテストするために、システムファイルのコ
ピーを作成し、そのコピーを使って処理を行います。このようにすることで、システ
ムファイルが被害を受けないようにします。本書の執筆中に、どのシステムファイル
にも害がなかったことを、すべての読者に断言します。新しい関数をテストするため
に必要なステップを詳しく書くと、次のようになります。

1. 説明したとおりに、clean_file 関数を作成します。
2. 引数を付けずに cd コマンドを実行して、自身の home ディレクトリーに移動し
   ます。
3. 時刻設定ファイルを home ディレクトリーにコピーします[3]。

       cp /etc/ntp.conf $HOME

4. 次のコマンドを使って、ファイル内の行数を数えます。

       wc -l $HOME/ntp.conf

---

[3]　訳注：/etc/ntp.conf が存在しない場合は、Debian 系の Linux ディストリビューションでは sudo
apt install ntp でインストールできます。Red Hat 系の Linux ディストリビューションの古い
バージョン（CentOS 7 等）では sudo yum install ntp でインストールできます。本書翻訳時点で
Red Hat 系の Linux ディストリビューションでは ntp に代わって chrony が使用されるようになっ
ており、残念ながら ntp をインストールできるパッケージは用意されていないようです。ntp をイン
ストールできない環境の場合は、代わりに curl -o ntp.conf https://cgit.freebsd.org/src/plain
/usr.sbin/ntp/ntpd/ntp.conf で FreeBSD のデフォルトの ntp.conf をダウンロードして試してみて
ください。もちろん、ntp.conf 以外のファイルでも試せます。

5. `clean_file $HOME/ntp.conf` を実行して、コメント行と空の行を削除します。
6. `wc -l $HOME/ntp.conf` を使って、行数をもう一度数えます。
7. 念のため、作成したバックアップファイルの行数もチェックします。

```
wc -l $HOME/ntp.conf.bak
```

図7-5 は、この一連のコマンドを示しています。

```
mlss@mint:~/bin$ function clean_file {
> sed -i.bak '/^\s*#/d;/^$/d' "$1"
> }
mlss@mint:~/bin$ cd
mlss@mint:~$ cp /etc/ntp.conf $HOME
mlss@mint:~$ wc -l $HOME/ntp.conf
69 /home/mlss/ntp.conf
mlss@mint:~$ clean_file $HOME/ntp.conf
mlss@mint:~$ wc -l $HOME/ntp.conf
16 /home/mlss/ntp.conf
mlss@mint:~$ wc -l $HOME/ntp.conf.bak
69 /home/mlss/ntp.conf.bak
mlss@mint:~$ 
```

図7-5

　関数の実行時に渡す引数を使って、必要なファイルに関数の注目を向けさせることができます。この関数を持続させる必要がある場合は、これをログインスクリプトに追加します。ただし、これをシェルスクリプト内でテストしたい場合は、次に示すようなファイルを作成します。これまでに学習したその他の要素も一緒に試すことができます。関数は常にスクリプトの先頭で作成しなければならないことに注意してください。なぜなら、関数が呼び出されるときまでに、それがメモリー内に存在していなければならないからです。

　`$HOME/bin/clean.sh` という新しいシェルスクリプトを作成し、いつものように実行権限を設定します。スクリプトのコードは次のとおりです。

```
#!/bin/bash
# このスクリプトは、ファイル名を入力するよう促し、
# コメント行と空の行を削除します

is_file() {
    if [ ! -f "$1" ] ; then
```

```
        echo "$1 does not seem to be a file"
        exit 2
    fi
}

clean_file() {
    is_file "$1"
    BEFORE=$(wc -l "$1")
    echo "The file $1 starts with $BEFORE"
    sed -i.bak '/^\s*#/d;/^$/d' "$1"
    AFTER=$(wc -l "$1")
    echo "The file $1 is now $AFTER"
}

read -p "Enter a file to clean: "
clean_file "$REPLY"
exit 1
```

　スクリプトの中に2つの関数を用意しました。1つ目の is_file は、入力された
ファイル名が通常のファイルかどうかを単純にテストします。次に、もう少し機能を
加えた clean_file 関数を宣言しています。この関数は、削除処理の前後にファイ
ルの行数を表示します。また、clean_file の中で is_file を呼び出しており、関
数をネストできることがわかります。

　関数定義を除けば、このファイルには、終わりの3行のコードしかありません。ま
ず、ファイル名を入力するよう促し、次に clean_file 関数を実行します。この関
数は、さらに is_file 関数を呼び出します。このメインコードの簡潔さが、ここで
は重要です。複雑さは関数の中にあり、それぞれの関数は独立した単位として機能し
ます。

　ここで、スクリプトの動作をテストしてみましょう。**図7-6** が示すように、まず
誤ったファイル名を使ってテストします。

図7-6

　正しくないファイルでの動作が確認できたので、今度は実際のファイルを使って試

してみます。前に使ったのと同じシステムファイルを使います。まず、ファイルを元
の状態に戻す必要があります。

```
$ cd $HOME
$ rm $HOME/ntp.conf
$ mv ntp.conf.bak ntp.conf
```

これでファイルの準備ができたので、**図7-7** のように、$HOME ディレクトリーか
らスクリプトを実行することができます。

```
mlss@mint:~$ clean.sh
Enter a file to clean: ntp.conf
The file ntp.conf starts with 69 ntp.conf
The file ntp.conf is now 16 ntp.conf
mlss@mint:~$
```

図7-7

7.2.1　配列の引き渡し

関数に渡す値は、単一の値だけではありません。関数に配列を渡さなければならな
い場合もあります。配列をパラメーターとして渡す方法を見てみましょう。

```
#!/bin/bash
myfunc() {
    arr=("$@")
    echo "The array from inside the function: ${arr[*]}"
}

test_arr=(1 2 3)
echo "The original array is: ${test_arr[*]}"
myfunc "${test_arr[@]}"
```

結果を見ると、使用した配列が、関数の中からそのまま返されていることがわかり
ます（**図7-8**）。

```
mlss@mint:~/bin$ pass_array.sh
The original array is: 1 2 3
The array from inside the function: 1 2 3
mlss@mint:~/bin$
```

図7-8

　関数内で引数を配列として扱うために (`"$@"`) が使われていることと、関数の引数を指定する際に `"${test_arr[@]}"` のように [@] を使用したうえで二重引用符で囲むことに注意してください。(`"$@"`) を (`"$1"`) にすると、最初の配列要素だけが返されます。

```bash
#!/bin/bash
myfunc() {
    arr=("$1")
    echo "The array from inside the function: ${arr[*]}"
}

my_arr=(5 10 15)
echo "The original array: ${my_arr[*]}"
myfunc "${my_arr[@]}"
```

　`$1` を使ったので、配列の最初の要素だけが表示されます（**図7-9**）。

```
mlss@mint:~/bin$ pass_array.sh
The original array: 5 10 15
The array from inside the function: 5
mlss@mint:~/bin$
```

図7-9

7.3　変数のスコープ

　デフォルトでは、関数内で宣言した変数はすべてグローバル変数です。つまり、その変数は、関数の中でも外でも問題なく使えるということです。
　次の例を見てください。

```
#!/bin/bash
myvar=10
myfunc() {
    myvar=50
}
myfunc
echo $myvar
```

このスクリプトを実行すると、関数内で変更された値である 50 が返されます。

関数内だけに限られる変数を宣言したい場合は、どうすればよいでしょうか？ これはローカル変数と呼ばれます。

次のように local コマンドを使うことで、ローカル変数を宣言できます[†4]。

```
myfunc() {
    local myvar=10
}
```

変数が関数内だけで使えることを確かめるために、次の例を見てみましょう。

```
#!/bin/bash
myvar=30
myfunc() {
    local myvar=10
}
myfunc
echo $myvar
```

このスクリプトを実行すると、30 が表示されます。これは、ローカル変数がグローバル変数とは異なることを意味しています。

7.4　関数から値を返す

関数の呼び出し側で関数から値を受け取りたい場合は、「7.3　変数のスコープ」で紹介したグローバル変数に代入する方法以外に、return コマンドで終了ステータスを返す方法と echo コマンドで標準出力に出力する方法があります。

return コマンドで終了ステータスを返す方法では return コマンドの引数に終了

[†4] 訳注：ローカル変数のスコープはローカル変数を宣言した関数だけでなくその関数から呼び出した関数も含まれます。呼び出された関数から呼び出し元の関数のローカル変数の値を参照したり変更したりできることに注意してください。また、ksh93 では local コマンドを使用できませんが typeset コマンドでローカル変数を宣言できます。

ステータス（0〜255）を指定します。引数を省略した場合は、関数内で return コマンドの直前に実行されたコマンドの終了ステータスが使われます。関数の呼び出し側は $? 変数で関数の終了ステータスを受け取ることができます。次のコードは引数で与えられたファイルの種類を判別します。if 文で [（test コマンド）の引数に $? 変数を使いたい場合は、あらかじめ別のパラメーターに $? 変数の値を代入してそれを使いましょう。これは [を実行する都度 $? 変数の値が上書きされてしまい、elif の部分で参照する $? 変数の値は check_file 関数の終了ステータスとは異なる値になっているおそれがあるためです。

```bash
#!/bin/bash

check_file() {
    if [ -f "$1" ] ; then
        return 0 # 通常のファイル
    elif [ -d "$1" ] ; then
        return 1 # ディレクトリー
    else
        return 2 # デバイスファイル
    fi
}

if [ -z "$1" ] ; then
    echo "Usage: $0 file"
    exit 1
fi

check_file "$1"
status=$?
if [ $status = 0 ] ; then
    echo "$1 is a regular file"
elif [ $status = 1 ] ; then
    echo "$1 is a directory"
else
    echo "$1 is a device file"
fi
```

　続いて echo コマンドで標準出力に出力する方法です。関数の呼び出し側はコマンド置換で関数を実行することで関数から値を受け取ることができます。条件テストを容易にするために、入力の大文字と小文字をどちらかに変換することがよくあります。このコードを関数内に埋め込むことで、それをスクリプト内で何度も使えるようになります。次のコードは、to_lower 関数を作成することで、これをどのように実現できるかを示しています。

```
to_lower()
{
    input="$1"
    output=$( echo $input | tr [A-Z] [a-z])
    echo $output
}
```

コードを1つ1つ見ていくと、この関数の動作が理解できるようになります。

input="$1"

> これは、何よりもわかりやすさのためです。最初の入力パラメーターを、名前
> 付きの変数 input に代入します。

output=$(echo $input | tr [A-Z] [a-z])

> これは、この関数のメインエンジンであり、大文字から小文字への変換を行い
> ます。入力を tr コマンドにパイプで送り、大文字から小文字に変換します。

echo $output

> このようにして、関数からの戻り値を標準出力に出力します。

この関数の使い方の一例は、次のようなスクリプトで見ることができます。ここで
は、ユーザーの入力を読み取り、彼らが Q または q を選択したかどうかのテストを簡
略化するために使われています。REPLY=$(to_lower "$REPLY") で to_lower の
戻り値を受け取っています。

```
#!/bin/bash

to_lower()
{
    input="$1"
    output=$( echo $input | tr [A-Z] [a-z])
    echo $output
}

while true
do
    read -p "Enter c to continue or q to exit: "
    REPLY=$(to_lower "$REPLY")
    if [ $REPLY = "q" ] ; then
        break
    fi
```

```
done
echo "Finished"
```

7.5　再帰関数

　再帰関数とは、自身の内部から自身を呼び出す関数のことです。この関数は、何か
をもう一度行うために、関数の内部からその関数を呼び出す必要がある場合にとても
役立ちます。この関数の最も有名な例は、階乗の計算です。

　4 の階乗を計算するには、その数値と下降していく数値とを掛け合わせます。次の
ように計算します。

$$4! = 4 \times 3 \times 2 \times 1$$

!という記号は階乗を表します。

　指定した数値の階乗（factorial）を計算する再帰関数を書いてみましょう。

```
#!/bin/bash
calc_factorial() {
    if [ $1 -eq 1 ]
    then
        echo 1
    else
        local var=$(( $1 - 1 ))
        local res=$(calc_factorial $var)
        echo $(( $res * $1 ))
    fi
}

read -p "Enter a number: " val
factorial=$(calc_factorial $val)
echo "The factorial of $val is: $factorial"
```

実行結果を**図7-10**に示します。

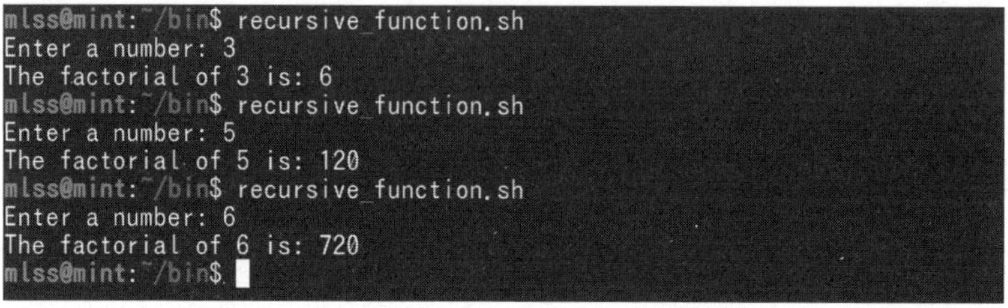

図7-10

　まず、`calc_factorial` という関数を定義し、その中で数値が 1 と等しいかどう
かをチェックします。もしそうであれば、この関数は 1 を返します。なぜなら、1 の
階乗は 1 だからです。

　次に、その数値を 1 減らし、関数の中から同じ関数を呼び出します。これにより、
その関数がもう一度呼び出されます。

　1 に到達するまでこれが続き、その後、順々に関数が終了します。

7.6　メニューでの関数の使用

　「6 章　ループを使った反復処理」で、`menu.sh` ファイルを作成しました。メ
ニューは、関数を使うには打って付けです。1 行ずつの処理によって `case` 文をき
わめてシンプルに保ちつつ、複雑さはそれぞれの関数の中に収めておけるからで
す。それぞれのメニュー項目に対して関数を作成することを考えるべきです。以前
の $HOME/bin/menu.sh を $HOME/bin/menu2.sh としてコピーし、機能を追加し
ます。新しいメニューのコードは、次のようになります。

```bash
#!/bin/bash
# Author: @likegeeks
# Web: likegeeks.com
# 関数を用いたサンプルメニュー
# Last Edited: April 2018

to_lower() {
    input="$1"
    output=$( echo $input | tr [A-Z] [a-z])
    echo $output
}
```

```
do_backup() {
    tar -czvf $HOME/backup.tgz ${HOME}/bin
}

show_cal() {
    if [ -x /usr/bin/ncal ] ; then
        command="/usr/bin/ncal -w"
    else
        command="/usr/bin/cal"
    fi
    $command
}

while true
do
    clear
    echo "Choose an item: a, b or c"
    echo "a: Backup"
    echo "b: Display Calendar"
    echo "c: Exit"
    read -sn1
    REPLY=$(to_lower "$REPLY")
    case "$REPLY" in
        a) do_backup;;
        b) show_cal;;
        c) exit 0;;
    esac
    read -n1 -p "Press any key to continue"
done
```

　見てわかるように、case 文の簡潔さは保たれています。しかし、関数を通じて、より多くの複雑さをスクリプトに加えることができます。たとえば、オプション b のカレンダーを選択した場合、今回は、ncal コマンドが利用可能かどうかをチェックします。利用可能であれば、ncal と -w オプションを使って、週番号付きのカレンダーを表示します。**図7-11** はこの様子を示しています。ここでは、カレンダーの表示を選択しており、ncal がインストールされています[5]。

---

[5]　訳注：Debian 系の Linux ディストリビューションで ncal がインストールされていない場合は sudo apt install bsdmainutils でインストールできます。本書翻訳時点で Red Hat 系の Linux ディストリビューションでは残念ながら ncal をインストールできるパッケージが用意されていないようです。

```
Choose an item: a, b or c
a: Backup
b: Display Calendar
c: Exit
      3月 2022
日       6 13 20 27
月       7 14 21 28
火    1  8 15 22 29
水    2  9 16 23 30
木    3 10 17 24 31
金    4 11 18 25
土    5 12 19 26
    9 10 11 12 13
Press any key to continue
```

図 7-11

　to_lower 関数によってユーザーの選択が小文字に変換されるので、 Caps Lock
キーについて心配する必要もありません。時間をかけて、関数にさらなる要素を追加
することも簡単でしょう。なぜなら、その 1 つの関数にしか影響が及ばないことがわ
かっているからです。

7.7　まとめ

　私たちは引き続き、スクリプト作成において飛躍的に進歩を遂げています。読者も
同じように考えていて、本書のコード例が有益と感じていることを願っています。関
数は、スクリプトのメンテナンスの容易さと、それらの根本的な機能にとって非常に
重要です。スクリプトがメンテナンスしやすければしやすいほど、長い時間にわたっ
て改善を加えやすくなります。関数は、コマンドライン上でもスクリプト内でも定義
できますが、それらを使う前にはスクリプト内に含めるのが一般的です。

　この章ではストリームエディター（sed）についても少し触れましたが、sed につ
いては次の章で詳しく解説します。sed コマンドはとても強力であり、スクリプト内
で有効に活用できます。

7.8　練習問題

7-1　次のコードで表示される値は何でしょうか？

```bash
#!/bin/bash
myfunc() {
    arr=("$1")
    echo "The array: ${arr[*]}"
}

my_arr=(1 2 3)
myfunc "${my_arr[@]}"
```

7-2 次のコードの出力結果は、どのようになるでしょうか？

```bash
#!/bin/bash
myvar=50
myfunc() {
    myvar=100
}
echo $myvar
myfunc
echo $myvar
```

7-3 次のコードの問題点は何でしょうか？また、どのように修正したらよいでしょうか？

```bash
clean_file {
    is_file "$1"
    BEFORE=$(wc -l "$1")
    echo "The file $1 starts with $BEFORE"
    sed -i.bak '/^\s*#/d;/^$/d' "$1"
    AFTER=$(wc -l "$1")
    echo "The file $1 is now $AFTER"
}
```

7-4 次のコードの問題点は何でしょうか？また、どのように修正したらよいでしょうか？

```bash
#!/bin/bash
myfunc() {
    arr=("$@")
    echo "The array from inside the function: ${arr[*]}"
}

test_arr=(1 2 3)
echo "The origianl array is: ${test_arr[*]}"
myfunc ("${test_arr[@]}")
```

8章
ストリームエディターの導入

　前の章では、sed を利用して、スクリプト内からファイルを編集できることを学びました。sed コマンドは**ストリームエディター**（stream editor）と呼ばれ、ファイルを 1 行ずつ読み込み、その内容を検索または編集します。歴史的に見ると、これは UNIX に起源を持ち、大きなファイルを開くための十分な RAM がシステムになかった時代にまでさかのぼります。sed を使うことは、編集を行うためにどうしても必要なことだったのです。今でも、何百行あるいは何千行ものファイルからデータを表示したりそれらを修正したりするために、sed が使われています。同じことを人間がやろうとするよりも、はるかに簡単で、はるかに信頼性が高いからです。最も重要なのは、前に見たように、スクリプト内で sed を使って、ファイルを自動的に編集できることです。人間との対話は必要ありません。

　この章では、まず grep を使って、ファイルからテキストを検索する方法を説明します。grep コマンドの re は、**正規表現**（regular expression）の略です。この章では、スクリプトの作成についてはあまり説明しませんが、スクリプトと一緒に利用できる重要なツールを紹介します。次の章では、sed をスクリプト内で実践的に使う方法について説明します。

　とりあえず、この章では取り組むべきことが数多くあり、以下のテーマを扱います。

- grep を使ってテキストを表示する
- sed の基礎を理解する
- sed のその他のコマンド
- sed の複数のコマンド

8.1　grep を使ってテキストを表示する

grep コマンドについて知ることから、この旅を始めましょう。これにより、複雑な正規表現や sed を使ったファイル編集へと進む前に、テキスト内を検索するというシンプルな概念を理解することができます。

grep（global regular expression print）、すなわち私たちが一般的に grep コマンドと呼んでいるものはコマンドラインツールの 1 つであり、検索をグローバルに（つまり、ファイル内のすべての行について）行い、その結果を標準出力 STDOUT に出力します。検索文字列として正規表現を使います。

grep コマンドはとてもよく使われるツールなので、多くのサンプルを目にすることがあるでしょうし、日々の中でそれを使う機会も非常に多くあります。ここでは、簡単で役に立つサンプルを、説明を交えながら紹介します。

8.1.1　インターフェース上の受信データの表示

この例では、eth0 インターフェース上で受信したデータだけを表示します。

これは、筆者のプライマリーネットワーク接続のインターフェースです。自身のインターフェース名に確信が持てない場合は、ifconfig -a コマンドを使ってすべてのインターフェースを表示し、自身のシステムでの正しいインターフェース名を選ぶことができます。ifconfig が見つからない場合は、フルパスの /sbin/ifconfig を試してみてください[1]。

単に ifconfig eth0 コマンドを使うと、大量のデータが画面に表示されます[2]。受信したパケットだけを表示するために、RX packets（RX は received の意味です）を含んでいる行だけを取り出します。そこで grep の出番です。

---

[1] 訳注：Linux では ifconfig コマンドは非推奨になっていて ip コマンドが推奨されているため、Linux ディストリビューションによっては ifconfig コマンドがインストールされていない場合があります。ifconfig コマンドがインストールされていない場合は、Debian 系の Linux ディストリビューションでは sudo apt install net-tools でインストールできます。Red Hat 系の Linux ディストリビューションでは sudo dnf install net-tools（dnf コマンドがインストールされていない場合は sudo yum install net-tools）でインストールできます。

[2] 訳注：主要な Linux ディストリビューションではインターフェース名に eth0、eth1 といった名前は使われなくなっており、代わりに ensXX（XX の部分は数字）等のハードウェア構成によって異なる名前が使われます（https://systemd.io/PREDICTABLE_INTERFACE_NAMES/）。そのため ifconfig -a コマンドでお使いの環境のインターフェース名を確認して本章の eth0 を読み替えてください。

```
$ ifconfig eth0 | grep "RX packets"
```

パイプ（縦棒）を使うと、`ifconfig` コマンドの出力を、`grep` コマンドの入力に送ることができます。この例では、`grep` は「RX packets」というシンプルな文字列を検索しています。検索文字列は大文字と小文字が区別されるので、このとおりに正しく入力するか、または次の例のように、`grep` と一緒に `-i` オプションを使って、大文字と小文字を区別せずに検索する必要があります。

```
$ ifconfig eth0 | grep -i "rx packets"
```

 大文字と小文字を区別しない検索は、設定ファイル内のオプションを検索する場合に特に便利です。それらは混ぜて書かれることがよくあるからです。

図8-1 は最初のコマンドの結果を示しており、該当する 1 行だけが表示されていることがわかります。

```
mlss@mint:~$ ifconfig eth0 | grep "RX packets"
        RX packets 332899  bytes 473834351 (473.8 MB)
mlss@mint:~$
```

図8-1

8.1.2　ユーザーアカウントデータの表示

Linux でのローカルのユーザーアカウントデータベースは、`/etc/passwd` ファイルです。このファイルは、すべてのユーザーアカウントから読み取りが可能です。自分のデータを含んでいる行を検索したい場合は、検索時に自分自身のログイン名を使うか、`$USER` 変数とパラメーター展開を使います。次のコマンド例でこれを見ることができます。

```
$ grep "$USER" /etc/passwd
```

この例では、`grep` への入力は `/etc/passwd` ファイルから送られ、その中から `$USER` 変数の値が検索されます。これは単純なテキストですが、それでも立派な正規表現です。ただ何の演算子も含んでいないだけです。

完全を期すために、**図8-2** に実行結果も載せておきます。

```
mlss@mint:~/bin$ grep "$USER" /etc/passwd
mlss:x:1001:1001:mlss,,,,:/home/mlss:/bin/bash
mlss@mint:~/bin$ █
```

図8-2

　これをもう少し拡張し、スクリプト内の条件としてこの種の検索を利用することができます。これを使って、新しいユーザーアカウントを作成する前に、それがすでに存在しているかどうかをチェックすることができます。スクリプトをできるだけシンプルに保つためと、管理者権限がなくても済むように、次のコマンドラインサンプルでは、実際にはアカウントは作成せず、プロンプトと条件テストの結果を表示するだけにします。

```
$ bash
$ read -p "Enter a user name: "
$ if (grep "$REPLY" /etc/passwd > /dev/null) ; then
> echo "The user $REPLY exists"
> exit 1
> fi
```

　ここでの grep の検索は、read によって代入される $REPLY 変数を利用しています。もし mlss という名前を入力すると、メッセージが表示されて、スクリプトは終了します。なぜなら、筆者のユーザーアカウントも mlss だからです。grep からの結果の表示は、必要ありません。私たちは、真か偽のどちらかである戻り値だけを必要としているからです。ファイル内にユーザーが存在する場合に無用な出力結果を見なくても済むように、grep からの出力を特殊デバイスファイル /dev/null にリダイレクトしています[†3]。

　これをコマンドラインから実行したい場合は、最初に新しい bash を起動すべきです。これを行うには、単に bash と入力します。このようにすると、exit コマンドを実行したときに、システムからログアウトされずに、新しく開いたシェルだけが閉じられます。**図8-3** を見ると、この様子と、既存のユーザーを指定した場合の結果がわかります。

---

†3　訳注：/dev/null にリダイレクトする代わりに grep の -q オプションを使用する方法もあります。

```
mlss@mint:~$ read -p "Enter a user name: "
Enter a user name: mlss
mlss@mint:~$ if (grep "$REPLY" /etc/passwd > /dev/null) ; then
> echo "The user $REPLY exists"
> exit 1
> fi
The user mlss exists
exit
mlss@mint:~$
```

図8-3　ユーザーの存在確認結果

8.1.3　システム内の CPU 数の表示

　grep の本当に便利なもう 1 つの機能は、マッチする行を表示せずに、それらの数を数えることです。これを利用して、システムの CPU または CPU コアの数を数えることができます。それぞれの CPU またはコアは、/proc/cpuinfo ファイルの中に名前とともに記されています。name というテキストを検索し、その結果を数えることができます。次の例のように、-c オプションを使います。

```
$ grep -c name /proc/cpuinfo
```

　図8-4 が示しているように、筆者の CPU には 4 つのコアがあります。

```
mlss@mint:~$ grep -c name /proc/cpuinfo
4
mlss@mint:~$
```

図8-4

　同じコードを、1 つのコアを持つ別の PC（モデル B とします）で実行すると、次のような出力結果になります（図8-5）。

```
mlss@mint:~$ grep -c name /proc/cpuinfo
1
mlss@mint:~$
```

図8-5

これをスクリプト内で利用し、CPU 負荷の高いタスクを実行する前に、十分な数のコアが利用可能かどうかを確認できます。これをコマンドラインからテストするには、次のようなコードを実行します。これを、1 つのコアだけを持つ PC 上で実行します。

```
$ bash
$ CPU_CORES=$(grep -c name /proc/cpuinfo)
$ if (( CPU_CORES < 4 )) ; then
> echo "A minimum of 4 cores are required"
> exit 1
> fi
```

最初に bash を実行しているのは、exit コマンドでシステムからログアウトされないようにするためです。もし、これがスクリプト内だったとすれば、これは必要なかったでしょう。スクリプトは終了しますが、シェルのセッションは終了しないからです。

1 つのコアを持つモデル B でこれを実行すると、必要な数のコアがないという旨のメッセージが表示されます（**図8-6**）。

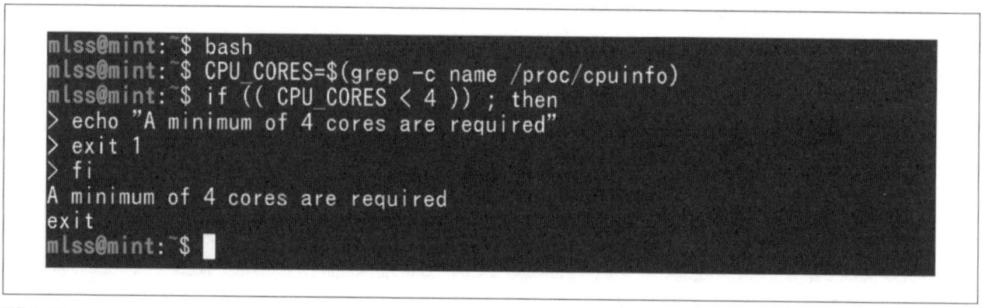

図8-6

このチェックを複数のスクリプト内で実行する必要がある場合は、共有されるスクリプトの中に関数を作成し、実際にチェックを行うスクリプトで、source コマンドを使ってそのスクリプトを読み込みます。

```
function check_cores {
    REQ_CORES=$1
    [ -z $1 ] && REQ_CORES=2
    CPU_CORES=$(grep -c name /proc/cpuinfo)
    if (( CPU_CORES < REQ_CORES )) ; then
        echo "A minimum of $REQ_CORES cores are required"
```

```
        exit 1
    fi
}
```

この関数にパラメーターが渡された場合は、それを必要なコアの数として使いま
す。そうでない場合は、デフォルト値として、その値を 2 に設定します。これをモ
デル B のシェル内の関数として定義し、type コマンドを使って詳細を表示すると、
図8-7 のように表示されます。

```
mlss@mint:~$ type check_cores
check_cores is a function
check_cores ()
{
    REQ_CORES=$1;
    [ -z $1 ] && REQ_CORES=2;
    CPU_CORES=$(grep -c name /proc/cpuinfo);
    if (( CPU_CORES < REQ_CORES  )); then
        echo "A minimum of $REQ_CORES cores are required";
        exit 1;
    fi
}
mlss@mint:~$ 
```

図 8-7

これをシングルコアのシステム上で実行し、シングルコアという必要条件を指定す
ると、その要件を満たしている場合は何も出力されないことがわかります。必要条件
を指定しない場合は、デフォルトのコアの数として 2 が使われ、要件を満たすことは
できずに、シェルを終了します。

図8-8 は、引数に 1 を指定して実行した場合と、引数を指定せずに実行した場合の
関数の出力結果を示しています。

```
mlss@mint:~$ check_cores 1
mlss@mint:~$ check_cores
A minimum of 2 cores are required
exit
mlss@mint:~$ 
```

図 8-8

この例を見ると、grep の基本的な使い方ですら、スクリプト内でいかに役立つかがわかります。また、これまで学んできたものを使うと、スクリプトに追加することのできる便利なモジュールを作成できることがわかります。

8.1.4　CSV ファイルの解析

次に、CSV ファイルの解析や書式設定を行うスクリプトについて見てみましょう。ここで言う書式設定とは、出力結果に改行やタブ、色などを加えて、読みやすくすることです。その後で、grep を使って、CSV ファイルから単一の項目を表示することにします。ここでは、CSV ファイルに基づくカタログシステムという実用的なアプリケーションを作成します。

8.1.4.1　CSV ファイル

ここで使う CSV ファイル、すなわちカンマで区切られた値のリストは、カレントディレクトリーに存在する tools というファイルです。これは、私たちが販売する製品のカタログです。ファイルの内容は次のとおりです。

```
drill,99,5
hammer,10,50
brush,5,100
lamp,25,30
screwdriver,5,23
table-saw,1099,3
```

これは簡単なデモンストレーションにすぎないので、大量のデータは含まれていません。カタログ内の各品目は次のもので構成されています。

- 名前
- 価格
- 在庫の数量

ファイルを見ると、99 ドルのドリル（drill）があり、在庫が 5 個あることがわかります。このファイルを cat で表示すると、あまり見やすくありません。しかし、スクリプトを書くことで、データをより魅力的な方法で表示することができます。$HOME/bin/parsecsv.sh という新しいスクリプトを作成します。

```
#!/bin/bash
OLDIFS="$IFS"
IFS=","
while read product price quantity
do
    echo -e "\033[1;34m$product \
            ========================\033[0m\n\
    Price : \t $price \n\
    Quantity : \t $quantity \n"

done < "$1"
IFS=$OLDIFS
```

このスクリプトに目を通し、関係する要素を見てみましょう（**表8-1**）。

表8-1　parsecsv.sh の構成要素

要素	意味
OLDIFS="$IFS"	IFS 変数はフィールドセパレーターを保持しており、通常は空白文字である。スクリプトの最後で元に戻せるように、古い IFS を保存しておく。これにより、どれだけスクリプトを実行しても、スクリプトが完了したら同じ環境に戻ることが保証される
IFS=","	CSV ファイルで必要なものにマッチするように、セパレーターをカンマに設定する
while read product price quantity	while ループに入り、必要とする 3 つの変数 product、price、quantity にデータを代入する。while ループは、入力ファイルを 1 行ずつ読み込み、それぞれの変数に代入する
echo ...	この echo コマンドは、製品名を青色で、後ろに二重線を付けて表示する。その他の変数は、改行してタブを付けて表示する
done < "$1"	引数としてスクリプトに渡された入力ファイルを読み込む

このスクリプトを**図8-9**に示します。

```
#!/bin/bash
OLDIFS="$IFS"
IFS=","
while read product price quantity
do
    echo -e "¥033[1;34m$product ¥
        =======================¥033[0m¥n¥
    Price : ¥t $price ¥n¥
    Quantity : ¥t $quantity ¥n"

done < "$1"
IFS=$OLDIFS
```

図8-9 parsecsv.sh

次に示すように、カレントディレクトリーにあるカタログファイル tools を使っ
て、このスクリプトを実行できます。

```
$ parsecsv.sh tools
```

図8-10 は実行結果の一部を示しており、どのように表示されるかがわかります。

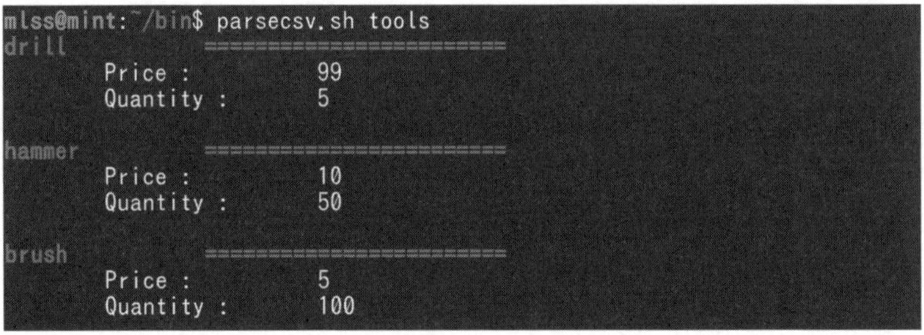

図8-10

これで、コマンドライン上で、ファイルを読みやすい方法で書式設定できる能力が
身につきました。プレーンテキストファイルは、もはやプレーンである必要はありま
せん。

8.1.4.2 カタログ項目の取り出し

1つのカタログ項目を検索する場合、複数の行が必要になります。この例では、カ

タログ項目を 3 行に渡って表示しているからです。そのため、ハンマー（hammer）を検索したければ、「hammer」の行とその下の 2 行を表示する必要があります。これを実現するには、grep の -A オプション（after の略）を使います。マッチする行とその後の 2 行を表示する必要があるので、次のように指定します。

```
$ parsecsv.sh tools | grep -A2 hammer
```

図8-11 にこの結果を示します。

```
mlss@mint:~/bin$ parsecsv.sh tools | grep -A2 hammer
hammer              ========================
        Price :             10
        Quantity :          50
mlss@mint:~/bin$ 
```

図 8-11

8.2　sedの基礎を理解する

sed の基礎については前の章でも少し触れているので、ここでは sed のコマンドについて、いくつか見てみましょう。これらのコマンドは、ほとんどの Linux システムで提供されており、核となるコマンドです。

FreeBSD などの BSD 系の OS の sed はオプションや動作について GNU sed とは異なる点があります。macOS の sed は FreeBSD 由来のものです。本書の sed のコマンド例や sed を使用しているスクリプトは GNU sed を前提にしているため、BSD 系の OS の sed では正しく動作しないものがあります。macOS をお使いの方は Homebrew で GNU sed をインストールできます。BSD 系の OS をお使いの方は OS のパッケージ管理システムで GNU sed をインストールできます。詳しい手順はインターネットで検索してください。

シンプルな例をいくつか見てみましょう。

```
$ sed 'p' /etc/passwd
```

p 演算子は、マッチしたパターンを表示します。この例では、パターンを指定して

いないので、すべてのものにマッチします。STDOUTへの出力を抑制せずに、マッチした行を表示すると、行が二重になります。この例を実行すると、passwdファイル内のすべての行を2回ずつ表示する結果になります。マッチした行だけを表示するには、-nオプションを使います。

```
$ sed -n 'p' /etc/passwd
```

素晴らしい！私たちはcatコマンドを再発明したのです。また、次のように、一連の行だけを扱うこともできます。

```
$ sed -n '1,3 p' /etc/passwd
```

これで、headコマンドを再発明したことになります。また、正規表現パターンで範囲を指定して、grepコマンドを再現することもできます。

```
$ sed -n '/^root/ p' /etc/passwd
```

図8-12はこの結果を示しています。

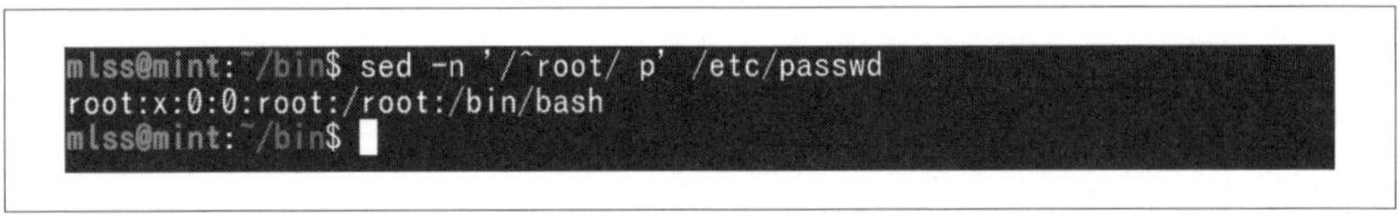

図8-12

キャレット（^）は行の先頭を意味することに注意してください。つまりこの例は、行がrootという単語で始まっていなければならないことを意味します。心配しないでください。これらの正規表現文字については、別の章で詳しく説明します。

8.2.1　置換コマンド

パターンスペースを表示するためのpコマンドについて見てきました。pは、実際には、置換コマンドsのフラグの1つです。

s（substitute）コマンドは次のように記述します。

```
$ sed s/パターン/置換文字列/フラグ
```

sコマンドでよく使われるフラグが3つあります。

p
　　置換が行われた場合に置換後の文字列を出力します。

g
　　すべての出現箇所をグローバルに置換します。

w ファイル名
　　結果をファイルに書き出します。

置換コマンド s について詳しく見てみましょう。このコマンドを使うと、ある文字列を別の文字列に置き換えることができます。この場合も、デフォルトでは、出力結果を STDOUT に送り、ファイルは編集しません。

次のコマンドを使うと、ユーザー mlss のデフォルトのシェルを置き換えることができます。

```
$ sed -n '/^mlss/ s/bash/sh/p' /etc/passwd
```

前の例で、p コマンドを使ってマッチしたパターンを表示し、-n オプションを使って STDOUT への出力を抑制しましたが、それを継続します。ここでは、mlss で始まる行を検索しています。これはユーザー名を表します。次に、s コマンドを発行して、マッチした行に含まれるテキストを置き換えます。これは 2 つの引数を取ります。最初の引数は検索するテキストを表し、2 番目の引数は、元のテキストを置き換えるために使うテキストを表します。この例では、bash を検索し、それを sh に置き換えます。これはシンプルで確かに機能しますが、長い目で見れば、信頼できるものではないかもしれません。**図8-13** は、この実行結果を示しています。

```
mlss@mint:~$ sed -n ' /^mlss/ s/bash/sh/p ' /etc/passwd
mlss:x:1001:1001:,,,:/home/mlss:/bin/sh
mlss@mint:~$
```

図8-13　文字列の置換

ここで強調しておかなければならないのは、現時点では、ファイルを編集しておらず、単に画面に表示しているということです。元の passwd ファイルはそのままであり、（管理者ではなく）一般ユーザーとしてこれを実行することができます。検索

している文字列が bash なので、この検索は決して信頼できるものではないと述べました。この文字列はとても短いので、マッチする行のほかの場所に含まれている可能性があるからです。たとえば、誰かの名字が、bash という文字列を含んでいる Tabash であるかもしれません。そこで、/bin/bash を検索するように拡張し、それを /bin/sh に置き換えることができます。しかし、これによって別の問題が生じます。デフォルトの区切り文字がスラッシュ（/）なので、次の例のように、検索文字列や置換文字列の中で使うそれぞれのスラッシュをエスケープする必要があるのです。

```
$ sed -n '/^mlss/ s/\/bin\/bash/\/bin\/sh/p' /etc/passwd
```

これは、とても読みやすいものとは言えません。よりよい解決策は、最初に使う区切り文字によって区切り文字が定義されることを知っておくことです。言い換えれば、区切り文字として任意の文字を使えるということです。ここでは、@記号を使うのがよいでしょう。その記号は検索文字列にも置換文字列にも出てこないからです。

```
$ sed -n '/^mlss/ s@/bin/bash@/bin/sh@p' /etc/passwd
```

これで、より信頼できる検索と、より読みやすく扱いやすいコマンドラインを得ることができました。しかし、この例では、それぞれの行の中で最初に出現した /bin/bash だけが /bin/sh に置き換えられます。最初のもの以外もすべて置き換えたければ、グローバルを意味する g コマンドを最後に追加します。

```
$ sed -n '/^mlss/ s@/bin/bash@/bin/sh@pg' /etc/passwd
```

この例では必須ではありませんが、知っておくのはよいことです。

8.2.2　グローバル置換

次のようなサンプルファイル myfile があると仮定しましょう。

```
Hello, sed is a powerful editing tool. I love working with sed
If you master sed, you will be a professional one
```

このファイルに対して、次のように sed を使ってみます。

```
$ sed 's/sed/Linux sed/' myfile
```

ここでは、sed を使って、「sed」という単語を「Linux sed」に置き換えます（**図8-14**）。

```
mlss@mint:~/bin$ sed 's/sed/Linux sed/' myfile
Hello, Linux sed is a powerful editing tool. I love working with sed
If you master Linux sed, you will be a professional one
mlss@mint:~/bin$
```

図8-14

　結果を注意深くチェックすると、各行で最初に出現した単語だけが変更されていることに気がつくでしょう。

　出現箇所をすべて置き換えたいのであれば、これは望むことではないでしょう。

　そこで g フラグの出番です。

　これを使って、結果をもう一度見てみましょう（**図8-15**）。

```
$ sed 's/sed/Linux sed/g' myfile
```

```
mlss@mint:~/bin$ sed 's/sed/Linux sed/g' myfile
Hello, Linux sed is a powerful editing tool. I love working with Linux sed
If you master Linux sed, you will be a professional one
mlss@mint:~/bin$
```

図8-15

　これで、すべての出現箇所が変更されました。

　w フラグを使って、これらの変更をファイルに書き出すことができます。

```
$ sed 's/sed/Linux sed/gw outputfile' myfile
```

　また、指定した順番の出現箇所だけを置き換えることもできます。次のようにすると、各行で 2 番目にマッチしたものだけを変更することができます。

```
$ sed 's/sed/Linux sed/2' myfile
```

　したがって、1 番目にマッチするものや、もし 3 番目にマッチするものがあったとしても、それらは無視されます。

8.2.3　置換の限定

　g フラグを使うと、同じ行内のすべての出現箇所が変更されることを学びました。これは、ファイル全体について当てはまります。

　もし、特定の行だけに、あるいは特定の範囲の行だけに編集を限定したいとしたら、どうでしょうか？

　次のようにして、特定の行や行の範囲を指定することができます。このコマンドは、ファイルの2行目だけを変更します。

```
$ sed '2s/old text/new text/' myfile
```

次のコマンドは、3行目から5行目までだけを変更します。

```
$ sed '3,5s/old text/new text/' myfile
```

次のコマンドは、2行目からファイルの終わりまでを変更します。

```
$ sed '2,$s/old text/new text/' myfile
```

8.2.4　ファイルの編集

　wフラグを使うと編集結果をファイルに書き出すことができますが、ファイルそのものを編集したい場合はどうすればよいでしょうか？ それには-iオプションを使います。ファイルを扱うためには権限が必要ですが、ファイルをコピーして処理を行えば、どのシステムファイルにも悪影響を与えませんし、特別なアクセス権を要求されることもありません。

　passwdファイルをローカルにコピーします。

```
$ cp /etc/passwd "$HOME"
$ cd
```

　コピー後にcdコマンドを実行し、自分がhomeディレクトリーにいることと、ローカルのpasswdファイルを扱っていることを確実にします。

　インプレース更新（上書き保存）を実行するために、-iオプションを使います。ファイルを編集する場合は、-nオプションやpコマンドは必要ありません。そのため、コマンドは次の例のようにシンプルです[†4]。

```
$ sed -i '/^mlss/ s@/bin/bash@/bin/sh@' $HOME/passwd
```

　画面には何も出力されませんが、ファイルには変更が反映されます。**図8-16**は、

[†4] 訳注：FreeBSDなどのBSD系のOSのsedは-iオプションの引数を省略できないため、以下のように-iオプションの引数に空の文字列（''）が必要です。
```
$ sed -i '' '/^mlss/ s@/bin/bash@/bin/sh@' $HOME/passwd
```

このコマンドの使い方を示しています。

```
mlss@mint:~$ sed -i ' /^mlss/ s@/bin/bash@/bin/sh@ ' $HOME/passwd
mlss@mint:~$
```

図8-16　インプレース更新

　ファイルに変更を加える前には、バックアップを作成すべきです。これを行うには、-i オプションの直後に、スペースを開けずに文字列を追加します。次の例のように指定します[†5]。

　　$ **sed -i.bak '/^mlss/ s@/bin/bash@/bin/sh@' $HOME/passwd**

これで、passwd.bak というバックアップファイルが作成されます。
ここで、検索文字列と置換文字列を入れ替えて、もう一度実行してみます。

　　$ **sed -i.bak '/^mlss/ s@/bin/sh@/bin/bash@' $HOME/passwd**

　これで、ローカルの passwd ファイルが以前と同じ状態に戻り、passwd.bak が1つ前の変更後の状態になります。このオプションを利用することで、必要であれば元の状態に戻せるようになり、安全性が高まります。

8.3　sed のその他のコマンド

　sed にはたくさんのコマンドがあり、それらを使うと、テキストの挿入、変更、削除、変換が簡単に行えます。sed でのこれらのコマンドの使い方を、いくつかの例で見てみましょう。

8.3.1　削除コマンド

　削除コマンドの d（delete）を使うと、ストリームから、特定の行または一連の行

---

†5　訳注：GNU sed は -i オプションの引数を省略できるため、-i .bak のように -i オプションの直後にスペースを開けてバックアップファイルの拡張子を指定すると、GNU sed は -i オプションの引数が省略されたとみなして.bak の部分を sed のコマンドとして解釈しようとしてエラーが発生します。FreeBSD などの BSD 系の OS の sed の場合は -i オプションの後にスペースを開けてバックアップファイルの拡張子を指定できます。

を削除できます。次のコマンドは、ストリームから3行目を削除します。

```
$ sed '3d' myfile
```

次のコマンドは、ストリームから、3行目から5行目までを削除します。

```
$ sed '3,5d' myfile
```

次のコマンドは、4行目からファイルの終わりまでを削除します。

```
$ sed '4,$d' myfile
```

削除は、実際のファイルに対してではなく、ストリームに対して行われることに注意してください。実際のファイルから削除したい場合は、-i オプションを使います。

```
$ sed -i '2d' myfile   # ファイルから2行目を永続的に削除します
```

8.3.2　挿入コマンドと追加コマンド

挿入コマンドの i（insert）と追加コマンドの a（append）は同じように動作しますが、わずかに違いがあります。

挿入コマンドの i は、指定した行またはパターンの「前」に、指定したテキストを挿入します。

追加コマンドの a は、指定した行またはパターンの「後」に、指定したテキストを挿入します。

例をいくつか見てみましょう。

サンプルファイル myfile が、次のようなものだったとします。

```
First line
Second line
Third line
Fourth line
```

行を挿入するには、次のようにして i コマンドを使います[†6]。

```
$ sed '2i\inserted text' myfile
```

[†6]　訳注：FreeBSD などの BSD 系の OS の sed では、2i\と挿入したい文字列の間に改行が必要です。bash で$'\n'とすると改行のエスケープ文字が解釈されることを利用して以下のようにすると行を挿入できます。2i\の部分はエスケープ文字が解釈されるため、2i\\とする必要があります。
```
$ sed $'2i\\\ninserted text\n' myfile
```

行を追加するには、次のようにして a コマンドを使います[7]。

```
$ sed '2a\inserted text' myfile
```

結果を参照し、挿入される行の位置をチェックしてください（**図8-17**）。

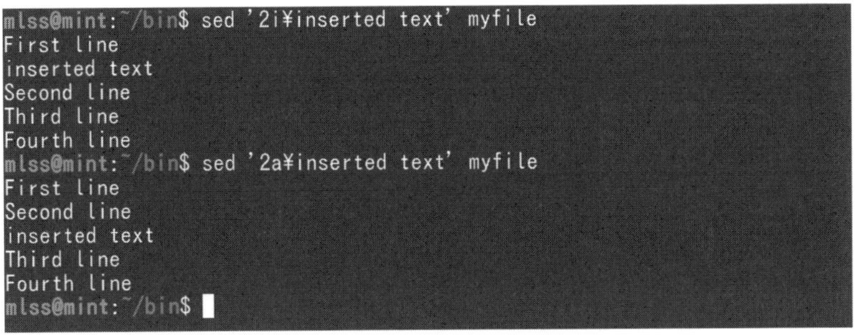

図 8-17

8.3.3 変更コマンド

置換コマンド s を使って、出現箇所を置き換える方法を学びました。では、変更コマンドとは何でしょうか？ どのような違いがあるのでしょうか？

変更コマンドの c（change）は、行全体を変更するために使われます。

行を変更するには、次のようにして c コマンドを使います（**図8-18**）[8]。

```
$ sed '2c\modified the second line' myfile
```

---

[7] 訳注：FreeBSD などの BSD 系の OS の sed では、行を挿入する場合と同様に以下のようにすると行を追加できます。
```
$ sed $'2a\\\ninserted text\n' myfile
```
[8] 訳注：FreeBSD などの BSD 系の OS の sed では、行を挿入する場合と同様に以下のようにすると行を変更できます。
```
$ sed $'2c\\\nmodified the second line\n' myfile
```

```
mlss@mint:~/bin$ sed '2c¥modified the second line' myfile
First line
modified the second line
Third line
Fourth line
mlss@mint:~/bin$ ▮
```

図8-18

2行目が新しい行に置き換わりました。

8.3.4　変換コマンド

変換コマンドは、任意の文字や数字を別のものに置き換えるために使われます。たとえば、小文字を大文字にしたり、数字を別の数字に変換したりすることができます[9]。

```
$ sed 'y/abc/ABC/' myfile
```

これは、trコマンドと同じような働きをします。

図8-19のように使うことができます。

```
mlss@mint:~/bin$ echo 'This is an abc test' | sed 'y/abc/ABC/'
This is An ABC test
mlss@mint:~/bin$ ▮
```

図8-19

/^mlss/のようなパターンや1,3のような行番号で範囲を指定しない場合、変換処理はストリーム全体に適用されます。

8.4　sedの複数のコマンド

これまでの例では、sedの1つのコマンドだけをストリームに適用してきました。では、複数のsedのコマンドを実行したら、どうなるでしょうか？

-eオプションを使い、複数のコマンドをセミコロン（;）で区切ることで、これを

---

[9]　訳注：マッチする文字列と置き換える文字列は同じ文字数である必要があります。

行うことができます[†10]。

```
$ sed -e 's/First/XFirst/; s/Second/XSecond/' myfile
```

実行結果を**図8-20**に示します。

```
mlss@mint:~/bin$ sed -e 's/First/XFirst/; s/Second/XSecond/' myfile
XFirst line
XSecond line
Third line
Fourth line
mlss@mint:~/bin$
```

図8-20

また、すべてのコマンドを別個の行に入力しても、同じ結果が得られます。

```
$ sed -e '
> s/First/XFirst/
> s/Second/XSecond/' myfile
```

sed コマンドは素晴らしい柔軟性をもたらしてくれます。うまく利用すると、大きな力を手に入れることができます。

8.5　まとめ

　この章が読者にとって有益なものとなり、知識をしっかり身につけられたことを心から願っています。この章では sed の説明に専念したかったのですが、まずは、grep がスクリプトの中でも外でもいかに強力であるかを説明することから始めました。sed については軽く触れただけにすぎませんが、ここで学んだことを踏まえて、次の章ではこれを大いに発展させます。

　この章では、テキストを置換する方法、置換を限定する方法とすべて置換する方法、-i を使って、編集しているストリームを保存する方法についても学びました。

　また、sed を使って、テキストを挿入、追加、削除、変換する方法を理解しました。

　最後に、-e オプションを使って、複数の sed のコマンドを実行する方法を学びま

---

†10 訳注：-e オプションを複数回使って複数のコマンドを実行することもできます。
```
$ sed -e 's/First/XFirst/' -e 's/Second/XSecond/' myfile
```

した。

　次の章では、Apache のバーチャルホストを自動的に作成する方法や、その他の素晴らしい機能について学びます。これらのすべての操作の「馬車馬」となるのは、sed と sed のスクリプトです。

8.6　練習問題

8-1　次のような内容のファイルがあるとします。

```
Hello, sed is a powerful editing tool. I love working with sed
If you master sed, you will be a professional one
```

そして、次のコマンドを実行したとします。

```
$ sed 's/Sed/Linux sed/g' myfile
```

いくつの行が置換されるでしょうか？

8-2　前の問題で使ったのと同じファイルがあり、次のコマンドを実行したとします。

```
$ sed '2d' myfile
```

ファイルから、いくつの行が削除されるでしょうか？

8-3　次の例で、行が挿入される場所はどこでしょうか？

```
$ sed '2a\Example text' myfile
```

8-4　前と同じサンプルファイルがあり、次のコマンドを実行したとします。

```
$ sed '2i\inserted text/w outputfile' myfile
```

出力ファイルに、いくつの行が保存されるでしょうか？

9章
Apacheバーチャルホストの
自動化

sed（ストリームエディター）について少しわかってきたので、この知識を実践に
移すことにしましょう。「8章　ストリームエディターの導入」では、sed のいくつ
かの機能を理解しました。しかし、これは sed が持つ力のほんの一部にすぎません。
この章では、sed についてもう少し練習を重ね、その実践的な使い方、特に bash ス
クリプトでの使い方を学びます。

この学習の旅の中で、sed を使って、Apache の名前ベースのバーチャルホストを
自動的に作成します。ここでデモンストレーションする sed の実際のユーザーとな
るのは Apache のホストですが、より重要なのは、メインの構成ファイルの中で選択
すべき行を、sed を使って検索することです。その後、それらの行のコメントを解除
し、それらをテンプレートとして保存します。テンプレートが作成できたら、それを
基に新しい構成ファイルを作成します。この章で Apache を使って示す概念は、さま
ざまな状況に応用できます。

シェルスクリプト内で sed を使うと、メインの構成ファイルからテンプレートデー
タを簡単に抽出することができ、作成するバーチャルホストのニーズに合わせること
ができます。このようにして、sed とシェルスクリプトの両方の知識を広げることが
できます。この章では、以下のテーマを扱います。

- Apache の名前ベースのバーチャルホスト
- バーチャルホストの作成の自動化

9.1　技術要件

次のものが必要になります。

- CentOS Stream 9 のマシン[†1]
- インストール済みの Apache 2.4.x Web サーバー

Apache は、次のようにしてインストールできます[†2]。

```
$ sudo dnf install httpd
```

その後で、次のようにして Web サーバーを起動することができます[†3]。

```
$ sudo systemctl start httpd
```

次のようにしてステータスをチェックすることで、サービスがすでに実行されているかどうかを確認できます。

```
$ sudo systemctl status httpd
```

9.2 Apache の名前ベースのバーチャルホスト

このデモンストレーションのために、Apache 2.4 HTTP サーバーの `httpd.conf` ファイルを処理します。率直に言うと私たちは、これから行う実際の構成変更よりも、Red Hat Enterprise Linux や CentOS が提供するこの構成ファイルのほうに、はるかに関心があります。このファイルは、本書のサポートサイトからもダウンロードできます。私たちの目的は、システムが提供するファイルからデータを抽出し、それを基にテンプレートを作成する方法を学ぶことです。これは、Apache の構成ファイルやその他の任意のテキストデータファイルに応用できます。注目してほしいのは、実際の結果ではなく、その方法です。

[†1] 訳注：原書では本章は CentOS 7 に基づいて書かれていました。本書翻訳時に CentOS Stream 9 で動作確認を行っています。コマンドの実行例のスクリーンショットは Linux Mint 20.3 (Una) 上で作成しています。Apache の設定ファイルなどのパスは Debian 系の Linux ディストリビューションと Red Hat 系の Linux ディストリビューションで異なりますので、Debian 系の Linux ディストリビューションで本章のスクリプトを実行される場合は訳注を参考にスクリプト中のファイルのパスをお使いの環境に合わせて書き換えてください。

[†2] 訳注：Debian 系の Linux ディストリビューションでは `sudo apt install apache2` でインストールできます。Red Hat 系の Linux ディストリビューションで `dnf` コマンドがインストールされていない場合は `sudo yum install httpd` で Apache をインストールできます。

[†3] 訳注：OS の起動時に自動的に Apache を起動させたい場合は `sudo systemctl enable httpd` を実行してください。Debian 系の Linux ディストリビューションでは `systemctl` コマンドの引数に指定するサービス名は `apache2` です。

これから何をしようとしているかを理解するために、まず、`/etc/httpd/conf/httpd.conf` ファイルを見る必要があります。このファイルは、CentOS、Red Hat Enterprise Linux、Scientific Linux などで提供されます[†4]。**図9-1** は、このファイルのバーチャルホストのセクションを示しています。

```
#<VirtualHost *:80>
#       ServerAdmin webmaster@dummy-host.example.com
#       DocumentRoot /www/docs/dummy-host.example.com
#       ServerName dummy-host.example.com
#       ErrorLog logs/dummy-host.example.com-error_log
#       CustomLog logs/dummy-host.example.com-access_log common
#</VirtualHost>
```

図9-1　httpd.conf のバーチャルホストのセクション

これは大きな `httpd.conf` の一部にすぎず、これを見ると、これらの行がコメント化されていることがわかります。バーチャルホストを作成する場合、通常は、それぞれのバーチャルホストに対して別々の構成ファイルを使います。このデータをメインの構成ファイルから抽出し、同時にコメントを解除する必要があります。その後、コメントを解除したこのデータをテンプレートとして保存することができます[†5]。

このテンプレートを使って、Apache の1つのインスタンス上で実行する、さまざまな名前のホストを表す新しい構成ファイルを作成します。これにより、1つのサーバー上で `sales.example.com` と `marketing.example.com` を提供することが可能になります。販売（sales）とマーケティング（marketing）はどちらも、互いに独立した、独自の構成ファイルと Web サイトを持ちます。また、作成したテンプレートを使ってサイトを追加することも簡単です。受信した HTTP ヘッダーリクエストを読み取り、使われているドメイン名に基づいて、それらを的確なサイトに誘導することは、メインの Web サーバーの仕事です。

私たちの最初の作業は、`VirtualHost` の開始タグと終了タグの間に存在するデータを抽出し、そのコメントを解除し、それをテンプレートとして保存することです。

[†4] 訳注：Debian 系の Linux ディストリビューションでは、`httpd.conf` に相当するファイルは`/etc/apache2/apache2.conf` にあります。

[†5] 訳注：CentOS Stream 9、Fedora 36、Rocky Linux 9.0（Blue Onyx）の `httpd.conf` にはバーチャルホストの構成ファイルのテンプレートがありません。Debian 系の Linux ディストリビューションでは、`/etc/apache2/sites-available` に `000-default.conf` と `default-ssl.conf` という**図9-1** とは異なる設定内容のテンプレートがあります。

これは一度だけ行う必要があるもので、さまざまなバーチャルホストを作成するためのメインスクリプトには含まれません。

9.2.1　バーチャルホストのテンプレートの作成

　作成するバーチャルホストをテストする予定はないので、httpd.conf ファイルのコピーを作成し、それを自分の home ディレクトリー内でローカルに扱います。稼働中の構成ファイルに影響を与えるといけないので、スクリプトの開発時にこのようにするのは、よい習慣です。筆者が使っている httpd.conf ファイルは、スクリプト内で参照している他のリソースと一緒に、本書のサポートサイトからダウンロードできるようになっています。もう 1 つの方法として、Apache がインストールされている自分の CentOS ホストからコピーすることもできます。httpd.conf ファイルが自分の home ディレクトリーにコピーされていることと、自分が home ディレクトリー内で作業していることを確認してください[6]。

9.2.2　最初のステップ

　テンプレートの作成における本当に最初のステップは、必要な行を取り出すことです。この例では、**図9-1** で見たサンプルのバーチャルホスト定義に含まれている行が、これに当たります。これには、VirtualHost の開始タグと終了タグ、およびその間にあるすべてのものが含まれます。この作業を行うために行番号を利用することができますが、おそらく信頼できるものにはならないでしょう。なぜなら、行番号が一貫したものであるためには、ファイル内で何も変更がないことを前提としなければならないからです。完全を期すために、より信頼できる手段へと進む前に、これを示すことにします。

　まず、sed を使って、ファイル全体をどのように表示することができたかを思い出しましょう。これは重要なことです。なぜなら、次のステップでは、表示をフィルタリング（選別）し、希望する行だけを表示するからです。

```
$ sed -n 'p' httpd.conf
```

　-n オプションは、標準出力を抑制するために使われます。引用符の中の sed コマ

† 6　訳注：お使いの環境の httpd.conf にバーチャルホストの設定がない場合、または**図9-1** の内容と異なる場合は、この後のステップに備えて**図9-1** の内容を書いておくか本書のサポートサイト（https://github.com/oreilly-japan/mastering-linux-shell-scripting-2e-ja/ch09/）から httpd.conf ファイルをダウンロードしてください。

ンドは p です。これは、マッチするパターンを表示するために使います。ここでは何もフィルタリングしていないので、マッチするパターンはファイル全体です。もし行番号を使ってフィルタリングするとしたら、次のようにして、sed を使って行番号を追加することができます。

```
$ sed = httpd.conf
```

図9-2 を見ると、このシステムでは、355 行目から 361 行目までを扱う必要があることがわかります。しかし、何度も強調しますが、これらの行番号はファイルによって異なる可能性があるのです。

```
355 #<VirtualHost *:80>
356 #     ServerAdmin webmaster@dummy-host.example.com
357 #     DocumentRoot /www/docs/dummy-host.example.com
358 #     ServerName dummy-host.example.com
359 #     ErrorLog logs/dummy-host.example.com-error_log
360 #     CustomLog logs/dummy-host.example.com-access_log common
361 #</VirtualHost>
362
```

図9-2　httpd.conf の 355 行目から 361 行目

9.2.3　行の取り出し

タグで囲まれたこれらの行を表示するために、sed に行の範囲を加えることができます。次のコマンド例のように、sed に行番号を加えることで簡単に実現できます。

```
$ sed -n '355,361 p' httpd.conf
```

行の範囲を指定すると、必要な行を簡単に取り出すことができ、表示される行はバーチャルホスト定義の行だけになります。**図9-3** を見ると、このことがわかります。この図は、コマンドと出力結果の両方を示しています。

```
mlss@mint:~/bin$ sed -n '355,361 p ' httpd.conf
#<VirtualHost *:80>
#    ServerAdmin webmaster@dummy-host.example.com
#    DocumentRoot /www/docs/dummy-host.example.com
#    ServerName dummy-host.example.com
#    ErrorLog logs/dummy-host.example.com-error_log
#    CustomLog logs/dummy-host.example.com-access_log common
#</VirtualHost>
mlss@mint:~/bin$
```

図9-3

　行番号をハードコーディングするときに直面する問題は、柔軟性が失われるということです。これらの行番号はこのファイルに関するものであり、おそらくこのファイルだけに当てはまります。常に、処理しているファイルに関する正しい行番号をチェックしなければなりません。それらの行が都合よくファイルの終わりになく、逆方向にスクロールして正しい行番号を特定しなければならない場合、これは特に面倒です。このような問題を克服するために、行番号を使う代わりに、開始タグと終了タグを直接検索するように実装することができます。

```
$ sed -n '/^#<VirtualHost/,/^#<\/VirtualHost/p' httpd.conf
```

　もはや、開始と終了の行番号を使うことはなく、より信頼できる開始と終了の正規表現を使っています。開始の正規表現によって、#<VirtualHost で始まる行が検索されます。終了の正規表現によって、その終了タグが検索されます。ただし、/VirtualHost をエスケープ文字で保護する必要があります。終了の正規表現を見ると、エスケープされたスラッシュ（/）によって、#</VirtualHost で始まる行として解釈されることがわかります。

「8章　ストリームエディターの導入」で見たように、キャレット（^）を使うことで、指定した文字で始まる行を検索します。

　これで、行番号を知ることなく、必要な行を確実に取り出せるようになりました（**図9-4**）。これは、編集するすべてのファイルについて望ましい方法と言えます。このようなファイルは行番号が変わるからです。

```
mlss@mint:~/bin$ sed -n '/^#<VirtualHost/,/^<\¥/VirtualHost/p' httpd.conf
#<VirtualHost *:80>
#    ServerAdmin webmaster@dummy-host.example.com
#    DocumentRoot /www/docs/dummy-host.example.com
#    ServerName dummy-host.example.com
#    ErrorLog logs/dummy-host.example.com-error_log
#    CustomLog logs/dummy-host.example.com-access_log common
#</VirtualHost>
mlss@mint:~/bin$
```

図 9-4

9.2.4　sed スクリプトファイル

　行を取り出すことは、最初のステップにすぎません！ まだ、行のコメントを解除し、結果をテンプレートとして保存する必要があります。これを 1 つの sed コマンドの文字列として書くこともできますが、不格好に長くなり、読みづらく、また編集しづらくなってしまいます。ありがたいことに sed には、そのコマンドを、スクリプトと呼ばれる入力ファイルから読み込むためのオプションが用意されています。sed と一緒に -f オプションを使って、スクリプトとして読み込みたいファイルを指定します。

　すでに、ファイルから適切な行を取り出せることを見てきました。そこで、スクリプトの最初の行では、選択したい行を指定します。そのすぐ後に、波括弧 {} を使ってコードブロックを定義します。コードブロックには、選択される行について実行したい 1 つ以上のコマンドを指定します。

　この例では、最初のコマンドはコメントを削除するものになり、2 番目のコマンドは、パターンスペースを新しいファイルに書き出すものになります。sed スクリプトは、次の例のようになります。

```
/^#<VirtualHost/,/^#<\/VirtualHost/ {
s/^#//
w template.txt
}
```

　このファイルを、$HOME/vh.sed として保存します。

　最初の行では、前に見たように、処理する行を選択し、左波括弧によってコードブロックを開始します。2 行目では、置換コマンドの s を使います。これは、コメント、すなわち#で始まる行を検索し、その記号を空の文字列に置き換えます。真ん中と終わりのスラッシュの間には、何の文字もスペースも入れません。私たち人間に

とっては、行のコメントを解除するという意味ですが、コードにとっては、#を空の
文字列に置き換えるだけです。コードの最後の行は、書き込みコマンドの w を使っ
て、template.txt に保存します。見やすいように、vh.sed ファイルのスクリーン
ショットを**図9-5**に載せておきます。

```
/^#<VirtualHost/,/^#<\¥/VirtualHost/ {
s/^#//
w template.txt
}
```

図9-5　vh.sed

　httpd.conf ファイルや vh.sed ファイルと同じディレクトリーにいることを確
認し、次のコマンドを実行することで、ここまでの努力が実を結びます。

　　$ **sed -nf vh.sed httpd.conf**

　これで、作業ディレクトリーの中に、template.txt ファイルが作成されまし
た。これは、httpd.conf ファイルから取り出され、コメントが解除されたテキス
トです。簡単に言えば、350 行以上のテキストから 7 つの的確な行を数ミリ秒で抽
出し、コメントを削除し、その結果を新しいファイルに保存したということです。
template.txt ファイルの内容を**図9-6**に示します。

```
mlss@mint:~/bin$ cat template.txt
<VirtualHost *:80>
    ServerAdmin webmaster@dummy-host.example.com
    DocumentRoot /www/docs/dummy-host.example.com
    ServerName dummy-host.example.com
    ErrorLog logs/dummy-host.example.com-error_log
    CustomLog logs/dummy-host.example.com-access_log common
</VirtualHost>
mlss@mint:~/bin$ 
```

図9-6　作成された template.txt

　これでテンプレートファイルが作成され、これを使って、バーチャルホストの定義
を作成できるようになりました。ここで紹介しているのは Apache の例ですが、テキ
ストのコメントを解除する、すなわち選択された行の最初の文字を削除するという考

えは、多くの状況に応用が利きます。sed で何ができるかというアイデアとして、この例を受けとめてください。

9.3　バーチャルホストの作成の自動化

　テンプレートが作成できたので、これを使って、バーチャルホストの構成ファイルを作成することができます。簡単に言うと、dummy-host.example.com という URL を、sales.example.com または marketing.example.com という URL に置き換えます。当然ですが、ドキュメントルート（DocumentRoot）ディレクトリー、すなわち Web ページが収められるディレクトリーを作成する必要もありますし、何らかの基本的なコンテンツを追加する必要もあります。スクリプトを使ってこのプロセスを行うと、何かをうっかり忘れてしまうことはありませんし、編集結果は毎回正確です。基本的なスクリプトは次のようになります。

```
#!/bin/bash
WEBDIR=/www/docs
CONFDIR=/etc/httpd/conf.d
TEMPLATE=$HOME/template.txt
[ -d $CONFDIR ] || mkdir -p $CONFDIR
sed s/dummy-host.example.com/$1/ $TEMPLATE > $CONFDIR/$1.conf
mkdir -p $WEBDIR/$1
echo "New site for $1" > $WEBDIR/$1/index.html
```

　最初の行のシバンはすでに知っていることなので、ここでは触れません。スクリプトの 2 行目から説明します（**表9-1**）。

表9-1 vhost.shの構成要素

行	意味
WEBDIR=/www/docs	パスを保持するWEBDIR変数を、さまざまなWebサイトを収容する予定のディレクトリーに初期化する
CONFDIR=/etc/httpd/conf.d	新しく作成するバーチャルホストの構成ファイルを保存するために使うCONFDIR変数を初期化する†7
TEMPLATE=$HOME/template.txt	テンプレートのために使う変数を初期化する。これは、テンプレートのパスを指し示していなければならない
[-d $CONFDIR] || mkdir -p $CONFDIR	稼働するCentOS Stream 9ホストでは、このディレクトリーが存在することになり、メインの構成ファイルに含まれる。純粋なテストとしてこれを実行する場合は、ディレクトリーを作成し、その中に正しい構成ファイルが作成されることを確認する
sed s/dummy-host.example.com/$1/ $TEMPLATE > $CONFDIR/$1.conf	このsedコマンドはスクリプト内のエンジンとして働き、検索と置換の操作を実行する。sedの中で置換コマンドを使い、ダミーのテキストを検索して、それを、スクリプトに渡された引数に置き換える
mkdir -p $WEBDIR/$1	ここで、新しいバーチャルホスト用Webサイトを収容するためのサブディレクトリーを作成する
echo "New site for $1" > $WEBDIR/$1/index.html	この最後のステップで、Webサイトのための基本的なWebページを作成する

このスクリプトを、$HOME/bin/vhost.shとして作成します。実行権限を与えることを忘れないでください。**図9-7**はこのスクリプトを示しています。

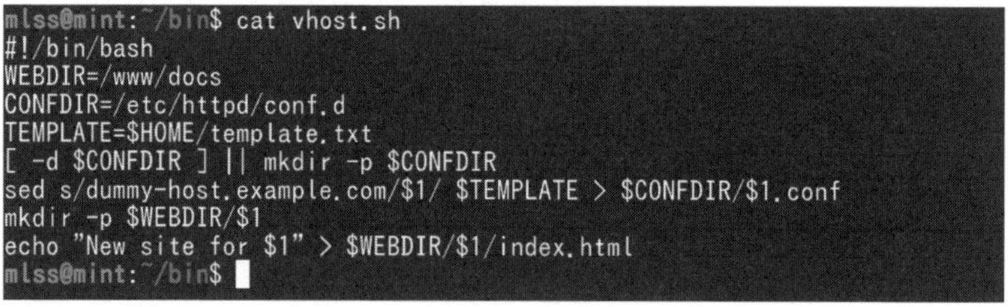

```
mlss@mint:~/bin$ cat vhost.sh
#!/bin/bash
WEBDIR=/www/docs
CONFDIR=/etc/httpd/conf.d
TEMPLATE=$HOME/template.txt
[ -d $CONFDIR ] || mkdir -p $CONFDIR
sed s/dummy-host.example.com/$1/ $TEMPLATE > $CONFDIR/$1.conf
mkdir -p $WEBDIR/$1
echo "New site for $1" > $WEBDIR/$1/index.html
mlss@mint:~/bin$
```

図9-7 vhost.sh

販売（sales）用のバーチャルホストとWebページを作成するには、次の例のよう

†7 訳注：Debian系のLinuxディストリビューションの場合は/etc/apache2/sites-availableにバーチャルホストの構成ファイルを置いて/etc/apache2/sites-enabledに構成ファイルのシンボリックリンクを作成します。

にこのスクリプトを実行します[8]。

```
$ sudo --preserve-env=HOME ./vhost.sh sales.example.com
```

適切に作られたスクリプトを使うと、バーチャルホストを簡単に作成できることが
わかります。バーチャルホスト用の構成ファイルは、/etc/httpd/conf.d ディレ
クトリーの中に作成され、sales.example.com.conf と命名されます。このファイ
ルは、**図9-8** のようになります。

```
mlss@mint:~/bin$ cat /etc/httpd/conf.d/sales.example.com.conf
<VirtualHost *:80>
    ServerAdmin webmaster@sales.example.com
    DocumentRoot /www/docs/sales.example.com
    ServerName sales.example.com
    ErrorLog logs/sales.example.com-error_log
    CustomLog logs/sales.example.com-access_log common
</VirtualHost>
mlss@mint:~/bin$ ▮
```

図9-8　作成された構成ファイル

/www/docs/sales.example.com ディレクトリーの中に、Web サイトのコンテ
ンツが作成されているはずです。これは簡単な Web ページとなり、スクリプトから
このようなことが行えることを証明するものです。次のコマンドを使うと、それぞれ
のサイトを収容するために使われるベースディレクトリーの内容をリスト表示でき
ます。

```
$ ls -R /www/docs
/www/docs:
sales.example.com

/www/docs/sales.example.com:
index.html
```

---

[8]　訳注：sudo コマンドの --preserve-env オプションは環境変数を実行するコマンドに引き継ぐオプション
です。ここでは sudo コマンドを実行するユーザーの環境変数のうち HOME が vhost.sh に引き継がれるよ
うにしています。--preserve-env オプションを付けない場合は環境変数が引き継がれないため、vhost.sh
は root ユーザーの権限で実行されて環境変数 HOME の値は /root になり、/root/template.txt が存
在しなければ sed s/dummy-host.example.com/$1/ $TEMPLATE > $CONFDIR/$1.conf のところでエラー
になるでしょう。また、sudo コマンドを実行する際は sudo コマンドの設定ファイル /etc/sudoers の
secure_path の設定で指定されたパスが使用されて環境変数 PATH は無視されるため、ここでは vhost.sh
を相対パスの ./vhost.sh で実行しています。

-R オプションを使うと、再帰的にリスト表示を行うことができます。 /www/docs ディレクトリーを使っているのは、単に元のバーチャルホスト定義の中でこれが設定されているためです。本番環境の中で作業している場合は、使用しているファイルシステムのルートに新しいディレクトリーを作成する代わりに、 /var/www か何かを使いたいと思うかもしれません。それには、作成したテンプレートを編集すればいいだけです。また、テンプレートの作成時に、sed を使って同時に行うこともできます。

9.3.1　サイト作成時にデータ入力を促す

スクリプトを使ってバーチャルホストやコンテンツを作成できるようになりましたが、バーチャルホスト名以外のカスタマイズは考慮に入れていません。当然ですが、バーチャルホスト名は重要です。結局のところ、このバーチャルホスト名が、構成ファイルそのものの中で使われるだけでなく、Web サイトのディレクトリーや構成ファイルの名前を設定するために使われるのです。

とはいえ、バーチャルホストの作成時に、追加のオプションを指定できるようにすることも可能です。sed を使って、必要に応じてデータを挿入します。sed の i コマンドは、選択された場所の前にデータを挿入し、a コマンドは、選択された場所の後にデータを追加します。

この例では、Web サイトへのローカルのネットワークアクセスだけを許可するために、ホスト制限を追加することにします。ここでは、特定の HTTP 構成ファイルを使って何を行うかよりも、ファイルにデータを挿入することに、より関心があります。スクリプトに read プロンプトを追加し、構成ファイルの中に Directory ブロックを挿入します。

何をしようとしているかを説明するために、スクリプトの実行時にどのようなものが表示されるかを示します。**図9-9** を見ると、マーケティングサイトのためにこれを作成しており、このサイトへのアクセスに関する制限を加えようとしていることがわかります[9]。

---

[9]　訳注：vhost2.sh も環境変数 HOME を使います。環境変数 HOME の値を引き継ぎつつ su コマンドで root ユーザーになりたい場合は sudo --preserve-env=HOME su -m を実行するとよいでしょう。su コマンドの -m オプションは環境変数を引き継ぐオプションです。

```
root@mint:/home/mlss/bin# ./vhost2.sh marketing.example.com
Do you want to restrict access to this site? y/n y
Which network should we restrict access to: 192.168.0.0/24
root@mint:/home/mlss/bin# █
```

図9-9

　見てわかるように、2つの質問をしていますが、必要であれば、カスタマイズしやすくするために、もっと多くの質問を追加することもできます。これは、追加のカスタマイズは、スクリプトを作成したときと同じように、正確で信頼できるものであるべきだという考えに基づきます。また、ネットワークアドレスをどのような形式で指定すべきかをユーザーがわかるように、サンプルの回答を使って質問をより丁寧にすることもできます。

　スクリプトの作成を容易にするために、元の vhost.sh を vhost2.sh としてコピーします。読みやすいようにスクリプト内のいくつかの項目を整理し、その後でプロンプトを追加します。新しいスクリプトは、次のコードのようになります。

```bash
#!/bin/bash
WEBDIR=/www/docs/$1
CONFDIR=/etc/httpd/conf.d
CONFFILE=$CONFDIR/$1.conf
TEMPLATE=$HOME/template.txt
[ -d $CONFDIR ] || mkdir -p $CONFDIR
sed s/dummy-host.example.com/$1/ $TEMPLATE > $CONFFILE
mkdir -p $WEBDIR
echo "New site for $1" > $WEBDIR/index.html
read -p "Do you want to restrict access to this site? y/n "
[ ${REPLY^^} = 'N' ] && exit 0
read -p "Which network should we restrict access to: " NETWORK
sed -i "/<\/VirtualHost>/i <Directory $WEBDIR >\
  \n  Order allow,deny\
  \n  Allow from 127.0.0.1\
  \n  Allow from $NETWORK\
\n</Directory>" $CONFFILE
```

スクリプトの中で、あまり多くのチェックを行っていないことに注意してください。これは、スクリプトの堅牢さよりも、追加している要素に集中してもらうためです。実際の環境では、スクリプトが期待どおりに動作したら、より多くのチェックを実装して、スクリプトの信頼性を確保する必要があります。

見てわかるように、行をいくつか追加しました。WEBDIR 変数は、ディレクトリー
へのフルパスを含むように変更し、同様に、新しい変数 CONFFILE を追加して、ファ
イルを直接参照できるようにしました。最初のプロンプトに対する返答が n で、ユー
ザーが追加のカスタマイズを望んでいなければ、スクリプトは終了します。返答が
n 以外であれば、スクリプトは続行し、アクセスを許可するネットワークを入力す
るよう促します。その後で、sed を使って、既存の構成ファイルを編集し、新しい
Directory ブロックを挿入します。デフォルトでは、localhost と NETWORK 変数
からのアクセスを許可し、それ以外を拒否します。コード内では、localhost を
127.0.0.1 として参照しています。

理解しやすくするためにコードを簡略化すると、次のような疑似コードになりま
す[†10]。

```
sed -i "/SearchText/i NewText" <filename>
```

ここで SearchText は、filename が示すファイル内で、その前にテキストを挿
入したい行を表します。NewText は、SearchText の前に挿入される新しい行（1 行
または複数行）を表します。SearchText のすぐ後にある i コマンドは、テキストを
挿入することを指示します。i コマンドの代わりに a コマンドを使うと、新しいテキ
ストが SearchText の後に追加されます。

marketing.example.com のための構成ファイルは、結果的に**図9-10** のようにな
ります。見てわかるように、Directory ブロックが追加されたファイルが作成され
ました。

[†10] 訳注：FreeBSD などの BSD 系の OS の sed を使う場合は -i オプションの引数を省略できないた
め -i '' とする必要があり、/SearchText/i と挿入したい文字列 NewText の間はスペースではなくバッ
クスラッシュと改行が必要です。bash で $'\n' とすると改行のエスケープ文字が解釈されることを利用
すると、疑似コードは以下のようになります。

```
sed -i '' $'/SearchText/i\\\nNewText\n' <filename>
```

```
root@mint:/home/mlss/bin# cat /etc/httpd/conf.d/marketing.example.com.conf
<VirtualHost *:80>
        ServerAdmin webmaster@marketing.example.com
        DocumentRoot /www/docs/marketing.example.com
        ServerName marketing.example.com
        ErrorLog logs/marketing.example.com-error_log
        CustomLog logs/marketing.example.com-access_log common
<Directory /www/docs/marketing.example.com >
   Order allow,deny
   Allow from 127.0.0.1
   Allow from 192.168.0.0/24
</Directory>
</VirtualHost>
```

図9-10　作成された構成ファイル

　VirtualHost の終了タグの上に新しいブロックが追加されていることがわかります。この終了タグは、スクリプト内で SearchText として使ったものです。追加された Directory ブロックは、疑似コード内の NewText に当たるものです。スクリプトを見ると複雑に見えますが、これは、\n で改行を埋め込み、読みやすくするために、行を継続する文字\を使ってファイルの書式を整えているためです[†11]。ここでも強調しておきたいのは、いったんスクリプトを作成してしまえば、このような編集は簡単で、正確だということです。

　完全を期すために、スクリプト vhost2.sh を**図9-11** に示しておきます。

[†11] 訳注：FreeBSD などの BSD 系の OS の sed を使う場合にスクリプト内の新しいブロックを追加するコマンドは以下のようになります。新しいブロックの各行の末尾にはバックスラッシュが 2 つ必要です。バックスラッシュが 1 つの場合は改行が挿入されなくなり、新しいブロックは 1 行に結合された状態になります。

```
sed -i '' "/<\/VirtualHost>/i\\
<Directory $WEBDIR >\\
  Order allow,deny\\
  Allow from 127.0.0.1\\
  Allow from $NETWORK\\
</Directory>\\
" httpd.conf
```

```
root@mint:/home/mlss/bin# cat vhost2.sh
#!/bin/bash
WEBDIR=/www/docs/$1
CONFDIR=/etc/httpd/conf.d
CONFFILE=$CONFDIR/$1.conf
TEMPLATE=$HOME/template.txt
[ -d $CONFDIR ] || mkdir -p $CONFDIR
sed s/dummy-host.example.com/$1/ $TEMPLATE > $CONFFILE
mkdir -p $WEBDIR
echo "New site for $1" > $WEBDIR/index.html
read -p "Do you want to restrict access to this site? y/n "
[ ${REPLY^^} = 'n' ] && exit 0
read -p "Which network should we restrict access to: " NETWORK
sed -i "/<\/VirtualHost>/i <Directory $WEBDIR >\
 \n Order allow,deny\
 \n Allow from 127.0.0.1\
 \n Allow from $NETWORK\
\n</Directory>" $CONFFILE
```

図 9-11　vhost2.sh

9.4　まとめ

　この章では、sed を素晴らしいスクリプトへと発展させられることを見てきました。このスクリプトによって、ファイルからデータを抽出し、選択した行のコメントを解除し、新しい構成ファイルを書き出せるようになりました。さらに、既存のファイルに新しい行を挿入するスクリプトを sed と一緒に使う方法も学びました。sedは、すぐに読者の相棒になるでしょう。この章では、読者の学習経験を高めるパワフルなスクリプトを作成できたと思います。

　このことはすでにご存じかもしれませんが、sed には awk という兄弟がいます。次の章では、ファイルからデータを抽出するための awk の使い方を見ることにします。

9.5　練習問題

9-1　Apache の構成ファイルから行番号 50 の行を表示するには、どうしたらよいでしょうか？

9-2　sed を使って、Apache のデフォルトポートを 80 から 8080 に変更するには、どうしたらよいでしょうか？

10章
AWKの基礎

ストリームエディターは、その家族の中で一人っ子ではありません。AWK という
お兄さんがいます。この章では、AWK の基礎を学び、プログラミング言語 AWK の
能力を探ります。なぜ AWK が必要とされ、愛されるのか、また AWK の基本的な
機能を利用するにはどうしたらよいかを学び、次の 2 つの章で実践に移します。これ
を順番に進める中で、以下のテーマを扱います。

- AWK の背後にある歴史
- ファイルの内容の表示とフィルタリング
- AWK の変数
- 条件文
- 出力結果の書式設定
- UID を使ってユーザー表示をさらにフィルタリングする
- AWK の制御ファイル

10.1　AWKの背後にある歴史

awk コマンドは、UNIX でも Linux でも欠くことのできないコマンドスイートで
す。UNIX の awk コマンドは、1970 年代にベル研究所で開発され、主要な開発者で
ある Alfred Aho、Peter Weinberger、Brian Kernighan の名字にちなんで名付け
られました。awk コマンドは、AWK というプログラミング言語を利用できるように
したものです。この言語は、テキストストリーム内のデータを処理することを目的と
しています。

AWK には数多くの実装があります。

gawk

GNU AWK とも呼ばれます。これは AWK の無料バージョンであり、多くの開発者によって使われています。本書でもこれを使います。

mawk

Mike Brennan という人物によって作られた別の実装です。この実装は、gawk のいくつかの機能だけを含んでいます。実行速度の向上を目的としています。

tawk

Thompson AWK とも呼ばれる実装で、Solaris、DOS、Windows で動作します。

BWK awk

nawk とも呼ばれ、OpenBSD や macOS で使われます[†1]。

本書で使用する awk インタープリターは gawk ですが、これに対して awk という名前のシンボリックリンクが存在していることに注意してください。したがって、awk と gawk は同じコマンドです[†2]。

FreeBSD などの BSD 系の OS や macOS の awk である One True Awk は、オプションや動作について gawk とは異なる点があります。本書の awk のコマンド例や awk を使用しているスクリプトは、One True Awk でも動作しますが、gawk を前提にしています。macOS をお使いの方は Homebrew で gawk をインストールできます。BSD 系の OS をお使いの方は OS のパッケージ管理システムで gawk をインストールできます。

awk バイナリーをリスト表示することで、それがどこを指しているかを確認できます（**図 10-1**）。

[†1]　訳注：BWK awk はオリジナルの AWK を拡張したもので、BWK はオリジナルの AWK の開発者の一人でもある Brian Kernighan 氏の名前の頭文字です。現在は One True Awk（https://github.com/onetrueawk/awk）として開発が続けられています。

[†2]　訳注：これは Red Hat 系の Linux ディストリビューションの場合で、Debian 系の Linux ディストリビューションでは /usr/bin/awk のリンク先は /etc/alternatives/awk になっており、さらにそのリンク先が実際に実行される AWK になります。Linux Mint ではデフォルトのリンク先は /usr/bin/gawk ですが、Debian と Ubuntu ではデフォルトで gawk がインストールされておらず、リンク先は /usr/bin/mawk になっています。sudo apt install gawk で gawk をインストールするとリンク先が /usr/bin/gawk に変更されます。

```
mlss@mint:~/bin$ ls -l /usr/bin/awk
lrwxrwxrwx 1 root root 21 2月  1 21:35 /usr/bin/awk -> /etc/alternatives/awk
mlss@mint:~/bin$ ls -l /etc/alternatives/awk
lrwxrwxrwx 1 root root 13 2月  1 21:33 /etc/alternatives/awk -> /usr/bin/gawk
mlss@mint:~/bin$ 
```

図 10-1

　awk によって提供されるプログラミング言語を実際に示すために、Hello World プログラムを作成します。これは、ご存じのように、すべての言語で義務のようなものです。

```
$ awk 'BEGIN { print "Hello World!" }'
```

　これを見ると、このコードがお決まりの Hello メッセージを表示することがわかりますが、それだけでなく、BEGIN というコードブロックの中にあることがわかります。この BEGIN ブロックを使うと、ヘッダー情報を作成することができます。後で、END コードブロックを使うことで、サマリー情報（要約情報）を作成できることを学びます。これらは、メインのコードブロックとは別に作成することができます。

　図10-2 は、この基本的なコマンドの実行結果を示しています。

```
mlss@mint:~/bin$ awk 'BEGIN { print "Hello World!" }'
Hello World!
mlss@mint:~/bin$ 
```

図 10-2

10.2　ファイルの内容の表示とフィルタリング

　当然ですが、私たちがやりたいのは、「Hello World」よりも多くのものを表示することです。awk コマンドを使うと、ファイルから（必要であれば巨大なファイルから）、その内容をフィルタリングして表示することができます。ファイルをフィルタリングする前に、まず、ファイル全体を表示することから始めましょう。これにより、このコマンドの構文について感触をつかむことができます。その後で、制御情報を awk ファイルに追加し、コマンドラインを容易にする方法を学びます。次のコマンドを使って、/etc/passwd ファイルからすべての行を表示します。

```
$ awk '{ print }' /etc/passwd
```

これは、print 文で $0 変数を使うことと同じです。

```
$ awk '{ print $0 }' /etc/passwd
```

AWK では、データを抽出するために、すぐに使える変数がいくつか用意されています。

- $0 —— 行全体を表す
- $1 —— 最初のフィールドを表す
- $2 —— 2 番目のフィールドを表す
- $3 —— 3 番目のフィールドを表す、など……

ただし、/etc/passwd ファイルでは、フィールドセパレーター（フィールドの区切り文字）としてコロン（:）が使われているため、そのことを指定する必要があります。awk のデフォルトのセパレーターは、1 つのスペース、または任意の数のスペース、タブ、改行です。入力のフィールドセパレーターを指定する方法は 2 つあります。これらについて、次の例で示します。

最初の例は、シンプルで簡単に使えるものです。-F オプションは、特にヘッダー情報が必要でない場合に便利です。

```
$ awk -F":" '{ print $1 }' /etc/passwd
```

これを BEGIN ブロックの中で行うこともできます。この方法は、BEGIN ブロックを使って、ヘッダー情報を表示したい場合に便利です。

```
$ awk 'BEGIN { FS=":" } { print $1 }' /etc/passwd
```

この例では、BEGIN コードブロックを指定しており、その中のコードは波括弧で囲まれています。メインのコードブロックには名前がなく、そのコードも波括弧で囲まれています。

BEGIN ブロックとメインブロックを見た後は、END ブロックについて説明します。これはサマリーデータを表示するためによく使われます。たとえば、passwd ファイルの全行数を表示したい場合に、END ブロックを利用することができます。メインブロックのコードは各行に対して処理されますが、BEGIN ブロックや END ブロックの

コードは、最初または最後に一度だけ処理されます。次の例は、前のコード例に全行数の表示を加えたものです。

```
$ awk 'BEGIN { FS=":" } { print $1 } END { print NR }' /etc/passwd
```

awk の内部変数 NR は、現在までに処理した行（レコード）の数を保持しています。必要であれば、これにテキストを追加して表示することもでき、サマリーデータに注釈を付けることができます。また、ここまでの例でも使っていますが、単一引用符を使うと、コードを複数の行にまたがって書くことができます。単一引用符を開始したら、それを閉じるまで、コマンドラインに改行を加えることができます。次の例でこれを示します。ここでは、サマリー情報を拡張しています。

```
$ awk 'BEGIN { FS=":" }
> { print $1 }
> END { print "Total:",NR }' /etc/passwd
```

さらに、最終的な行数だけでなく、処理中のそれぞれの行に行番号を表示することもできます。次の例を見てください。

```
$ awk 'BEGIN { FS=":" }
> { print NR,$1 }
> END { print "Total:",NR }' /etc/passwd
```

図10-3 は、このコマンドと実行結果の一部を示しています。

図10-3

BEGIN を使った最初の例では、メインのコードブロックなしで BEGIN ブロックだけを使っていました。そこから考えると、メインブロックなしで END ブロックだけを使えない理由はないことがわかります。wc -l コマンドをエミュレートする必要がある場合は、次のような awk 文を書くことができます。

```
$ awk 'END { print NR }' /etc/passwd
```

　出力結果は、ファイルの行数になります。**図10-4** は、/etc/passwd ファイル内
の行数を数えるために、awk コマンドを使った場合と wc コマンドを使った場合の結
果を示しています。

```
mlss@mint:~/bin$ awk ' END { print NR }' /etc/passwd
43
mlss@mint:~/bin$ wc -l /etc/passwd
43 /etc/passwd
```

図10-4

　見てわかるように、出力結果は 43 行で一致しており、このコードは機能してい
ます。
　私たちが練習できるもう 1 つの機能は、選択した行だけを処理することです。たと
えば、最初の 5 行だけを表示したければ、次の文を使います。

```
$ awk 'NR < 6' /etc/passwd
```

8 行目から 12 行目までを表示したければ、次のコードを使います。

```
$ awk 'NR==8,NR==12' /etc/passwd
```

　また、正規表現を使って、行内のテキストにマッチさせることもできます。次の例
を見てください。ここでは、bash という単語で終わる行を表示します。

```
$ awk '/bash$/' /etc/passwd
```

　コードと実行結果を**図10-5** に示します。

```
mlss@mint:~/bin$ awk ' /bash$/ ' /etc/passwd
root:x:0:0:root:/root:/bin/bash
taka:x:1000:1000:taka,,,,:/home/taka:/bin/bash
mlss:x:1001:1001:mlss,,,,:/home/mlss:/bin/bash
mlss@mint:~/bin$
```

図10-5

このように、正規表現パターンを使いたい場合は、/bash$/ のように、2つのスラッシュを使い、その間にパターンを記述します。

10.3　AWKの変数

これまで、$1 や $2 のようなデータフィールドの使い方を学んできました。また、処理した行数を保持する NR フィールドも見てきました。このほかに、作業を簡単にするために AWK が提供する組み込み変数が数多くあります[†3]。

FIELDWIDTHS

フィールドの長さを指定します。

RS

レコードセパレーターを指定します。

FS

フィールドセパレーターを指定します。

OFS

出力フィールドセパレーターを指定します。デフォルトではスペースです。

ORS

出力レコードセパレーターを指定します。

FILENAME

処理されるファイル名を保持します。

NF

現在のレコードのフィールド数を保持します。

[†3]　訳注：このほかの組み込み変数については man gawk で Built-in Variables のセクションを参照してください。ここで紹介している組み込み変数のうち FIELDWIDTHS と IGNORECASE は One True Awk で使用できません。Debian 系の Linux ディストリビューションで manpages-ja パッケージとして利用可能な JM Project（https://linuxjm.osdn.jp/）が作成している各種コマンドの日本語版マニュアルのうち、gawk の日本語版マニュアルについては本書の翻訳時点でバージョン 3.0.6 という 2000 年頃の大変古いバージョンのものですので英語版マニュアルを参照されることをお勧めします。普段日本語版マニュアルが表示される状態で英語版マニュアルを表示したい場合は LANG=C man gawk で表示できます。

FNR

現在のファイルにおいて処理したレコードの数を保持します。

IGNORECASE

大文字と小文字を区別しません。

これらの変数は、さまざまな状況で大いに役立ちます。次のようなファイルがある
と仮定しましょう。

```
John Doe
15 back street
(123) 455-3584

Mokhtar Ebrahim
10 Museum street
(456) 352-3541
```

2 人の人物に対して、2 つのレコードが存在すると言えます。それぞれのレコード
には、3 つのフィールド（名前、住所、電話番号）が含まれます。ここで、名前と電
話番号を表示する必要があると仮定しましょう。AWK にこれらを正しく処理させる
には、どうしたらよいでしょうか？

この例では、改行（\n）によってフィールドが区切られ、空の行によってレコード
が区切られています。

そこで、FS を改行（\n）に、RS を空のテキストにそれぞれ設定すると、フィール
ドが正しく識別されます（**図10-6**）。

```
$ awk 'BEGIN{FS="\n"; RS=""} {print $1,$3}' myfile
```

```
mlss@mint:~/bin$ awk 'BEGIN{FS="¥n"; RS=""} {print $1,$3}' myfile
John Doe (123) 455-3584
Mokhtar Ebrahim (456) 352-3541
mlss@mint:~/bin$
```

図10-6

ご覧のように、結果は適切です。

同様に、出力に関しては、OFS や ORS を利用できます（**図10-7**）。

```
$ awk 'BEGIN{FS="\n"; RS=""; OFS="*"} {print $1,$3}' myfile
```

```
mlss@mint:~/bin$ awk 'BEGIN{FS="¥n"; RS=""; OFS="*"} {print $1,$3}' myfile
John Doe*(123) 455-3584
Mokhtar Ebrahim*(456) 352-3541
mlss@mint:~/bin$
```

図 10-7

自分のニーズに合わせて、好きなテキストを使うことができます。

NR は処理した行数を保持していることを学びました。定義を見ると FNR も同じよ
うに見えますが、その違いを知るために次の例を試してみましょう。

次のようなファイルがあるとします。

```
Welcome to AWK programming
This is a test line
And this is one more
```

AWK を使ってこのファイルを処理します（**図 10-8**）。

```
$ awk 'BEGIN{FS="\n"}{print $1,"FNR="FNR}' myfile myfile
```

```
mlss@mint:~/bin$ awk 'BEGIN{FS="¥n"}{print $1,"FNR="FNR}' myfile myfile
Welcome to AWK programming FNR=1
This is a test line FNR=2
And this is one more FNR=3
Welcome to AWK programming FNR=1
This is a test line FNR=2
And this is one more FNR=3
mlss@mint:~/bin$
```

図 10-8

ここでは、FNR 変数の値を調べるという目的のためだけに、同じファイルを 2 回
処理しています。

見てわかるように、その値は、それぞれの処理サイクルで 1 から始まっています。
NR 変数が同じように使われているかどうかを確認してみましょう（**図 10-9**）。

```
$ awk 'BEGIN {FS="\n"} {print $1,"FNR="FNR,"NR="NR}
> END{print "Total lines: ",NR}' myfile myfile
```

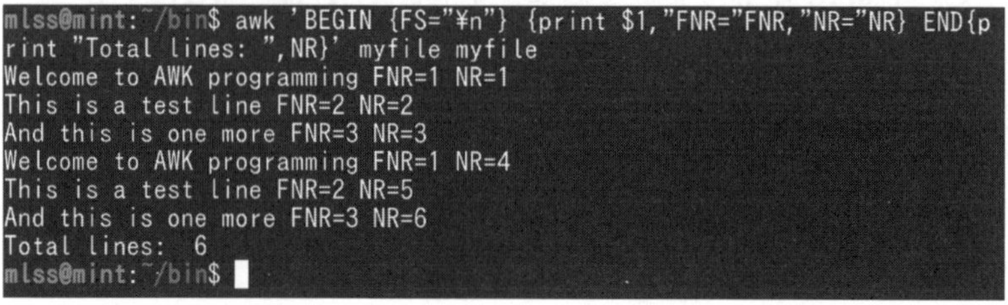

図 10-9

　FNR はファイルごとに 1 から始まっていましたが、NR 変数は、処理全体を通じて
値を保持しています。

10.3.1　ユーザー定義変数

　他のプログラミング言語と同様に、AWK のプログラミングで使う独自の変数を定
義することができます。

　変数は、任意のテキストを使って定義することができますが、数字で始まっていて
はいけません（**図10-10**）。

```
$ awk '
> BEGIN{
> var="Welcome to AWk programming"
> print var
> }'
```

図 10-10

　任意の型の変数を定義することができ、どれも同じように使うことができます。
次のように、数値を定義することもできます（**図10-11**）。

```
$ awk '
> BEGIN{
> var1=2
> var2=3
> var3=var1+var2
> print var3
> }'
```

図10-11

次のように、文字列の連結を行うこともできます（**図10-12**）。

```
$ awk '
> BEGIN{
> str1="Welcome "
> str2=" To shell scripting"
> str3=str1 str2
> print str3
> }'
```

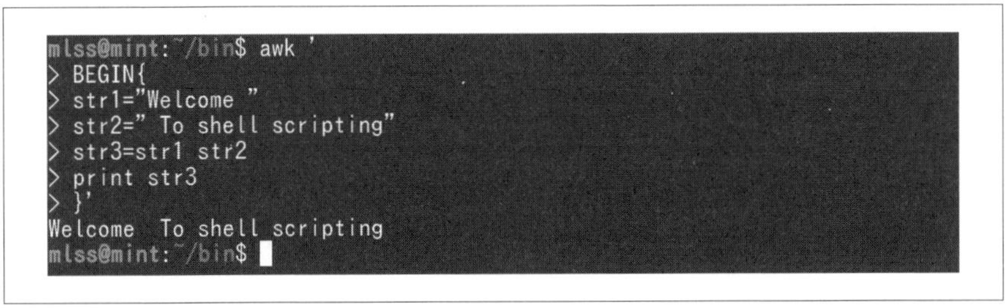

図10-12

おわかりのように、AWK はパワフルなスクリプト言語です。

10.4 条件文

AWK は、if 文や while ループなどの条件文をサポートしています。

10.4.1 if 文

次のようなファイルがあるとします。

```
50
30
80
70
20
90
```

ここで、値をフィルタリングしてみましょう（**図10-13**）。

```
$ awk '{if ($1 > 50) print $1}' myfile
```

```
mlss@mint:~/bin$ awk '{if ($1 > 50) print $1}' myfile
80
70
90
mlss@mint:~/bin$
```

図10-13

この if 文はすべての値をチェックし、もし 50 より大きければ、それを表示します。

次のように else 節を使うこともできます（**図10-14**）。

```
$ awk '{
> if ($1 > 50)
> {
> x = $1 * 2
> print x
> } else
> {
> x = $1 * 3
> print x
> }}' myfile
```

```
mlss@mint:~/bin$ awk '{
> if ($1 > 50)
> {
> x = $1 * 2
> print x
> } else
> {
> x = $1 * 3
> print x
> }}' myfile
150
90
160
140
60
180
mlss@mint:~/bin$ █
```

図 10-14

if 文などで、文を囲むための波括弧 {} を使わない場合は、セミコロンを付けて、同じ行に文を入力することができます。

```
$ awk '{if ($1 > 50) print $1 * 2;  else print $1 * 3}' myfile
```

 コードをファイルに保存し、-f オプションを使ってそれを awk コマンドに割り当てられることに注意してください。これについては、後でこの章で説明します。

10.4.2 while ループ

AWK はファイルのすべての行を処理しますが、それぞれの行のフィールドについて処理を繰り返したい場合は、どうすればよいのでしょうか？

AWK では、while ループを使って、フィールドについて処理を繰り返すことができます。

次のようなファイルがあるとします。

```
321 524 124
174 185 254
195 273 345
```

ここで、while ループを使って、フィールドについて処理を繰り返してみましょう（**図 10-15**）。

```
$ awk '{
> total = 0
> i = 1
> while (i < 4)
> {
> total += $i
> i++
> }
> mean = total / 3
> print "Mean value:",mean
> }' myfile
```

```
mlss@mint:~/bin$ awk '{
> total = 0
> i = 1
> while (i < 4)
> {
> total += $i
> i++
> }
> mean = total / 3
> print "Mean value:",mean
> }' myfile
Mean value: 323
Mean value: 204.333
Mean value: 271
mlss@mint:~/bin$ 
```

図10-15

　この while ループは、フィールドについて処理を繰り返します。ここでは、すべ
ての行について平均値を求め、それを表示しています。

10.4.3　for ループ

　AWK では、次のように for ループを使って、値について処理を繰り返すことがで
きます（**図10-16**）。

```
$ awk '{
> total = 0
> for (var = 1; var < 4; var++)
> {
> total += $var
> }
> mean = total / 3
> print "Mean value:",mean
> }' myfile
```

```
mlss@mint:~/bin$ awk '{
> total = 0
> for (var = 1; var < 4; var++)
> {
> total += $var
> }
> mean = total / 3
> print "Mean value:",mean
> }' myfile
Mean value: 323
Mean value: 204.333
Mean value: 271
mlss@mint:~/bin$
```

図 10-16

今回は for を使って、同じ結果が得られています。

10.5　出力結果の書式設定

　ここまで、出力結果に求めるものが限られていたので、print コマンドを忠実に使ってきました。しかし、たとえばユーザー名、UID、デフォルトのシェルといったものを表示したければ、出力を少しだけ書式設定する必要があります。この場合、形の整った列に出力を整理することができます。書式設定をしなければ、使用するコマンドは次の例のようになります。ここでは、カンマを使って、表示したいフィールドを区切ります。

```
$ awk 'BEGIN { FS=":" } { print $1,$3,$7 }' /etc/passwd
```

BEGIN ブロックを使っているのは、後でそれを利用して、列のヘッダーを表示するためです。

　問題をもう少し理解するために、**図 10-17** を見てください。列の幅が均等ではありません。

```
mlss@mint:~/bin$ awk ' BEGIN { FS=":" } { print $1,$3,$7 } ' /etc/passwd
root 0 /bin/bash
daemon 1 /usr/sbin/nologin
bin 2 /usr/sbin/nologin
sys 3 /usr/sbin/nologin
sync 4 /bin/sync
```

図 10-17

　出力結果における問題は、ユーザー名の長さが均一でないために、列が揃っていないことです。これを改善するには、列の幅を指定できる printf 関数を使います。awk での構文は、次の例のようになります。

```
$ awk 'BEGIN { FS=":" }
> { printf "%10s %4d %20s\n",$1,$3,$7 }' /etc/passwd
```

　printf の書式設定は、二重引用符の中に指定します。また、\n を使って改行を含める必要があります。print 関数と違って、printf 関数は自動的に改行を追加しないからです。ここでは、3 つのフィールドを表示します。最初のフィールドは文字列値を受け付け、10 文字の幅に設定されます。2 番目のフィールドは数値を受け付け、4 文字の幅で表示されます。最後はデフォルトシェルのフィールドで終わり、これは20 文字の幅で表示されます。

　図 10-18 は、出力結果がどのように改善されたかを示しています。

```
mlss@mint:~/bin$ awk ' BEGIN { FS=":" }
> { printf "%10s %4d %20s¥n", $1, $3, $7 } ' /etc/passwd
      root   0             /bin/bash
    daemon   1   /usr/sbin/nologin
       bin   2   /usr/sbin/nologin
       sys   3   /usr/sbin/nologin
      sync   4             /bin/sync
     games   5   /usr/sbin/nologin
       man   6   /usr/sbin/nologin
```

図 10-18

　ヘッダー情報を追加することで、これをさらに拡張できます。次の例は、BEGIN ブロックに追加するヘッダー情報を示しています。セミコロンを使って、BEGIN ブロック内の 2 つの文を区切っています。この段階ではコードが乱雑に見えるかもしれませんが、後で AWK の制御ファイルを使って、これをどのように解決できるかを説明し

ます。

```
$ awk 'BEGIN {FS=":" ;printf "%10s %4s %20s\n","Name","UID","Shell" }
> { printf "%10s %4d %20s\n",$1,$3,$7 }' /etc/passwd
```

図10-19 を見ると、出力結果がさらに改善されたことがわかります。

```
mlss@mint:~/bin$ awk 'BEGIN {FS=":" ;printf "%10s %4s %20s¥n","Name","UID","Shell" }
> { printf "%10s %4d %20s¥n",$1,$3,$7 }' /etc/passwd
      Name UID           Shell
      root  0        /bin/bash
    daemon  1  /usr/sbin/nologin
       bin  2  /usr/sbin/nologin
       sys  3  /usr/sbin/nologin
      sync  4        /bin/sync
```

図10-19

　以前の章で、シェルの中で色を使って出力結果を見やすくできることを学びました。AWKでも、独自の関数を追加するなどして、色を使うことができます。次のコード例を見ると、コードを分離して複雑な操作を容易にするために、独自の関数を定義できることがわかります。前のコードを修正して、ヘッダーの中に緑色の出力を含めるようにします。

```
$ awk 'function green(s) {
> printf "\033[1;32m" s "\033[0m\n"
> }
> BEGIN {FS=":";
> green("   Name:   UID:       Shell:") }
> { printf "%10s %4d %20s\n",$1,$3,$7 }' /etc/passwd
```

awkの中で関数を作成することで、必要なところに色を付けることができます。この例では緑色のテキストを出力しました。その他の色を定義する関数も簡単に作成できます。コードと出力結果を**図10-20**に示します。

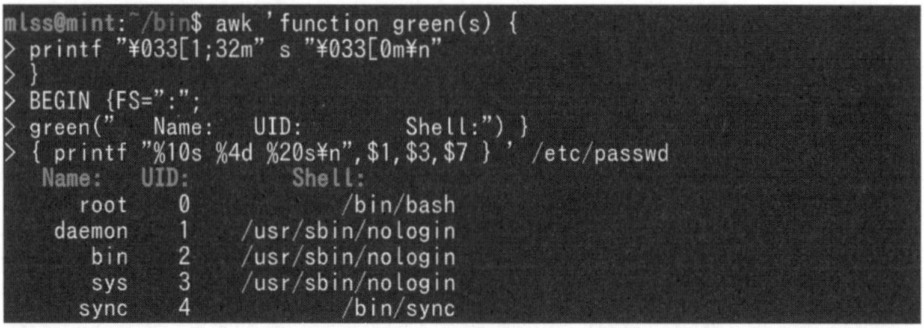

図 10-20

10.6　UIDを使ってユーザー表示をさらに フィルタリングする

　ここまで、AWK のスキルを 1 つ 1 つ高めることができ、学んできたものはどれも役に立つものでした。これらの小さなステップを踏まえて、もう少しだけ実用的なものを作成してみましょう。たとえば、/etc/passwd ファイルから、一般ユーザーだけを表示したいと仮定します。一般ユーザーは、ディストリビューションにもよりますが、たいてい 500 や 1,000 より大きい番号のユーザーです。

　本書のために筆者が使っている Linux Mint ディストリビューションでは、一般ユーザーは、UID が 1000 から始まります。UID は 3 番目のフィールドです。つまり、3 番目のフィールドの値を比較演算子で使うだけの簡単な話です。次の例はこれを示しています。

```
$ awk -F":" '$3 > 999' /etc/passwd
```

　次のコマンドを使うと、UID が 101 より小さいユーザーを表示することができます。

```
$ awk -F":" '$3 < 101' /etc/passwd
```

　これらは、AWK を使ってできることのほんの一部にすぎません。実際には、算術的な比較演算子を使って一日中遊ぶことができます。

　これまで見てきたいくつかの例では、awk 文が少し長くなることがありました。そのような場合には、awk の制御ファイルを実装することができます。構文の泥沼には

まってしまう前に、すぐにこれを見ておきましょう。

10.7　AWKの制御ファイル

　sed と同様に、制御ファイルを作成して取り込むことで、コマンドラインを簡略化できます。また、後でコマンドを編集するのも簡単になります。制御ファイルには、awk に実行させたい文を記述します。sed、awk、シェルスクリプトにおいて考えなければならない重要なことは、モジュール化です。つまり、コードを分離して再利用できるように、再利用可能な要素を作成することです。これにより、時間と労力が節約でき、ほかの作業に費やせる時間が増えます。

　awk の制御ファイルの例を見るために、passwd ファイルの書式設定を再び取り上げます。次のようなファイルを作成することで、awk の文をカプセル化します。

```
function green(s) {
    printf "\033[1;32m" s "\033[0m\n"
}
BEGIN {
    FS=":"
    green("   Name:   UID:       Shell:")
}
{
    printf "%10s %4d %20s\n",$1,$3,$7
}
```

　このファイルを passwd.awk として保存します。

　awk のすべての文を 1 つのファイルに収めることは、とても便利で、実行するのも簡単になります。

```
$ awk -f passwd.awk /etc/passwd
```

　これにより間違いなく、複雑な awk の文が使いやすくなり、より多くの機能をコードに持たせられるようになります。

10.7.1　組み込み関数

　前の例では、green という関数を定義しました。ここでは、awk に用意されている組み込み関数について説明します。

　AWK には、次に示す数学関数のような多くの組み込み関数が用意されていま

す^{†4}。

- sin(x)
- cos(x)
- sqrt(x)
- exp(x)
- log(x)
- rand()

これらは、次のようにして利用できます。

```
$ awk 'BEGIN{x=sqrt(5); print x}'
2.23607
```

また、文字列操作のために利用できる組み込み関数もあります。

```
$ awk 'BEGIN{x = "welcome"; print toupper(x)}'
WELCOME
```

10.8　まとめ

　AWK ツールをどのような目的で利用できるかについて、よりよく、はっきりと理解できたことを願っています。AWK は、テキストファイルを 1 行ずつ読み込み、あなたが作成したコードを処理するデータ処理ツールです。メインブロックのコードは、行の基準にマッチするそれぞれの行に対して実行され、BEGIN ブロックと END ブロックのコードは一度だけ実行されます。

　AWK の組み込み変数の使い方と、独自の変数の定義方法および使い方も学びました。

　また、データフィールドについて処理を繰り返すための while ループや for ループ、さらには if の使い方も学びました。

　次の章では、正規表現について議論し、それらを sed や awk で大いに活用する方法を学びます。

---

†4　訳注：このほかの組み込み関数については man gawk で Numeric Functions、String Functions 等のセクションを参照してください。

10.9 練習問題

10-1 次のコマンドの出力結果は、どのようなものでしょうか？

```
$ awk '
> BEGIN{
> var="I love AWK tool"
> print $var
> }'
```

10-2 次のようなファイルがあるとします。

```
13
15
22
18
35
27
```

このファイルに対して次のコマンドを実行すると、

```
$ awk '{if ($1 > 30) print $2}' myfile
```

いくつの数字が表示されるでしょうか？

10-3 次のようなファイルがあるとします。

```
135 325 142
215 325 152
147 254 327
```

そして、次のコマンドを実行します。

```
$ awk '{
> total = 0
> i = 1
> while (i < 3)
> {
> total += $i
> i++
> }
> mean = total / 3
> print "Mean value:",mean
> }' myfile
```

このコードはどこが間違っているでしょうか？

10-4 次のコマンドから、いくつの行が表示されるでしょうか？

```
$ awk -F":" '$3 < 1' /etc/passwd
```

11章
正規表現

この章では、ストリームエディター（sed）や AWK を使ううえで最も謎めいた部分について取り上げます。それは正規表現（regular expression：略して regex）です。これまでの章では、いくつかの正規表現について軽く触れる程度でしたが、それは、十分に理解せずに掘り下げることは避けたかったからです。

正規表現の書き方を理解すれば、多くの時間と労力を節約できます。正規表現を使うと、sed や AWK の背後にある真の力を解き放つことができ、それらを専門的に使えるようになります。

この章では、以下のテーマを扱います。

- 正規表現エンジン
- BRE パターンの定義
- ERE パターンの定義
- grep の使用

11.1　正規表現エンジン

そもそも、正規表現とは何でしょうか？

正規表現とは、特定のテキストにマッチさせるために正規表現エンジンが解釈する文字列のことです。これは、より進んだ検索方法のようなものです。

たとえば、あるファイルから、任意の小文字で始まる行、数字を含んでいる行、特定のテキストで始まる行を検索したいとします。通常の検索では、そのような総称的な検索はできません。唯一の方法は、正規表現を使うことです。

では、正規表現エンジンとは何でしょうか？

正規表現エンジンは、これらの文字列を理解し、それらを解釈して、マッチするテキストを検索するソフトウェアです。

世の中には多くの正規表現エンジンがあります。たとえば、Java、Perl、Pythonなどのプログラミング言語に標準装備されている正規表現エンジンも、その 1 つです。また、sed と AWK のようなツールでも正規表現エンジンを使用しており、私たちにとって重要なのは、Linux での正規表現エンジンの種類を知ることです。

Linux には、次の 2 種類の正規表現エンジンがあります。

- 基本正規表現（**BRE**：Basic Regular Expression）エンジン
- 拡張正規表現（**ERE**：Extended Regular Expression）エンジン

sed や AWK などのほとんどの Linux バイナリーは、両方のエンジンを使用できます[1]。

grep は ERE も理解できますが、-E オプションを使う必要があります。これはegrep を使うことと同じです。

この章では、sed や AWK のための正規表現パターンの定義方法を説明します。まず、BRE パターンを定義することから始めましょう。

11.2　BRE パターンの定義

正規表現パターンを定義するには、たとえば次のように入力します（**図11-1**）。

```
$ echo "Welcome to shell scripting" | sed -n '/shell/p'
$ echo "Welcome to shell scripting" | awk '/shell/{print $0}'
```

図 11-1

---

[1]　訳注：Linux 向けの C 言語ランタイムライブラリである GNU C Library（glibc、https://www.gnu.org/software/libc/）で基本正規表現と拡張正規表現の機能が提供されています。

　正規表現パターンについて知っておかなければならない重要なことは、大文字と小文字が区別されることです（**図11-2**）。

```
$ echo "Welcome to shell scripting" | awk '/shell/{print $0}'
$ echo "Welcome to SHELL scripting" | awk '/shell/{print $0}'
```

```
mlss@mint:~/bin$ echo "Welcome to shell scripting" | awk '/shell/{print $0}'
Welcome to shell scripting
mlss@mint:~/bin$ echo "Welcome to SHELL scripting" | awk '/shell/{print $0}'
mlss@mint:~/bin$
```

図11-2

次のいずれかの文字にマッチさせたい場合は、

　. * [ ] ^ $ { } \ + ? | ( )

これらは正規表現エンジンにとって特別な文字なので、バックスラッシュ（\）を使ってエスケープする必要があります。

　これで、BRE パターンの定義方法がわかりました。次に、よく使われる BRE 文字を使ってみましょう。

11.2.1　アンカー文字

　アンカー文字は、行の先頭または末尾にマッチさせるために使われます。アンカー文字には、キャレット（^）とドル記号（$）の 2 つがあります。
　キャレットは、行の先頭にマッチさせるために使われます（**図11-3**）。

```
$ echo "Welcome to shell scripting" | awk '/^Welcome/{print $0}'
$ echo "SHELL scripting" | awk '/^Welcome/{print $0}'
$ echo "Welcome to shell scripting" | sed -n '/^Welcome/p'
```

```
mlss@mint:~/bin$ echo "Welcome to shell scripting" | awk '/^Welcome/{print $0}'
Welcome to shell scripting
mlss@mint:~/bin$ echo "SHELL scripting" | awk '/^Welcome/{print $0}'
mlss@mint:~/bin$ echo "Welcome to shell scripting" | sed -n '/^Welcome/p'
Welcome to shell scripting
mlss@mint:~/bin$
```

図11-3

したがって、キャレットは、指定したテキストが行の先頭にあるかどうかをチェックするために使われます。

AWKを使っていて、キャレットを文字として検索したい場合は、バックスラッシュを使ってエスケープする必要があります。

ただし、sedを使っている場合は、エスケープする必要はありません（**図11-4**）[2]。

```
$ echo "Welcome ^ is a test" | awk '/\^/{print $0}'
$ echo "Welcome ^ to shell scripting" | sed -n '/^/p'
```

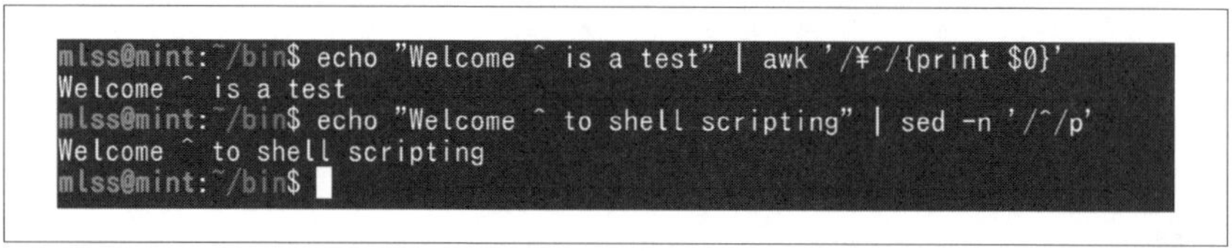

図11-4

テキストの末尾にマッチさせるには、ドル記号の文字（$）を使います（**図11-5**）。

```
$ echo "Welcome to shell scripting" | awk '/scripting$/{print $0}'
$ echo "Welcome to shell scripting" | sed -n '/scripting$/p'
```

図11-5

同じパターンの中で、^と$の両方の文字を使ってテキストを指定することもできます。

これらの文字を使うと、たとえば空の行を検索して削除するなど、実用的なことが行えるようになります。

```
$ awk '!/^$/{print $0}' myfile
```

---

[2] 訳注：検索パターンを /Welcome ^/ とした場合に AWK ではマッチせず sed ではマッチすることも確認してみてください。

感嘆符（!）は否定文字と呼ばれ、その後にあるものを否定します。

このパターンは^\$を検索します。キャレット（^）は行の先頭を表し、ドル記号（\$）は行の末尾を表すので、これは先頭と末尾の間に何もない行、すなわち空の行を検索することを意味します。その後で、感嘆符（!）を使ってそれを否定し、その他の空でない行を取得します。

これを次のファイルに適用してみましょう。

```
Lorem Ipsum is simply dummy text .

Lorem Ipsum has been the industry's standard dummy.
It has survived not only five centuries

It is a long established fact that a reader will be distracted.
```

では、マジックを見てみましょう（**図11-6**）。

```
$ awk '!/^$/{print $0}' myfile
```

```
mlss@mint:~/bin$ awk '!/^$/{print $0}' myfile
Lorem Ipsum is simply dummy text .
Lorem Ipsum has been the industry's standard dummy.
It has survived not only five centuries
It is a long established fact that a reader will be distracted.
mlss@mint:~/bin$
```

図11-6

空の行以外の行が表示されています。

11.2.2　ドット文字

ドット文字（.）は、改行（\n）以外の任意の文字にマッチします。次のファイルに対して、これを使ってみましょう。

```
Welcome to shell scripting.
I love shell scripting.
shell scripting is awesome.
```

たとえば、次のコマンドを使うとします。

```
$ awk '/.sh/{print $0}' myfile
$ sed -n '/.sh/p' myfile
```

このパターンは、任意の文字の後に sh を含んでいる行にマッチします（**図11-7**）。

```
mlss@mint:~/bin$ awk '/.sh/{print $0}' myfile
Welcome to shell scripting.
I love shell scripting.
mlss@mint:~/bin$ sed -n '/.sh/p' myfile
Welcome to shell scripting.
I love shell scripting.
mlss@mint:~/bin$ █
```

図11-7

　見てわかるように、最初の2行だけにマッチします。3行目は sh で始まっている
ため、マッチするものがないからです。

11.2.3　文字クラス

　ドット文字を使って任意の文字にマッチさせる方法を見ましたが、特定のいくつか
の文字だけにマッチさせたい場合は、どうすればよいのでしょうか？

　マッチさせたい文字を角括弧 [] の間に記述します。これが文字クラスです。

　例として次のファイルを取り上げます。

```
I love bash scripting.
I hope it works without a crash.
Or I'll smash it.
```

文字クラスがどのように機能するかを見てみましょう（**図11-8**）。

```
$ awk '/[mbr]ash/{print $0}' myfile
$ sed -n '/[mbr]ash/p' myfile
```

```
mlss@mint:~/bin$ awk '/[mbr]ash/{print $0}' myfile
I love bash scripting.
I hope it works without a crash.
Or I'll smash it.
mlss@mint:~/bin$ sed -n '/[mbr]ash/p' myfile
I love bash scripting.
I hope it works without a crash.
Or I'll smash it.
mlss@mint:~/bin$
```

図11-8

文字クラス [mbr] は、それに含まれている文字のいずれかにマッチします。その
文字の後に ash を含んでいる行にマッチするので、これは3つの行にマッチします。

次のように、大文字または小文字にマッチさせるなど、便利に使うことができます。

```
$ echo "Welcome to shell scripting" | awk '/^[Ww]elcome/{print $0}'
$ echo "welcome to shell scripting" | awk '/^[Ww]elcome/{print $0}'
```

次のように、キャレットを使って、文字クラスを否定することができます（**図11-9**）。

```
$ awk '/[^br]ash/{print $0}' myfile
```

```
mlss@mint:~/bin$ awk '/[^br]ash/{print $0}' myfile
Or I'll smash it.
mlss@mint:~/bin$
```

図11-9

この場合、b と r 以外の文字の後に ash を含んでいる行がマッチします。

角括弧の外で使われるキャレット（^）と混同しないようにしてください。角括
弧の外で使うと、行の先頭を意味することを思い出してください。

文字クラスを使って文字を指定する方法はわかりました。では、広い範囲の文字を
指定したい場合は、どうすればよいのでしょうか？

11.2.4 一連の文字

次のようにして、マッチさせたい一連の文字を、角括弧の間に指定することができます。

```
[a-d]
```

これは、a から d までの範囲の文字を意味するので、a、b、c、d が含まれます。前と同じサンプルファイルを使ってみましょう（**図11-10**）。

```
$ awk '/[a-m]ash/{print $0}' myfile
$ sed -n '/[a-m]ash/p' myfile
```

図 11-10

a から m までの範囲の文字が選択されます。2 番目の行は ash の前に r を含んでいて、これは範囲内にないので、2 番目の行だけはマッチしません。
同様に、数字の範囲を使うこともできます。

```
$ awk '/[0-9]/'
```

このパターンは、0 から 9 までがマッチすることを意味します。
同じ角括弧の中に、複数の範囲を書くことができます（**図11-11**）。

```
$ awk '/[d-hm-z]ash/{print $0}' myfile
$ sed -n '/[d-hm-z]ash/p' myfile
```

```
mlss@mint:~/bin$ awk '/[d-hm-z]ash/{print $0}' myfile
I hope it works without a crash.
Or I'll smash it.
mlss@mint:~/bin$ sed -n '/[d-hm-z]ash/p' myfile
I hope it works without a crash.
Or I'll smash it.
mlss@mint:~/bin$ █
```

図 11-11

　このパターンでは、d から h までと m から z までが選択されます。最初の行は ash
の前に b を含んでいるので、最初の行だけはマッチしません。
　次のように範囲を使って、すべての大文字と小文字を選択することができます。

```
$ awk '/[a-zA-Z]/'
```

11.2.5　特殊文字クラス

　文字クラスを使って特定の文字セットにマッチさせる方法を学び、さらに文字範囲
を使って一連の文字にマッチさせる方法を学びました。
　実は BRE エンジンでは、よく使われる文字セットにマッチさせるための、すぐに
使えるクラスが用意されています（**表11-1**）。

表 11-1　特殊文字クラス

文字セット	説明
[[:alpha:]]	任意のアルファベットにマッチ
[[:upper:]]	A〜Z の大文字だけにマッチ
[[:lower:]]	a〜z の小文字だけにマッチ
[[:alnum:]]	0〜9、A〜Z、a〜z にマッチ
[[:blank:]]	スペースまたはタブだけにマッチ
[[:space:]]	任意の空白文字（スペース、タブ、CR など）にマッチ
[[:digit:]]	0〜9 の数字だけにマッチ
[[:print:]]	任意の印字可能文字にマッチ
[[:punct:]]	任意の句読文字にマッチ

　したがって、大文字にマッチさせたければ、[[:upper:]] を使うことができます。
これは、文字範囲 [A-Z] とまったく同じ働きをします。
　次のサンプルファイルに対して、このうちの1つをテストしてみましょう。

```
checking special character classes.
This LINE contains upper case.
ALSO this one.
```

動作を確かめるために、大文字にマッチさせます（**図11-12**）。

```
$ awk '/[[:upper:]]/{print $0}' myfile
$ sed -n '/[[:upper:]]/p' myfile
```

```
mlss@mint:~/bin$ awk '/[[:upper:]]/{print $0}' myfile
This LINE contains upper case.
ALSO this one.
mlss@mint:~/bin$ sed -n '/[[:upper:]]/p' myfile
This LINE contains upper case.
ALSO this one.
mlss@mint:~/bin$
```

図 11-12

　大文字の特殊文字クラスを使うと、大文字を含んでいる行に容易にマッチさせることができます。

11.2.6　アスタリスク

　アスタリスク（*）は、ある文字や文字クラスが 0 個以上存在するものにマッチさせるために使われます。

　これは、複数のバリエーションを持つ単語やスペルの間違った単語を検索する場合に役立ちます（**図11-13**）。

```
$ echo "Checking colors" | awk '/colou*rs/{print $0}'
$ echo "Checking colours" | awk '/colou*rs/{print $0}'
```

```
mlss@mint:~/bin$ echo "Checking colors" | awk '/colou*rs/{print $0}'
Checking colors
mlss@mint:~/bin$ echo "Checking colours" | awk '/colou*rs/{print $0}'
Checking colours
mlss@mint:~/bin$
```

図 11-13

　u という文字があってもなくても、このパターンにマッチします。

　アスタリスク文字をドット文字と一緒に使って、任意の数の文字にマッチさせることで、この文字の大きなメリットが得られます。

　次のサンプルファイルに対して、アスタリスクをどのように使うか見てみましょう。

```
This is a sample line
And this is another one
This is one more
Finally, the last line is this
```

　this という単語とその後に 0 個以上の任意の文字を含む行にマッチさせるパターンを書いてみましょう（**図11-14**）。

```
$ awk '/this.*/{print $0}' myfile
$ sed -n '/ this.*/p' myfile
```

図 11-14

　2 番目と 4 番目の行は this という単語を含んでいますが、1 番目と 3 番目の行は大文字の T を含んでいるので、これらはマッチしません。

　2 番目の行は this の後に文字を含んでいますが、4 番目の行は this の後に何も含んでいません。どちらの場合も、アスタリスクは 0 個以上の文字にマッチします。

　アスタリスクを文字クラスと一緒に使うと、文字クラス内の任意の文字が 0 個以上存在するものにマッチさせることができます（**図11-15**）。

```
$ echo "toot" | awk '/t[aeor]*t/{print $0}'
$ echo "tent" | awk '/t[aeor]*t/{print $0}'
$ echo "tart" | awk '/t[aeor]*t/{print $0}'
```

```
mlss@mint:~/bin$ echo "toot" | awk '/t[aeor]*t/{print $0}'
toot
mlss@mint:~/bin$ echo "tent" | awk '/t[aeor]*t/{print $0}'
mlss@mint:~/bin$ echo "tart" | awk '/t[aeor]*t/{print $0}'
tart
mlss@mint:~/bin$
```

図 11-15

　最初の行は、o という文字を 2 個含んでいるのでマッチします。

　2 番目の行は n という文字を含んでおり、これは文字クラスの中にないのでマッチしません。

　3 番目の行は a と r を 1 つずつ含んでおり、それらは文字クラスの中にあるので、この行もパターンにマッチします。

11.3　ERE パターンの定義

　BRE パターンを定義することがいかに簡単かを見てきました。次に、よりパワフルな ERE パターンについて見てみましょう。

　ERE エンジンは、BRE パターンのほかに次のパターンを理解します。

- 疑問符
- プラス記号
- 波括弧
- パイプ文字
- 正規表現のグループ化

　デフォルトでは、AWK は ERE パターンをサポートしており、sed は ERE パターンを理解するために -r オプションを必要とします。

11.3.1　疑問符

　疑問符（?）は、前の文字または文字クラスが 0 個または 1 個のみ存在するものにマッチします（**図 11-16**）。

```
$ echo "tt" | awk '/to?t/{print $0}'
$ echo "tot" | awk '/to?t/{print $0}'
$ echo "toot" | awk '/to?t/{print $0}'
$ echo "tt" | sed -r -n '/to?t/p'
$ echo "tot" | sed -r -n '/to?t/p'
$ echo "toot" | sed -r -n '/to?t/p'
```

```
mlss@mint:~/bin$ echo "tt" | awk '/to?t/{print $0}'
tt
mlss@mint:~/bin$ echo "tot" | awk '/to?t/{print $0}'
tot
mlss@mint:~/bin$ echo "toot" | awk '/to?t/{print $0}'
mlss@mint:~/bin$ echo "tt" | sed -r -n '/to?t/p'
tt
mlss@mint:~/bin$ echo "tot" | sed -r -n '/to?t/p'
tot
mlss@mint:~/bin$ echo "toot" | sed -r -n '/to?t/p'
mlss@mint:~/bin$
```

図 11-16

最初の 2 つの例では、o という文字が 0 個および 1 個存在します。これに対して、3 番目の例では 2 個存在するため、パターンにマッチしません。

以前の例と同様に、疑問符を文字クラスと一緒に使うことができます（**図 11-17**）。

```
$ echo "tt" | awk '/t[oa]?t/{print $0}'
$ echo "tot" | awk '/t[oa]?t/{print $0}'
$ echo "toot" | awk '/t[oa]?t/{print $0}'
$ echo "tt" | sed -r -n '/t[oa]?t/p'
$ echo "tot" | sed -r -n '/t[oa]?t/p'
$ echo "toot" | sed -r -n '/t[oa]?t/p'
```

```
mlss@mint:~/bin$ echo "tt" | awk '/t[oa]?t/{print $0}'
tt
mlss@mint:~/bin$ echo "tot" | awk '/t[oa]?t/{print $0}'
tot
mlss@mint:~/bin$ echo "toot" | awk '/t[oa]?t/{print $0}'
mlss@mint:~/bin$ echo "tt" | sed -r -n '/t[oa]?t/p'
tt
mlss@mint:~/bin$ echo "tot" | sed -r -n '/t[oa]?t/p'
tot
mlss@mint:~/bin$ echo "toot" | sed -r -n '/t[oa]?t/p'
mlss@mint:~/bin$
```

図 11-17

3番目の例だけは、o という文字を2個含んでいるので、マッチしません。

　疑問符を文字クラスと一緒に使う場合は、文字クラス内のすべての文字がテキストに含まれている必要はないことに注意してください。パターンに合格するには、1つで十分です。

11.3.2　プラス記号

　プラス記号（+）は、前の文字または文字クラスが1個以上存在するものにマッチします。少なくとも1つは存在していなければなりません（**図11-18**）。

```
$ echo "tt" | awk '/to+t/{print $0}'
$ echo "tot" | awk '/to+t/{print $0}'
$ echo "toot" | awk '/to+t/{print $0}'
$ echo "tt" | sed -r -n '/to+t/p'
$ echo "tot" | sed -r -n '/to+t/p'
$ echo "toot" | sed -r -n '/to+t/p'
```

```
mlss@mint:~/bin$ echo "tt" | awk '/to+t/{print $0}'
mlss@mint:~/bin$ echo "tot" | awk '/to+t/{print $0}'
tot
mlss@mint:~/bin$ echo "toot" | awk '/to+t/{print $0}'
toot
mlss@mint:~/bin$ echo "tt" | sed -r -n '/to+t/p'
mlss@mint:~/bin$ echo "tot" | sed -r -n '/to+t/p'
tot
mlss@mint:~/bin$ echo "toot" | sed -r -n '/to+t/p'
toot
mlss@mint:~/bin$
```

図11-18

　最初の例は o という文字を含んでいないので、マッチしません。

　前の例と同様に、プラス記号を文字クラスと一緒に使うことができます（**図11-19**）。

```
$ echo "tt" | awk '/t[oa]+t/{print $0}'
$ echo "tot" | awk '/t[oa]+t/{print $0}'
$ echo "toot" | awk '/t[oa]+t/{print $0}'
$ echo "tt" | sed -r -n '/t[oa]+t/p'
$ echo "tot" | sed -r -n '/t[oa]+t/p'
$ echo "toot" | sed -r -n '/t[oa]+t/p'
```

```
mlss@mint:~/bin$ echo "tt" | awk '/t[oa]+t/{print $0}'
mlss@mint:~/bin$ echo "tot" | awk '/t[oa]+t/{print $0}'
tot
mlss@mint:~/bin$ echo "toot" | awk '/t[oa]+t/{print $0}'
toot
mlss@mint:~/bin$ echo "tt" | sed -r -n '/t[oa]+t/p'
mlss@mint:~/bin$ echo "tot" | sed -r -n '/t[oa]+t/p'
tot
mlss@mint:~/bin$ echo "toot" | sed -r -n '/t[oa]+t/p'
toot
mlss@mint:~/bin$ █
```

図 11-19

最初の例だけは、o も a も含んでいないので、マッチしません。

11.3.3　波括弧

波括弧 {} は、前の文字または文字クラスが存在する数を定義します（**図11-20**）。

```
$ echo "tt" | awk '/to{1}t/{print $0}'
$ echo "tot" | awk '/to{1}t/{print $0}'
$ echo "toot" | awk '/to{1}t/{print $0}'
$ echo "tt" | sed -r -n '/to{1}t/p'
$ echo "tot" | sed -r -n '/to{1}t/p'
$ echo "toot" | sed -r -n '/to{1}t/p'
```

```
mlss@mint:~/bin$ echo "tt" | awk '/to{1}t/{print $0}'
mlss@mint:~/bin$ echo "tot" | awk '/to{1}t/{print $0}'
tot
mlss@mint:~/bin$ echo "toot" | awk '/to{1}t/{print $0}'
mlss@mint:~/bin$ echo "tt" | sed -r -n '/to{1}t/p'
mlss@mint:~/bin$ echo "tot" | sed -r -n '/to{1}t/p'
tot
mlss@mint:~/bin$ echo "toot" | sed -r -n '/to{1}t/p'
mlss@mint:~/bin$ █
```

図 11-20

　最初の例は o という文字を含んでおらず、3 番目の例は o が 2 個存在しているので、どちらもマッチしません。より柔軟な数を指定したい場合は、どうしたらよいでしょうか？

　波括弧の中に、数の範囲を指定することができます（**図11-21**）。

```
$ echo "toot" | awk '/to{1,2}t/{print $0}'
$ echo "toot" | sed -r -n '/to{1,2}t/p'
```

```
mlss@mint:~/bin$ echo "toot" | awk '/to{1,2}t/{print $0}'
toot
mlss@mint:~/bin$ echo "toot" | sed -r -n '/to{1,2}t/p'
toot
mlss@mint:~/bin$
```

図 11-21

この例では、o という文字が 1 個または 2 個存在する場合に、マッチします。
今までの例と同様に、波括弧を文字クラスと一緒に使うことができます（**図11-22**）。

```
$ echo "tt" | awk '/t[oa]{1}t/{print $0}'
$ echo "tot" | awk '/t[oa]{1}t/{print $0}'
$ echo "toot" | awk '/t[oa]{1}t/{print $0}'
$ echo "tt" | sed -r -n '/t[oa]{1}t/p'
$ echo "tot" | sed -r -n '/t[oa]{1}t/p'
$ echo "toot" | sed -r -n '/t[oa]{1}t/p'
```

```
mlss@mint:~/bin$ echo "tt" | awk '/t[oa]{1}t/{print $0}'
mlss@mint:~/bin$ echo "tot" | awk '/t[oa]{1}t/{print $0}'
tot
mlss@mint:~/bin$ echo "toot" | awk '/t[oa]{1}t/{print $0}'
mlss@mint:~/bin$ echo "tt" | sed -r -n '/t[oa]{1}t/p'
mlss@mint:~/bin$ echo "tot" | sed -r -n '/t[oa]{1}t/p'
tot
mlss@mint:~/bin$ echo "toot" | sed -r -n '/t[oa]{1}t/p'
mlss@mint:~/bin$
```

図 11-22

予想どおり、[oa] のいずれかの文字が 1 個存在すれば、パターンはマッチします。

11.3.4　パイプ文字

パイプ文字（|）は、正規表現エンジンに対して、渡された文字列のいずれかにマッチさせるよう指示します。したがって、それらのうちの 1 つが存在すれば、パターンはマッチします。これは、渡された文字列の間での論理 OR に似ています（**図11-23**）。

```
$ echo "welcome to shell scripting" | awk '/Linux|bash|shell/{print $0}'
$ echo "welcome to bash scripting" | awk '/Linux|bash|shell/{print $0}'
$ echo "welcome to Linux scripting" | awk '/Linux|bash|shell/{print $0}'
$ echo "welcome to shell scripting" | sed -r -n '/Linux|bash|shell/p'
$ echo "welcome to bash scripting" | sed -r -n '/Linux|bash|shell/p'
$ echo "welcome to Linux scripting" | sed -r -n '/Linux|bash|shell/p'
```

```
mlss@mint:~/bin$ echo "welcome to shell scripting" | awk '/Linux|bash|sh
ell/{print $0}'
welcome to shell scripting
mlss@mint:~/bin$ echo "welcome to bash scripting" | awk '/Linux|bash|she
ll/{print $0}'
welcome to bash scripting
mlss@mint:~/bin$ echo "welcome to Linux scripting" | awk '/Linux|bash|sh
ell/{print $0}'
welcome to Linux scripting
mlss@mint:~/bin$ echo "welcome to shell scripting" | sed -r -n '/Linux|b
ash|shell/p'
welcome to shell scripting
mlss@mint:~/bin$ echo "welcome to bash scripting" | sed -r -n '/Linux|ba
sh|shell/p'
welcome to bash scripting
mlss@mint:~/bin$ echo "welcome to Linux scripting" | sed -r -n '/Linux|b
ash|shell/p'
welcome to Linux scripting
mlss@mint:~/bin$
```

図 11-23

すべての例が、マッチするものを含んでいます。それぞれの例の中に、3つの単語
のいずれかが存在しているからです

パイプ文字と単語の間には、**スペースを入れません。**

11.3.5 正規表現のグループ化

丸括弧 ( ) を使って文字や単語をグループ化し、正規表現エンジンの視点からする
と、それらが1つに見えるようにすることができます（**図11-24**）。

```
$ echo "welcome to shell scripting" | awk '/(shell scripting)/{print $0}'
$ echo "welcome to bash scripting" | awk '/(shell scripting)/{print $0}'
$ echo "welcome to shell scripting" | sed -r -n '/(shell scripting)/p'
$ echo "welcome to bash scripting" | sed -r -n '/(shell scripting)/p'
```

```
mlss@mint:~/bin$ echo "welcome to shell scripting" | awk '/(shell script
ing)/{print $0}'
welcome to shell scripting
mlss@mint:~/bin$ echo "welcome to bash scripting" | awk '/(shell scripti
ng)/{print $0}'
mlss@mint:~/bin$ echo "welcome to shell scripting" | sed -r -n '/(shell
scripting)/p'
welcome to shell scripting
mlss@mint:~/bin$ echo "welcome to bash scripting" | sed -r -n '/(shell s
cripting)/p'
mlss@mint:~/bin$
```

図11-24

　shell scripting という文字列は、丸括弧を使ってグループ化されているので、
1つのものとして扱われます。

　したがって、この文字列全体が存在しない場合、パターンはマッチしません。

　お気づきかもしれませんが、次のように丸括弧なしでも、同じ結果を得ることがで
きます。

```
$ echo "welcome to shell scripting" | sed -r -n '/shell scripting/p'
```

　では、丸括弧、すなわち正規表現のグループ化を使うことのメリットは何でしょう
か？ その違いを知るために、次の例を見てください。

　グループ化の丸括弧と一緒に、ERE の任意の文字を使うことができます
（**図11-25**）。

```
$ echo "welcome to shell scripting" | awk '/(bash scripting)?/{print $0}'
$ echo "welcome to shell scripting" | awk '/(bash scripting)+/{print $0}'
$ echo "welcome to shell scripting" | sed -r -n '/(bash scripting)?/p'
$ echo "welcome to shell scripting" | sed -r -n '/(bash scripting)+/p'
```

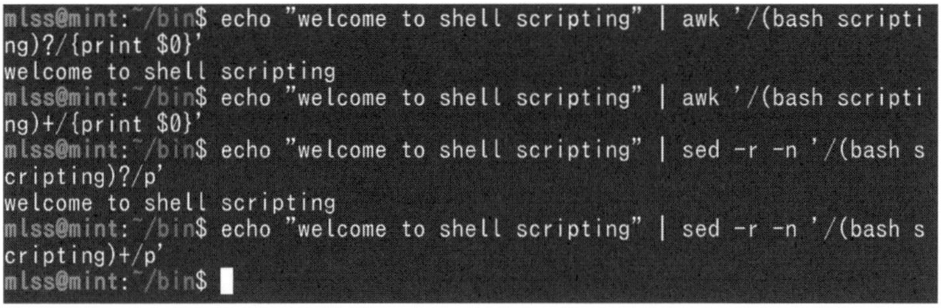

図 11-25

　最初の例では、疑問符を使って、bash scripting という文字列全体が 0 個または 1 個存在するものを検索します。そのような文字列は存在しないので（0 個なので）、パターンはマッチします。

　正規表現のグループ化がなければ、同じ結果は得られません。

11.4　grep の使用

　grep についてきちんと話すとすれば、本 1 冊でも足りないでしょう。grep は、BRE や ERE のほかに、数多くのエンジンをサポートしています。**Perl 互換正規表現**（Perl-compatible regular expression：PCRE）のようなエンジンもサポートしています[†3]。

　grep は、ほとんどのシステム管理者が毎日のように使っている、非常に強力なツールです。sed や AWK のときと同様に、BRE パターンや ERE パターンを使用するポイントだけを説明します。

　grep ツールは、デフォルトでは BRE パターンを理解します。ERE パターンを使いたい場合は、-E オプションを使います。

　次のサンプルファイルに対して、BRE パターンを使ってみましょう。

[†3]　訳注：PCRE の機能は PCRE library（https://www.pcre.org/）によって提供されており、\d（数字：[0-9]）、\w（英数字とアンダースコア：[0-9A-Za-z_]）などの文字クラスの記法を使用できます。PCRE の記法の詳細は man pcrepattern で参照してください。主要な Linux ディストリビューションの grep コマンドである GNU grep では -P オプションで PCRE を使用できます。BSD 系の OS では NetBSD の grep コマンドは GNU grep ですが、FreeBSD と OpenBSD の grep コマンドは GNU grep とは異なる grep コマンドの実装（BSD grep）で PCRE はサポートされていません。macOS の grep コマンドは FreeBSD 由来のものでこちらも PCRE はサポートされていません。

```
Welcome to shell scripting.
love shell scripting.
shell scripting is awesome.
```

次のように BRE パターンをテストします（**図11-26**）。

```
$ grep '.sh' myfile
```

```
mlss@mint:~/bin$ grep '.sh' myfile
Welcome to shell scripting.
love shell scripting.
mlss@mint:~/bin$ █
```

図11-26

結果が赤色で表示されます。

次に ERE パターンをテストします（**図11-27**）。

```
$ grep -E 'to+' myfile
```

```
mlss@mint:~/bin$ grep -E 'to+' myfile
Welcome to shell scripting.
mlss@mint:~/bin$ █
```

図11-27

ERE のその他のすべての文字も、同じように使うことができます。

11.5　まとめ

この章では、正規表現と、正規表現エンジンの BRE および ERE について説明しました。それらのエンジンのために、パターンをどのように定義するかを学びました。

正規表現パターンを、sed、AWK、grep のために書く方法も学びました。

また、特殊文字クラスによって、文字セットに簡単にマッチさせられることを学びました。

強力な ERE パターンの使い方と正規表現のグループ化の方法を学びました。

最後に、grep ツールの使い方と、BRE パターンと ERE パターンの定義方法を学びました。

次の 2 つの章では、AWK のための実用的な例を見ることにします。

11.6 練習問題

11-1 次のようなファイルがあるとします。

```
Welcome to shell scripting.
I love shell scripting.
shell scripting is awesome.
```

次のコマンドを実行したとすると、

```
$ awk '/awesome$/{print $0}' myfile
```

いくつの行が出力されるでしょうか？

11-2 前のファイルに対して次のコマンドを使ったとしたら、いくつの行が出力されるでしょうか？

```
$ awk '/scripting\..*/{print $0}' myfile
```

11-3 前のサンプルファイルに対して次のコマンドを使ったとしたら、いくつの行が出力されるでしょうか？

```
$ awk '/^[Ww]?/{print $0}' myfile
```

11-4 次のコマンドの出力結果は、どのようなものでしょうか？

```
$ echo "welcome to shell scripting" | sed -n
'/Linux|bash|shell/p'
```

12章
AWKを使ったログの集約

前の章では、正規表現について説明し、それを使って sed や AWK をパワーアップさせる方法を学びました。この章では、AWK を使った実用的なサンプルを解説します。

AWK が得意とする作業の1つが、ログファイルからデータをフィルタリングすることです。ログファイルには非常に多くの行が含まれていることが多く、250,000 行以上にもなる場合があります。筆者も 100 万行以上のデータを扱ったことがあります。AWK は、これらの行を素早く効率的に処理することができます。この章では、例として、30,000 行に及ぶ Web サーバーのアクセスログを取り上げ、AWK コードがいかに効率的であるか、またそのようなコードをどのように作成できるかを示します。読み進めていく中で、別のログファイルも取り上げ、awk コマンドと AWK プログラミング言語で利用できるテクニックを紹介します。これらは、サービスの管理やレポート作成に役立ちます。この章では、以下のテーマを扱います。

- HTTP ログファイルのフォーマット
- Web ログからのデータの表示
- 最もランキングの高い IP アドレスの表示
- ブラウザーデータの表示
- E メールログの処理

12.1　HTTPログファイルのフォーマット

どのようなファイルを扱う場合でも、最初の作業はファイルの構造を理解することです。簡単に言えば、フィールドを区切るために何が使われているか、それぞれの

フィールドが何を表しているかを知る必要があります。ここでは、Apache HTTP Web サーバーのアクセスログファイルを取り上げます。このログファイルの場所は、`httpd.conf` ファイルによって管理されます。Linux Mint などの Debian 系の Linux ディストリビューションでのデフォルトの場所は、`/var/log/apache2/access.log` です。他のシステムでは、apache2 の代わりに httpd ディレクトリーが使われることもあります[†1]。

この `log` ファイルは本書のサポートサイトからダウンロードして、そのまま使うことができます。

`tail` コマンドを使うと、`log` ファイルの最後の数行を表示できます。ただし、公平のために言うと、インストールして間もないログファイルには少しの行しか含まれていないので、`cat` を使っても同じようにできます。

```
$ sudo tail /var/log/apache2/access.log
```

図12-1 は、このコマンドの出力結果の一部、つまりファイルの内容を示しています。

```
mlss@mint:~$ sudo tail /var/log/apache2/access.log
123.200.139.166 - - [11/Sep/2014:23:58:57 +0100] "GET /favicon.ico HTTP/1.1" 404
1319 "-" "Mozilla/5.0 (Windows NT 6.1; Win64; x64; rv:24.7) Gecko/20140802 Fire
fox/24.7 PaleMoon/24.7.1"
70.168.57.66 - - [11/Sep/2014:23:59:15 +0100] "GET /wp/?p=1951 HTTP/1.1" 200 172
13 "http://www.google.com/url?sa=t&rct=j&q=&esrc=s&source=web&cd=3&ved=0CDEQFjAC
&url=http%3A%2F%2Ftheurbanpenguin.com%2Fwp%2F%3Fp%3D1951&ei=EikSVPiTJebziwKMn4CY
Aw&usg=AFQjCNFtAcA8LtMpCKV0Xus1pNJEQSs5RA&sig2=AHlf3aUBIpP0YpTaTBARCQ&bvm=bv.750
97201,d.cGE" "Mozilla/5.0 (Windows NT 6.1; WOW64; rv:32.0) Gecko/20100101 Firefo
x/32.0"
```

図 12-1　access.log の内容

出力結果は行が折り返されていますが、ログのレイアウトを把握することはできるでしょう。`/favicon.ico` と `/wp/?p=1951` へアクセスが行われていて、`/favicon.ico` へのアクセスは失敗しています。このログファイルはスペースで区切られていることがわかります。

[†1]　訳注：Red Hat 系の Linux ディストリビューションでは `/var/log/httpd/access_log` になります。

それぞれのフィールド（スペースで区切られたフィールドではなく、論理的な
フィールド）の意味は、**表12-1**に示すとおりです[†2]。

表12-1　access.log の（論理的な）フィールド

フィールド	用途
❶	クライアントの IP アドレス
❷	RFC 1413 および `identd` クライアントによって定義されるクライアント識別子。これは、`IdentityCheck` が有効でないかぎり、読み取られることはない。読み取られない場合、その値はハイフン（-）になる
❸	ユーザー認証が有効な場合は、ユーザー ID。有効でない場合は、値はハイフン（-）になる
❹	リクエストの日付と時刻。形式は、[日/月/年:時:分:秒 オフセット]
❺	実際のリクエストとメソッド
❻	HTTP ステータスコード（200 や 404 など）
❼	バイト数でのファイルサイズ

これらのフィールドは Apache によって定義されているものですが、注意が必要で
す。日付、時刻、タイムゾーンは1つのフィールドであり、角括弧の中に定義されて
います。しかし、フィールド内部の時刻とタイムゾーンの間にスペースがあります。
必要であれば、日時のフィールド全体を表示できるように、（スペースで区切られた）
$4 と $5 の両方を表示する必要があります。次のコマンド例のように指定します。

```
$ sudo awk '{ print $4,$5 }' /var/log/apache2/access.log
```

図12-2は、このコマンドの実行結果の一部を示しています。

†2　訳注：紙面の都合で省略されていますがファイルサイズの次のフィールドはリファラー（参照元）の URL、その次のフィールドはユーザーエージェント（ブラウザーの名称やバージョンの情報）です。

```
mlss@mint:~$ sudo awk ' { print $4,$5 } ' /var/log/apache2/access.log
[10/Sep/2014:00:00:03 +0100]
[10/Sep/2014:00:00:23 +0100]
[10/Sep/2014:00:00:27 +0100]
[10/Sep/2014:00:00:31 +0100]
```

図 12-2

12.2　Web ログからのデータの表示

　AWK を使って Apache Web サーバーのログファイルを表示する方法をざっと見ましたが、次に、より大きく、より変化に富んだ内容のデモンストレーション用ログファイルへと進みましょう。これは本書のサポートサイトに収められているものです[†3]。

12.2.1　日付によるエントリーの選択

　日時を表示する方法はすでに見たので、次に、特定の 1 日のエントリーだけを表示する方法を見てみましょう。これを行うために、awk のマッチ演算子を使います。これはチルダ（~）によって表されます。ここでは日付の要素だけが必要なので、日付・時刻とタイムゾーンの両方のフィールドを使う必要はありません。次のコマンドは、2014 年 9 月 10 日のエントリーを表示する方法を示しています。

```
$ awk '( $4 ~ /10\/Sep\/2014/ )' access.log
```

　図 12-3 は、このコマンドの実行結果の一部を示しています。

```
128.252.139.84 - - [10/Sep/2014:00:00:03 +0100] "GET /wp/?cat=281 HTTP/1
.1" 200 51860 "http://theurbanpenguin.com/wp/?cat=281" "Mozilla/5.0 (Mac
intosh; Intel Mac OS X 10 8 5) AppleWebKit/537.36 (KHTML, like Gecko) Ch
rome/36.0.1985.125 Safari/537.36"
41.150.168.184 - - [10/Sep/2014:00:00:23 +0100] "GET /scripting/java.htm
l HTTP/1.1" 200 1088 "http://theurbanpenguin.com/scripting/scripting.htm
l" "Mozilla/5.0 (Linux; Android 4.2.2; GT-I8200 Build/JDQ39) AppleWebKit
/537.36 (KHTML, like Gecko) Chrome/37.0.2062.117 Mobile Safari/537.36"
```

図 12-3

[†3]　訳注：本書のサポートサイト（https://github.com/oreilly-japan/mastering-linux-shell-script ing-2e-ja/ch12/）から access.log ファイルをダウンロードしてください。

　ここでは、検索しようとしている行の範囲を丸括弧で囲んでおり、メインブロック
は省略してあります。これは、その範囲から、マッチする行全体を表示するためで
す。マッチする行から、表示すべきフィールドについて、さらにフィルタリングする
ことができます。たとえば、Web サーバーにアクセスするために使われているクラ
イアントの IP アドレスだけを表示したいのであれば、フィールド 1 を表示します。
次のコマンド例にこれを示します。

```
$ awk '( $4 ~ /10\/Sep\/2014/ ) { print $1 }' access.log
```

　特定の日の総アクセス数を表示したければ、ログエントリーをパイプで wc コマン
ドに送ります。次のコマンドはこれを示しています。

```
$ awk '( $4 ~ /10\/Sep\/2014/ ) { print $1 }' access.log | wc -l
```

　ただし、awk を使ってこれを行いたい場合は、新しいプロセスを起動してエント
リーを数えるよりも、メインブロック内で独自の変数をインクリメントし、その変数
を END ブロックで表示するようにしたほうが効率的です。次のコマンドは、そのよ
うな例を示しています。

```
$ awk '( $4 ~ /10\/Sep\/2014/ ) { print $1; COUNT++ }  END { print COUNT }'
access.log
```

　wc と内部カウンターによるカウントの結果は、デモンストレーションファイルか
らの結果として、どちらも 16205 になります。数を数えるだけで、ほかに何もしな
いのであれば、メインブロックの中で変数のインクリメントだけを行います。

```
$ awk '( $4 ~ /10\/Sep\/2014/ ) { COUNT++ }  END { print COUNT }'
access.log
```

図12-4 はこの結果を示しています。

図12-4

12.2.2　404 エラーの集約

　リクエストページのステータスコードは、ログのフィールド 9（スペースで区切っ
た場合）に示されています。404 というステータスコードは、そのページがサーバー
上で見つからなかったというエラーを表します。きっと誰でも一度は、ブラウザー内
でこのエラーを目にした経験があるでしょう。これは、サイト上で誤って設定された
リンクを示しているか、あるいは、そのページのために表示すべきアイコン画像を探
しているタブブラウザーによって生じたものかもしれません。このほかに、サイトへ
の潜在的な脅威を識別することもできます。つまり、WordPress のような PHP 駆
動型サイト上の追加情報へのアクセスを許可する可能性のある標準ページを求めるリ
クエストによる脅威です。

　まず、次のようにして、リクエストのステータスを単に表示することができます。

```
$ awk '{ print $9 }' access.log
```

　コードを少しだけ拡張し、404 エラーだけを表示します。

```
$ awk '( $9 ~ /404/ ) { print $9 }' access.log
```

　これをさらに拡張し、ステータスコードと、アクセスを試みられたページの両方を
表示します。これには、フィールド 9 とフィールド 7 を表示する必要があります。簡
単に言えば、次のコードのようになります。

```
$ awk '( $9 ~ /404/ ) { print $9, $7 }' access.log
```

　アクセスに失敗したこれらのページの多くは重複しています。これらのレコードを
集約するために、コマンドパイプラインを使って sort コマンドや uniq コマンドに
渡します[4]。

```
$ awk '( $9 ~ /404/ ) { print $9, $7 }' access.log | sort -u
```

　uniq コマンドを使う場合は、データが事前にソートされていなければならないの
で、先に sort コマンドを使ってデータを準備する必要があります。

---

[4]　訳注：sort コマンドの -u オプションはソートを行ったうえで同じ内容の行を 1 行に集約して出力するオ
　　プションです。sort | uniq と同じ動作になります。

12.2.3 HTTPアクセスコードの集約

　そろそろ純粋なコマンドラインを離れて、AWKの制御ファイルに取りかかるべき時です。いつものことですが、求められる結果の複雑さが増すと、awkコードの複雑さも増します。カレントディレクトリーに次のようなファイルを作成し、status.awkとして保存します。

```
{ record[$9]++ }
END {
    for (r in record)
        print r, " has occurred ", record[r], " times."
}
```

　まず、メインコードブロックに注目してください。とてもシンプルで少量のコードです。これは、それぞれのステータスコードの出現回数を数えるというシンプルな方法です。単純な変数を使う代わりに、recordと名付けた配列に保存します。配列は複数の値を持つ変数であり、配列内のそれぞれのスロットはキーと呼ばれます。したがって、配列に保存された変数の集まりを持つことになります。たとえば、record[200]やrecord[404]にそれぞれの値が保存されるということです。それぞれのキーに、それぞれの出現回数を代入します。たとえば404コードが見つかるたびに、それに関連付けられたキーに保存されているカウントをインクリメントします。

```
{ record[$9]++ }
```

　ENDブロックの中で、forループを使ってサマリー情報を作成し、配列からそれぞれのキーと値を表示します。

```
END {
    for (r in record)
        print r, " has occurred ", record[r], " times."
}
```

　これを実行するためのコマンドラインは、次のようになります。

```
$ awk -f status.awk access.log
```

　このコマンドの実行結果は、**図12-5**のとおりです。

```
mlss@mint:~/bin$ awk -f status.awk access.log
200  has occurred  23825  times.
206  has occurred  48  times.
301  has occurred  60  times.
302  has occurred  21  times.
304  has occurred  2273  times.
403  has occurred  133  times.
404  has occurred  4382  times.
501  has occurred  63  times.
mlss@mint:~/bin$
```

図 12-5

　これをさらに進めて、404 エラーに焦点を絞りましょう。当然ですが、これ以外の任意のステータスコードを選ぶこともできます。実行結果を見ると、404 というステータスコードが 4382 回あることがわかります。これらの 404 コードを調べるために、status.awk を、404.awk という新しいファイルとしてコピーします。404.awk を編集し、404 コードだけを処理するように if 文を追加します。このファイルは次のようになります。

```
{
    if ( $9 == "404" )
        record[$9,$7]++
}
END {
    for (r in record)
        print r, " has occurred ", record[r], " times."
}
```

次のコマンドを使ってコードを実行します。

```
$ awk -f 404.awk access.log
```

図 12-6 は実行結果の一部を示しています。

```
mlss@mint:~/bin$ awk -f 404.awk access.log
404/admin/login.php has occurred 2 times.
404/citrix/images/favicon.ico has occurred 43 times.
404/browserconfig.xml has occurred 14 times.
404/user has occurred 1 times.
404/wp/?author=2 has occurred 1 times.
404/images/ll/p05-01.png has occurred 6 times.
404/linux/learninglinux/a03.html has occurred 1 times.
404/wp/?author=4 has occurred 1 times.
404/wp/?author=5 has occurred 1 times.
404/wp/?author=6 has occurred 1 times.
404/wp/?author=7 has occurred 1 times.
404/wp/?author=8 has occurred 1 times.
404/wp/?author=9 has occurred 1 times.
404/citrix/a28/a28.html has occurred 1 times.
404/administrator/ has occurred 2 times.
404/monitor.html has occurred 1 times.
404/microsoft/win7/copy-profile.html has occurred 3 times.
404/apple-touch-icon-120x120.png has occurred 3 times.
404/apple-touch-icon.png has occurred 19 times.
404/wordpress/wp-admin/ has occurred 3 times.
404/linux/install/pxewindows.html has occurred 2 times.
404/wp/favicon.ico has occurred 4 times.
404/microsoft/mdt/mdtwaikinstall.html has occurred 1 times.
```

図 12-6

12.2.4　リソースのヒット数

特定のページやリソースが何回リクエストされたかを、AWK を使ってチェックすることができます。

```
$ awk '{print $7}' access.log | sort | uniq -c | sort -rn
```

このコマンドは、リクエストされたリソースを、最も回数が多いものから少ないものへと順にソートします。実行結果の一部を**図 12-7** に示します。

```
3468 /favicon.ico
2330 /wp/wp-content/themes/twentytwelve/style.css?ver=3.9.1
2265 /wp/wp-content/themes/twentytwelve/js/navigation.js?ver=20140711
2199 /wp/wp-includes/js/jquery/jquery.js?ver=1.11.0
2187 /wp/wp-includes/js/jquery/jquery-migrate.min.js?ver=1.2.1
2024 /wp/wp-content/uploads/2014/05/cropped-wp3.png
 709 /wp/?feed=rss2
 507 /
 334 /wp/?p=2407
 329 /stylesheets/screen.css
 328 /stylesheets/style.css
 323 /wp/?p=2415
 302 /stylesheets/Softplain.ttf
 293 /images/favicon.ico
 286 /wp/wp-content/uploads/2013/11/raspi-config1-300x96.png
 284 /wp/wp-content/uploads/2013/11/tailshadow.png
 256 /wp/wp-content/uploads/2013/11/pdbedit.png
 255 /wp/wp-content/uploads/2013/11/shares-300x123.png
 255 /wp/wp-content/uploads/2013/11/backup.png
 248 /images/tup-coloured1.png
 243 /stylesheets/newstyle.css
```

図 12-7

　表示されているリソースは、画像、テキストファイル、CSS ファイルなどです。

　リクエストされた PHP ファイルについて調べたければ、チルダ（~）を使って、PHP ファイルだけを取得できます。**図 12-8** は実行結果の一部を示しています。

```
$ awk '($7 ~ /php/) {print $7}' access.log | sort | uniq -c | sort -nr
```

```
74 /wp/xmlrpc.php
62 /wp/?p=1529/wp-login.php
58 /wp/xmlrpc.php?rsd
21 /wp/wp-login.php
19 /wp/wp-login.php?registration=disabled
19 /wp/wp-login.php?action=register
 6 /wp-login.php
 5 /admin.php
 4 /administrator/index.php
 3 /wp/wp-trackback.php?p=3043
 3 /wp/wp-trackback.php?p=1048
 3 /wp/wp-content/uploads/2013/08/php.png
 2 /wp/wp-trackback.php?p=586
 2 /wp/wp-trackback.php?p=3149
 2 /wp/wp-trackback.php?p=3085
 2 /lamp/php.html
 2 /bitrix/admin/index.php?lang=en
 2 /admin/login.php
 1 /xmlrpc.php
 1 /wp/wp-trackback.php?p=830
 1 /wp/wp-trackback.php?p=2357
 1 /wp/wp-trackback.php?p=2105
 1 /wp/wp-trackback.php?p=1805
 1 /wp/wp-content/uploads/2013/10/php.png
```

図 12-8

それぞれのページの横に、ヒット数が表示されています。

同じようにして、log ファイルから任意の統計情報を取り出し、重複しない値を取得し、それらをソートすることができます。

12.2.5　画像のホットリンクの識別

リソースについて話をするときに、直面する可能性のある問題が 1 つあります。それは画像のホットリンク（直リンク）です。これは、他のサーバーからあなたの画像にリンクを張り、その画像を使おうとすることです。画像のホットリンクと呼ばれるこの行為は、あなたのサーバーの通信速度を低下させる可能性があります。

せっかく AWK の話をしているので、自分たちの画像がどのように使われているかを、AWK を使って調べる方法を見てみましょう。ここでは、ドメインとして www.yourdomain.com を使っています。

```
$ awk -F\" '($2 ~ /\.(png|jpg|gif)/ &&
$4 !~ /^https:\/\/www\.yourdomain\.com/){print $4}' access.log |
sort | uniq -c | sort
```

Apache を使っている場合は、小さな .htaccess ファイルを使い、リファラー（参

照元）があなたのドメインでないかどうかをチェックすることで、画像のホットリンクを防止できます[†5]。

```
RewriteEngine on
RewriteCond %{HTTP_REFERER} !^$
RewriteCond %{HTTP_REFERER} !^https://(www\.)yourdomain.com/.*$ [NC]
RewriteRule \.(gif|jpg|jpeg|bmp|png)$ - [F]
```

12.3　最もランキングの高い IP アドレスの表示

　ここまでで、awk の能力について理解し、その言語構造が本質的にいかに大きなものであるかに気がついているはずです。30,000 行のファイルから生み出すことのできるデータは本当に強力で、抽出するのも簡単です。ここでは、これまで使ってきたフィールドを単に $1 に置き換えます。このフィールドはクライアントの IP アドレスを表します。次のコードを利用すると、それぞれの IP アドレスと、それを使って Web サーバーにアクセスした回数を表示することができます。

```
{ ip[$1]++ }
END {
    for (i in ip)
        print i, " has accessed ", ip[i], " times."
}
```

　これを拡張して、最もランキングの高い IP アドレス、すなわちサイトにアクセスするために最も多く使われたアドレスを表示することにしましょう。ここでも、作業は主に END ブロックの中で行い、その時点で最もランキングの高いアドレスとの比較を利用します。次のようなファイルを作成し、ip.awk として保存します。

```
{ ip[$1]++ }
END {
    for (i in ip)
        if ( max < ip[i] ) {
            max = ip[i]
            maxnumber = i
        }
    print maxnumber, " has accessed ", max, " times."
}
```

[†5]　訳注：設定方法の詳細については https://httpd.apache.org/docs/current/mod/mod_rewrite.html を参照してください。

このコマンドの実行結果を、**図12-9** に示します。

```
mlss@mint:~/bin$ awk -f ip.awk access.log
68.107.81.110 has accessed 311 times.
mlss@mint:~/bin$ 
```

図 12-9

このコードの機能は、ほとんどが END ブロックによるものです。END ブロックに入ると、for ループに遭遇します。ip 配列内のそれぞれの要素を繰り返し処理します。条件文の if を使って、ループ内の現在の値が、その時点の最大値よりも大きいかどうかを調べます。もしそうであれば、それが新しい最大値になります。for ループが終わると、最大値を持つ IP アドレスを表示します。

12.4　ブラウザーデータの表示

ログファイルの 12 番目のフィールドには、Web サイトにアクセスするために使われたブラウザーが含まれています。あなたのサイトにアクセスするために使われたブラウザーをリスト表示するのは、興味深いことでしょう。次のコードは、ブラウザーごとのアクセスリストを表示するために役立ちます。

```
{ browser[$12]++ }
END {
    for ( b in browser )
        print b, " has accessed ", browser[b], " times."
}
```

これらのファイルを使って awk に対する小さな「プラグイン」を作成し、要求に合うようにフィールドや配列名を変更することができます。実行結果の一部を**図12-10**に示します。

```
mlss@mint:~/bin$ awk -f browser.awk access.log
"CRAZYWEBCRAWLER  has accessed  1  times.
"msnbot-UDiscovery/2.0b  has accessed  9  times.
"Wget/1.12  has accessed  10  times.
"PHP/5.2.26"  has accessed  1  times.
"HTTPClient/1.0  has accessed  1  times.
"Digg  has accessed  9  times.
"ia archiver  has accessed  8  times.
"FeedDemon/4.5  has accessed  47  times.
"Mozila/4.0  has accessed  1  times.
"PHP/5.3.45"  has accessed  1  times.
"Mozilla/4.0"  has accessed  3  times.
"Opera/9.64(Windows  has accessed  1  times.
"Python-urllib/1.17"  has accessed  1  times.
"FeedBot"  has accessed  8  times.
"DoCoMo/2.0  has accessed  7  times.
"Mozilla/4.0  has accessed  1713  times.
```

図 12-10

　結果を見ると、興味深いことに、リクエストしているクライアントの大半を Mozilla
4 と 5 が占めています。Mozilla 4 は、ここでは 1713 回と表示されています。この
ほかに、スペルの違っているもの（Mozila/4.0）や後に二重引用符が付いているもの
（Mozilla/4.0"）も見られます。Mozilla/5.0 の行は、スペースの関係で省略してあり
ますが、この後で 27,000 回以上のアクセスとして表示されています。

12.5　E メールログの処理

　ここまで、Apache HTTP Web サーバーのログを扱ってきましたが、この考え
方と方法は、実際には任意のログファイルに応用することができます。ここでは、
Postfix のメールログを取り上げます。このメールログは SMTP サーバーのすべて
の活動を記録しており、誰が誰に E メールを送ったかを見ることができます。通
常、このログファイルは /var/log/mail.log に存在しています[6]。筆者は、自身
の Linux Mint 上でこのファイルにアクセスします。

　ログのフォーマットは、メッセージの種類によって少し異なります。たとえば $7
は、送信メッセージについては from という記録を保持しますが、受信メッセージに

---

[6]　訳注：Debian 系の Linux ディストリビューションでは /var/log/mail.log で、Red Hat 系の Linux
　　ディストリビューションでは /var/log/maillog になります。お使いの環境に mail.log ファイルが
　　ない場合は本書のサポートサイト（https://github.com/oreilly-japan/mastering-linux-shell-
　　scripting-2e-ja/ch12/）から mail.log ファイルをダウンロードしてください。

ついては to を保持します。

SMTP サーバーへのすべての受信メッセージをリスト表示したければ、次のコマンドを使います。

```
$ awk '( $7 ~ /^to/ )' mail.log
```

文字列 to はとても短いので、^ を使って、to で始まるフィールドを検索することで、識別しやすくします。このコマンドの実行結果を、**図 12-11** に示します。

```
mlss@mint:~/bin$ awk ' ( $7 ~ /^to/ ) ' mail.log
Oct  9 17:01:54 mint postfix/local[11369]: 5AF0EC6DD05: to=<mlss@mint.example.or
g>, relay=local, delay=0.25, delays=0.24/0.01/0/0, dsn=2.0.0, status=sent (deliv
ered to maildir)
Oct 10 09:23:28 mint postfix/local[17168]: 20043C6DD05: to=<mlss@mint.example.or
g>, relay=local, delay=0.74, delays=0.73/0.01/0/0, dsn=2.0.0, status=sent (deliv
ered to maildir)
Oct 11 05:11:33 mint postfix/local[22298]: 32D41C6DD05: to=<mlss@mint.example.or
g>, relay=local, delay=0.38, delays=0.37/0.01/0/0, dsn=2.0.0, status=sent (deliv
ered to maildir)
Oct 11 07:04:03 mint postfix/local[22900]: 2CCD4C6DD05: to=<mlss@mint.example.or
g>, relay=local, delay=0.27, delays=0.26/0.01/0/0, dsn=2.0.0, status=sent (deliv
ered to maildir)
mlss@mint:~/bin$
```

図 12-11

to や from の検索を、ユーザー名も含むように拡張することは簡単です。送信メッセージや受信メッセージのフォーマットはわかっているので、Apache のログで使ったのと同じテンプレートを使うことで、送信回数や受信回数の最も多いユーザーを容易に表示できます。

12.6　まとめ

これで、テキスト処理のための強力な武器を手にすることができ、AWK がいかにパワフルであるかを理解できるようになりました。実際のデータを処理することは、検索の能力と正確さを評価するうえで特に有益です。この章では Apache Web サーバーのログフォーマットを確認した後、約 30,000 行のログファイルに AWK を使ってステータスコードごとやページごとのアクセス数を集計したり最もアクセス数の多

い IP アドレスを調べたりしました。その後、Postfix のメールログを解析しました。Apache Web サーバーのログファイルに使った技法を Postfix のメールログファイルにも応用できることがわかりました。

次の章では引き続き AWK を使い、`lastlog` データおよびフラット XML ファイルについて、どのようにレポートを作成できるかを学びます。

12.7 　練習問題

12-1 `access.log` ファイル内のどのフィールドに、IP アドレスが含まれているでしょうか？

12-2 AWK によって処理された行数を数えるために使われるコマンドは何でしょうか？

12-3 Apache のアクセスログファイルから、ユニークビジター（重複しない訪問者）の IP アドレスを取得するには、どうすればよいでしょうか？

12-4 Apache のアクセスログファイルから、最もアクセスされた PHP ページを取得するには、どうすればよいでしょうか？

13章
AWKを使ったlastlogの改良

「12章 AWKを使ったログの集約」では、テキストファイルから取得した大量のデータを基に複雑なレポートを作成する方法を学びました。同じようにして、lastlogなどの標準的なコマンドラインツールからの出力結果を使って、さまざまなレポートを作成することができます。lastlogは、本来、すべてのユーザーについて最後のログイン時刻をレポートするためのツールですが、lastlogからの出力結果をフィルタリングしたい場合もよくあります。たとえば、システムにログインするために一度も使われたことのないユーザーアカウントを除外したい場合などです。また、rootについてのレポートは不要な場合もあります。そのアカウントは主にsudoのためだけに使われ、標準的なログインとして定期的に使われるものではないからです。

この章では、lastlogとXMLデータの処理について学びます。この章は、AWKについて調査する最後の章であり、レコードセパレーター（RS）の設定についても解説します。AWKのフィールドセパレーター（FS）の使い方についてはすでに学びましたが、レコードセパレーターをデフォルトの改行から、自分たちのニーズに合うものに変えることができます（AWKが提供する組み込み変数の基本は「10.3 AWKの変数」で説明しました）。

この章では以下のテーマを扱います。

- AWKの範囲を使ってデータを除外する
- フィールド数に基づく条件
- AWKのレコードセパレーターを操作してXMLデータを処理する

13.1　AWKの範囲を使ってデータを除外する

本書ではこれまで、sed や awk で、特定の範囲のデータを処理に含めることを主
に見てきました。これらのツールでは、範囲を否定して、指定した行を除外すること
もできます。これを詳しく説明するために、lastlog コマンドからの出力結果を使
います。このコマンドは、一度もログインしていないアカウントも含めて、すべての
ユーザーのすべてのログインデータを表示します[†1]。一度もログインしていないア
カウントは、サービスのアカウントか、またはシステムにまだログインしたことのな
い新しいユーザーのアカウントかもしれません。

13.1.1　lastlog コマンド

lastlog の出力結果を見ると、何もオプションを付けずに使用した場合、問題が
生じることに気がつきます。コマンドラインから、一般ユーザーとして次のようにコ
マンドを実行します。ルートアカウントとして実行する必要はありません[†2]。

```
$ lastlog
```

図 13-1 は実行結果の一部を示しています。

```
hplip                                **Never logged in**
sshd                                 **Never logged in**
ntp                                  **Never logged in**
tux          pts/1     localhost     Tue Oct 20 13:02:35 +0100 2015
bob                                  **Never logged in**
u1                                   **Never logged in**
mlss                                 **Never logged in**
```

図 13-1　lastlog の実行結果

[†1] 訳注：主要な Linux ディストリビューションでは lastlog コマンドがデフォルトでインストールされて
います。FreeBSD などの BSD 系の OS には lastlog コマンドがありません。FreeBSD と NetBSD
には類似の機能を提供する lastlogin コマンドがありますが OpenBSD には lastlogin コマンドもあ
りません。

[†2] 訳注：お使いの Linux ディストリビューションやデスクトップ環境によってはデスクトップ環境でログイ
ンするとログインが記録されていない場合があります。その場合は SSH でログインするかデスクトップ
環境上で Ctrl - Alt - F3 キーや Ctrl - Alt - F4 キーを押して表示されるコンソールか
らログインしてみてください。Alt - F2 キー、Alt - F3 キーや Alt - F7 キーを押すと
コンソールからデスクトップ環境に戻ります（お使いの環境によってデスクトップ環境が表示されるキー
は異なります）。

　限られたこの出力結果からでさえ、ログインしたことのないアカウントによって、
出力結果がごちゃごちゃしてしまうことがわかります。lastlog のオプションを使
うことで、ある程度は軽減できますが、完全に問題を解決することはできません。こ
れを詳しく説明するために、lastlog にオプションを追加して一般ユーザーだけを
表示し、その他のシステムユーザーやサービスユーザーを除外してみましょう。使用
するシステムによって異なりますが、筆者が使っている Linux Mint のサンプルホス
トでは一般ユーザーの UID は 1000 から始まります。

　lastlog -u 1000-5000 というコマンドを使うと、この範囲の UID を持つユー
ザーだけが表示されます。デモンストレーション用の簡単なシステムでは、4 つの
ユーザーアカウントだけが表示されます。それでもまだ、ログインしたことのない
アカウントによって、いくらか雑然としています。**図13-2** は、この様子を示してい
ます。

```
mlss@mint:~/bin$ lastlog -u 1000-5000
Username        Port      From           Latest
tux             pts/1     localhost      Tue Oct 20 13:02:35 +0100 2015
bob                                      **Never logged in**
u1                                       **Never logged in**
mlss                                     **Never logged in**
mlss@mint:~/bin$ 
```

図13-2

　Never logged in と表示されている不必要なデータのほかに、私たちの関心を引
くのは、Username と Latest の 2 つのフィールドだけです。これが、データフィル
ターとして AWK を使用すべき、もう 1 つの理由です。AWK を使うことで、横方向
と縦方向の両方のデータフィルタリング、すなわち行と列のフィルタリングを行うこ
とができるのです。

13.1.2　AWKによる行のフィルタリング

　AWK を使ってこのようなフィルタリングを行うために、lastlog から awk に、
データをパイプで直接送ります。簡単な制御ファイルを使って、初めに横方向のフィ
ルタリング、すなわち表示される行の選別を行います。コマンドのパイプラインは、

次に示すようにシンプルです[3]。

```
$ lastlog | awk -f lastlog.awk
tux             pts/1      localhost      Tue Oct 20 13:02:35 +0100 2015
```

当然ですが、複雑さはコマンドラインから取り除かれており、使用する制御ファイルの中に隠されています。制御ファイルは次のようにシンプルです。

```
!(/Never logged in/ || /^Username/ || /^root/) {
    print $0;
}
```

範囲は、これまで見てきたものと同様に設定されており、メインコードブロックの前にあります。丸括弧の前に感嘆符（!）を使うことで、選択される範囲を否定、すなわち逆にします。二重の縦棒（||）は、論理 OR の働きをします。Never logged in を含む行は除外されますし、Username で始まる行も除外されます。これにより、lastlog によって表示されるヘッダー行が取り除かれます。最後に、表示からルートアカウントを除外します。これにより、私たちが扱いたい行が選択され、メインコードブロックでそれらの行を表示します。

13.1.3　マッチした行のカウント

フィルターによって選択された行数を数えたい場合があります。内部変数の NR を使うと、マッチした行数ではなく、すべての行数が表示されます。ログインしているユーザーの数を表示するには、独自の変数を使う必要があります。次のコードでは、cnt と名付けた変数のカウントを管理します。メインコードブロックのそれぞれの繰り返しにおいて、C 言語スタイルの ++ を使って、この変数をインクリメントします。
END コードブロックを使って、この変数の最終的な値を表示します。

```
!(/Never logged in/ || /^Username/ || /^root/) {
    cnt++
    print $0;
}
END {
    print "========================"
    print "Total Number of Users Processed: ", cnt
```

---

[3]　訳注：lastlog コマンドの結果はお使いの環境によって異なりますので本書のサポートサイト（https://github.com/oreilly-japan/mastering-linux-shell-scripting-2e-ja/ch13/）から lastlog1.txt ファイルをダウンロードして、lastlog コマンドの代わりに cat lastlog1.txt を実行してください。

```
    }
```

図13-3 のコードと実行結果は、筆者のシステムでこれがどのように表示されるか
を示しています。

```
mlss@mint:~/bin$ lastlog | awk -f lastlog.awk
tux              pts/1    localhost         Tue Oct 20 13:02:35 +0100 2015
========================
Total Number of Users Processed:  1
mlss@mint:~/bin$
```

図 13-3

　出力結果を見ると、ログインしているユーザーだけが表示されていることがわか
ります。この例では、1 人のユーザーだけが表示されています。この結果からさらに
データを抜粋して、マッチした行の特定のフィールドだけを表示することができま
す。これはシンプルな課題ですが、意外と複雑です。ログインがどのように行われた
かによって、フィールドの数が変わるからです。

13.2　フィールド数に基づく条件

　ユーザーが、リモートまたはグラフィカルな疑似端末を通じてログインしているの
ではなく、サーバーの物理コンソールに直接ログインしている場合、lastlog の出
力結果にホストのフィールドは表示されません。これを説明するために、GUI の使
用を避け、筆者の Linux Mint ホストの tty1 コンソールに直接ログインします[†4]。
前に使った AWK の制御ファイルによる出力結果は、tux と bob というユーザーが
いることを示しています。しかし、bob はコンソールに接続しているので、ホストの
フィールドは表示されません（**図13-4**）。

---

†4　訳注：ここ以降では本書のサポートサイト（https://github.com/oreilly-japan/mastering-linux-
　　shell-scripting-2e-ja/ch13/）から lastlog2.txt ファイルをダウンロードして、lastlog コマンドの
　　代わりに cat lastlog2.txt を実行してください。

```
mlss@mint:~/bin$ lastlog | awk -f lastlog.awk
tux              pts/1    192.168.0.3        Thu Oct 22 13:31:04 +0100 2015
bob              tty1                         Thu Oct 22 13:34:48 +0100 2015
========================
Total Number of Users Processed:  2
mlss@mint:~/bin$
```

図 13-4

　それ自体は問題ではありませんが、フィールドをフィルタリングしたい場合に、い
くつかの行のフィールドが省略されていて、行によってフィールド数が異なってい
ると問題になります。lastlog について言えば、ほとんどの接続については 9 個の
フィールドがありますが、サーバーコンソールに直接接続しているユーザーについて
は 8 個のフィールドがあります。作成するアプリケーションの目的は、ユーザー名と
最後のログイン日を表示することです。ログインの時刻は表示しないことにします。
BEGIN ブロックの中で、独自のヘッダーを表示します。正しく処理を行うために、内
部変数の NF を使って、各行のフィールド数を把握する必要があります。

　フィールドが 8 個の行については、フィールド 1、4、5、8 を表示し、ホスト情報
が追加された、より長い行については、フィールド 1、5、6、9 を表示します。また、
列のデータを適切に揃えるために printf を使います。制御ファイルを次のように編
集します。

```
BEGIN {
    printf "%8s %11s\n","Username","Login date"
    print "===================="
}
!(/Never logged in/ || /^Username/ || /^root/) {
    cnt++
    if ( NF == 8 )
        printf "%8s %2s %3s %4s\n", $1,$5,$4,$8
    else
        printf "%8s %2s %3s %4s\n", $1,$6,$5,$9
}
END {
    print "===================="
    print "Total Number of Users Processed: ", cnt
}
```

　図 13-5 は、コマンドと実行結果を示しています。注目したい情報に基づいて、よ
り適切な表示ができていることがわかります。

```
mlss@mint:~/bin$ lastlog | awk -f ll.awk
Username  Login date
==================
     tux 22 Oct 2015
     bob 22 Oct 2015
==================
Total Number of Users Processed:  2
mlss@mint:~/bin$
```

図 13-5

　出力結果を見ると、月の前に日を表示しており、フィールドを番号順に表示していないことがわかります。当然ですが、これは個人の好みであり、データを表示したい方法に合わせてカスタマイズすることができます。

　`lastlog` の制御ファイルでこれまで学んできた原則を、任意のコマンドの出力結果に応用することができます。データをフィルタリングしたいコマンドを使って練習してみてください。

13.3　AWK のレコードセパレーターを操作して XML データを処理する

　ここまで、AWK で処理を行う場合、個別の行の処理に限定してきました。つまり、それぞれの新しい行は、新しいレコードを表します。多くの場合、これは望ましいことですが、XML のようなタグ付きのデータを扱うときには、個々のレコードが複数の行にわたる場合があります。このような場合、内部変数の RS、すなわちレコードセパレーターを設定する必要があります。

13.3.1　Apache バーチャルホスト

　「9 章　Apache バーチャルホストの自動化」では、Apache のバーチャルホストを取り上げました。これは、それぞれのバーチャルホストの始まりと終わりを定義するタグ付きデータを使います。筆者は、それぞれのバーチャルホストを個別のファイルに保存することを好みますが、それらを 1 つのファイルにまとめることも可能です。バーチャルホスト定義を保持する、次のようなファイルを考えてみましょう。これ

を、virtualhost.conf ファイルとして保存します[5]。

```
<VirtualHost *:80>
DocumentRoot /www/example
ServerName www.example.org
# Other directives here
</VirtualHost>

<VirtualHost *:80>
DocumentRoot /www/theurbanpenguin
ServerName www.theurbanpenguin.com
# Other directives here
</VirtualHost>

<VirtualHost *:80>
DocumentRoot /www/packt
ServerName www.packtpub.com
# Other directives here
</VirtualHost>
```

　1つのファイルの中に3つのバーチャルホストがあります。それぞれのレコード
は、空の行で区切られています。つまり、それぞれのエントリーを論理的に区切るた
めに、2つの改行文字が使われているということです。RS 変数を RS="\n\n" と設定
することで、このことを AWK に指示します。このように準備することで、必要な
バーチャルホストのレコードを表示することができます。制御ファイルの BEGIN ブ
ロックの中で、これを設定します。

　また、希望するホストを、コマンドラインから動的に検索できるようにする必要
があります。これを制御ファイルに組み込みます。制御ファイルは次のようになり
ます。

```
BEGIN { RS="\n\n" ; }
$0 ~ search { print }
```

　BEGIN ブロックで変数を設定し、次に範囲へと進みます。レコード（$0）が search
変数にマッチ（~）するように範囲を設定します。awk の実行時に、この変数を設定
する必要があります。次のコマンドは、制御ファイルと構成ファイルが同じ作業ディ

---

[5]　訳注：本書のサポートサイト（https://github.com/oreilly-japan/mastering-linux-shell-scripting-2e-ja/ch13/）から virtualhost.conf ファイルをダウンロードできます。

レクトリー内に存在する場合のコマンドラインの実行を示しています[†6]。

```
$ awk -f vh.awk search=packt virtualhost.conf
```

コマンドと出力結果を見ると、これらのことがより明確にわかります（**図13-6**）。

```
mlss@mint:~/bin$ awk -f vh.awk search=packt virtualhost.conf
<VirtualHost *:80>
DocumentRoot /www/packt
ServerName www.packtpub.com
# Other directives here
</VirtualHost>

mlss@mint:~/bin$
```

図13-6

13.3.2 XMLカタログ

これをさらに XML ファイルへと拡張し、レコード全体ではなく、特定のフィール
ドだけを表示することができます。次のような製品（product）カタログを考えてみ
ましょう[†7]。

```
<products>

<product>
<name>drill</name>
<price>99</price>
<stock>5</stock>
</product>

<product>
<name>hammer</name>
<price>10</price>
<stock>50</stock>
</product>

<product>
```

---

†6　訳注：gawk では拡張正規表現（ERE）を使用できますので、search 変数に拡張正規表現の検索パターン
　　を指定して検索できます。search=www\..+\.com などの検索パターンを指定してどのように出力されるか
　　も試してみてください。

†7　訳注：本書のサポートサイト（https://github.com/oreilly-japan/mastering-linux-shell-scripting-
　　2e-ja/ch13/）から catalog.xml ファイルをダウンロードできます。

```
<name>screwdriver</name>
<price>5</price>
<stock>51</stock>
</product>

<product>
<name>table saw</name>
<price>1099.99</price>
<stock>5</stock>
</product>

</products>
```

　論理的には、それぞれのレコードは、前と同じように空の行で区切られています。しかし、それぞれのフィールドはもう少し細かくなっており、区切り文字をFS="[><]"のように使う必要があります。つまり、開き山括弧（<）と閉じ山括弧（>）をフィールドセパレーターとして定義します。

　これを解析しやすくするために、1 つのレコードを次のように表示することができます。

```
<product><name>top</name><price>9</price><stock>5</stock></product>
```

　それぞれの山括弧がフィールドセパレーターであり、空のフィールドがいくつか存在することを意味しています。この行を CSV ファイルとして書き直すことができます。

```
,product,,name,top,/name,,price,9,/price,,stock,5,/stock,,/product,
```

　それぞれの山括弧を単純にカンマに置き換えます。このようにすると、より読みやすくなります。フィールド 5 の内容は top という値であることがわかります。

　当然ですが、XML ファイルを編集することはせず、XML 形式のままにしておきます。ここでの変換は、単に、フィールドセパレーターの読み方をわかりやすくするためです。

　XML ファイルからデータを抽出するために使う制御ファイルは、次のようになります。

```
BEGIN { FS="[><]"; RS="\n\n" ; OFS="/"; }
$0 ~ search { print $4 ": " $5, $8 ": " $9, $12 ": " $13 }
```

　BEGIN コードブロックの中で、FS 変数と RS 変数を、これまで説明してきたとおり

に設定します。また、OFS（Output Field Separator：出力フィールドセパレーター）
をスラッシュに設定します。このようにすると、フィールドを出力するときに、値が
スラッシュで区切られます。範囲は、バーチャルホストで使ったのと同じマッチを使
います。

カタログの中から、drill（ドリル）という製品を検索したい場合は、次のような
コマンドを使います[8]。

```
$ awk -f catalog.awk search=drill catalog.xml
```

図13-7 は、この実行結果を示しています。

```
mlss@mint:~/bin$ awk -f catalog.awk search=drill catalog.xml
name: drill/price: 99/stock: 5
mlss@mint:~/bin$ 
```

図 13-7

これで、乱雑な XML ファイルを処理して、そのカタログから読みやすいレポー
トを作成できるようになりました。そして、AWK の実力が再び浮き彫りになりまし
た。本書の中で AWK を使うのはこれが最後です。本書の説明を通して、読者の皆
さんが AWK を日常的に使えるようになることを願っています。

13.4　まとめ

3 つの章にわたって AWK を使ってきました。「10 章　AWK の基礎」では、基本
的な使い方から始め、AWK に慣れることができました。「12 章　AWK を使ったロ
グの集約」とこの章では、カスタマイズされたアプリケーションを作成しました。

具体的に言うと、この章では、lastlog のような標準コマンドの出力から、どのよ
うにレポートを作成できるかを学びました。範囲を否定（!）したり、OR 文（||）を
追加したりできることも理解しました。その後で、XML データの照会を可能にする
アプリケーションを作成しました。

---

[8]　訳注：gawk では拡張正規表現（ERE）を使用できますので、search 変数に拡張正規表現の検索パターン
　　を指定して検索できます。search="drill|hammer" などの検索パターンを指定してどのように出力される
　　かも試してみてください。

　次の章では、シェルスクリプトから離れて、Python を使ったスクリプトについて見ることにします。bash のスクリプトと比較し、適切な選択ができるようにするためです。

13.5　練習問題

13-1 システムにログインしたことのないユーザーを取得するには、どうしたらよいでしょうか？

13-2 同様に、システムにログインしたことのないユーザーの数を数えるには、どうしたらよいでしょうか？

14章
bashスクリプトの
代わりとしてのPython

前の章では、AWK を使った実践的な例を紹介し、`lastlog` の出力結果を処理して、よりよいレポートを作成する方法を学びました。この章では、bash スクリプトに代わるもう 1 つの選択肢を取り上げます。それは Python です。Python はスクリプト言語の 1 つであり、本書で紹介した中では最も新しいものです。bash と同様に、Python はインタープリター型言語であり、シバンを使います。シェルのインターフェースはありませんが、REPL（Read-Eval-Print Loop）と呼ばれるコンソールにアクセスすることができ、そこに Python のコードを入力してシステムと対話することができます。この章では以下のテーマを扱います。

- Python とは何か？
- Python での Hello World
- Python での引数
- 重要な空白
- ユーザー入力の読み取り
- 文字列の操作

14.1 Python とは何か？

Python はインタープリター型のオブジェクト指向言語であり、取り扱いが容易なことと、RAD（Rapid Application Development：高速アプリケーション開発）の促進を目的としています。これは、簡略化したセマンティクスを言語内で用いることで実現されます。

Python は 1980 年代の終わり、具体的には 1989 年 12 月末ごろに、オランダの

開発者 Guido van Rossum（グイド・ヴァンロッサム）氏によって開発されました。
この言語の大部分の設計は、明快さと簡潔さを目指しており、**Zen of Python** の主な
ルールの 1 つは、次のようなものです[1]。

> There should be one, and preferably only one, obvious way to do it.
> （それをするための明白な方法が 1 つあるはずで、望ましいのは 1 つだけあるこ
> とだ）

多くのシステムでは、Python 2 と Python 3 の両方がインストールされています
が、最近のすべてのディストリビューションでは、Python 3 への切り替えが進んで
います。本書でも、Python 3 を扱います[2]。

本書では Linux Mint を使っているので、Python 3 が標準で用意されています。

別の Linux ディストリビューションを使っている場合や、何らかの理由で Python
3 が見つからない場合は、次のようにしてインストールできます。

- Red Hat ベースのディストリビューション[3]

```
$ sudo dnf install python3
```

- Debian ベースのディストリビューション

```
$ sudo apt install python3
```

シェルはありませんが、REPL を使って Python と対話——読み取り、評価、表
示、ループなど——を行うことができます。REPL にアクセスするには、コマンドラ
インで python3 と入力します。**図14-1** のような結果が表示されるはずです。

---

[1]　訳注：Zen of Python は 1999 年に Tim Peters 氏によって書かれた Python の設計に関する 19 の
原則です。全文は https://peps.python.org/pep-0020/ で公開されています。

[2]　訳注：Python 2 は 2020 年 1 月 1 日をもって開発を終了し、同年 4 月 20 日に最後のバージョンであ
る 2.7.18 がリリースされました。本書の翻訳時点において主要な Linux ディストリビューションでは
Python 2 はデフォルトでインストールされていません。

[3]　訳注：dnf コマンドがインストールされていない場合は sudo yum install python3 でインストールでき
ます。

```
mlss@mint:~$ python3
Python 3.8.10 (default, Jun 22 2022, 20:18:18)
[GCC 9.4.0] on linux
Type "help", "copyright", "credits" or "license" for more information.
>>>
```

図14-1　Python の REPL コンソール

　>>>というプロンプトが表示されていることがわかります。これが、REPL コンソールと呼ばれるものです。強調しておく必要がありますが、Python はスクリプト言語であり、bash や Perl と同様に、普通は作成したテキストファイルを通じてコードを実行します。通常、これらのテキストファイルは、ファイル名に.py という拡張子を持つことが求められます。

　REPL を使っている場合、モジュールをインポートすることで、単独でバージョンを表示することができます。モジュールをインポートするには、Perl では use キーワードや require キーワードを、bash では source コマンドを使いますが、Pythonでは import を使います。

```
>>> import sys
```

　モジュールを読み込んだら、バージョンを表示することで、Python のオブジェクト指向の特性を知ることができます。

```
>>> sys.version
```

　自分の名前空間の中で sys オブジェクトにアクセスし、そのオブジェクトからversion パラメーターを参照します。

　この２つのコマンドを組み合わせると、**図14-2** のような結果が表示されます。

```
>>> import sys
>>> sys.version
'3.8.10 (default, Jun 22 2022, 20:18:18) \n[GCC 9.4.0]'
>>>
```

図14-2　バージョンの表示

　Python について述べたこの節の締めくくりとして、Zen of Python を見てみま

しょう。**図14-3** に示すように、REPL から import this と入力します。

```
>>> import this
The Zen of Python, by Tim Peters

Beautiful is better than ugly.
Explicit is better than implicit.
Simple is better than complex.
Complex is better than complicated.
Flat is better than nested.
Sparse is better than dense.
Readability counts.
Special cases aren't special enough to break the rules.
Although practicality beats purity.
Errors should never pass silently.
Unless explicitly silenced.
In the face of ambiguity, refuse the temptation to guess.
There should be one-- and preferably only one --obvious way to do it.
Although that way may not be obvious at first unless you're Dutch.
Now is better than never.
Although never is often better than *right* now.
If the implementation is hard to explain, it's a bad idea.
If the implementation is easy to explain, it may be a good idea.
Namespaces are one honking great idea -- let's do more of those!
>>>
```

図 14-3　Zen of Python

これは、単に Python について述べただけのものではありません。すべてのプログラミング言語にとっての優れた規範であり、開発者にとっての優れた指針です。

最後に、REPL を終了するには、Linux では Ctrl - D を、Windows では Ctrl - Z を使います。

14.2　Python での Hello World

Python で書くコードは、明快で、すっきりしたものでなければなりません。「Sparse is better than dense.」(密集しているより、まばらなほうがよい) と書かれているとおりです。最初の行にシバンを書き、その後に print 文を書きます。print 関数は改行を含んでおり、行の終わりにセミコロンは必要ありません。編集が終わった $HOME/bin/hello.py は、次のようになります。

```
#!/usr/bin/python3
print("Hello World")
```

　ここでも実行権限を与える必要がありますが、chmod を使って、すぐにコードを実行することができます。次のコマンドはこれを示していますが、もうおなじみでしょう。

```
$ chmod u+x $HOME/bin/hello.py
```

　最後に、コードを実行して、あいさつ文を見ることができます。
　同様に、コマンドラインから Python インタープリターを使ってファイルを実行することもできます。次のようにして実行します。

```
$ python3 $HOME/bin/hello.py
```

　少なくとも 1 つの言語を知っておくと、他の言語に適応することも容易であり、多くの場合、新しい機能はそれほど多くありません。

14.3　Pythonでの引数

　そろそろ、Python にコマンドライン引数を渡す方法について知っておくべきでしょう。これは、argv 配列を使って行うことができます。しかし bash とは違い、Python では、プログラム名が他の引数と一緒に配列内に収められています。
　また、Python では、オブジェクト名で、大文字の代わりに小文字が使われます。

● argv 配列は、sys オブジェクトの一部です。
● sys.argv[0] はスクリプト名です。
● sys.argv[1] は、スクリプトに渡された最初の引数です。
● sys.argv[2] は、スクリプトに渡された 2 番目の引数です。以下、同様に続きます。
● 引数の数は、常に 1 以上になります。渡された引数をチェックするときには、このことを覚えておいてください。

14.4　引数の引き渡し

　次のように $HOME/bin/args.py ファイルを作成すると、この様子がわかります。ファイルを作成し、実行可能に設定します。

```
#!/usr/bin/python3
import sys
print("Hello " + sys.argv[1])
```

引数を付けてこのスクリプトを実行すると、**図14-4** のような結果になります。

図 14-4

　相変わらず、コードはとても簡潔です。しかし、print 文の中で、引用符付きのテキストと引数をまとめて書けないことに気がついたかもしれません。2 つの文字列をつなぎ合わせる、すなわち連結するためには、+ 記号を使います。変数やその他の種類のオブジェクトを表すための特定の記号が存在しないので、それらを引用符の中で静的なテキストとして書くことはできないのです。

14.5　引数のカウント

　前に述べたように、配列のインデックス 0 にある最初の引数は、スクリプト名です。そのため、引数を数える場合、その数は最低でも 1 になります。言い換えれば、引数が渡されていない場合、引数の数は 1 になります。配列内の項目の数を数えるには、len 関数を使います。
　次のようにスクリプトを編集し、新しい行を加えると、これを確認できます。

```
#!/usr/bin/python3
import sys
print("Hello " + sys.argv[1])
print( "length is: " + str(len(sys.argv)) )
```

　前と同じようにこのコードを実行すると、2 つの引数——スクリプト名と、その後に Mokhtar という文字列——が渡されたことを確認できます（**図14-5**）。

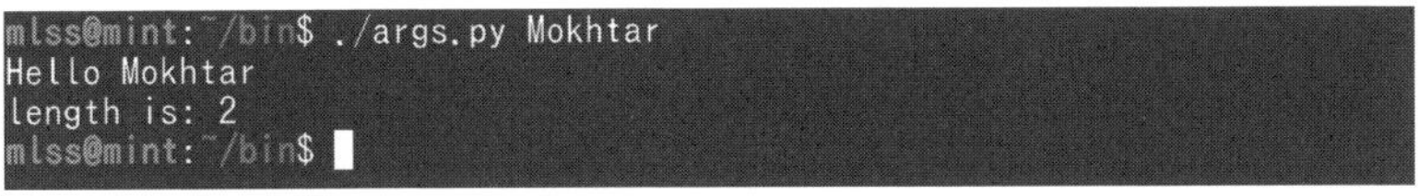

```
mlss@mint:~/bin$ ./args.py Mokhtar
Hello Mokhtar
length is: 2
mlss@mint:~/bin$
```

図14-5

1つのprint文で、出力するテキストと引数の数を一緒に表示しようとすると、エラーが発生します。整数と文字列を連結することはできないからです。len関数の値は整数であり、変換せずにこれを文字列とつなぎ合わせることはできません。そのため、str関数を使って、整数を文字列に変換したのです。したがって、次のコードは失敗します（**図14-6**）。

```
#!/usr/bin/python3
import sys
print("Hello " + sys.argv[1] + " " + len(sys.argv))
```

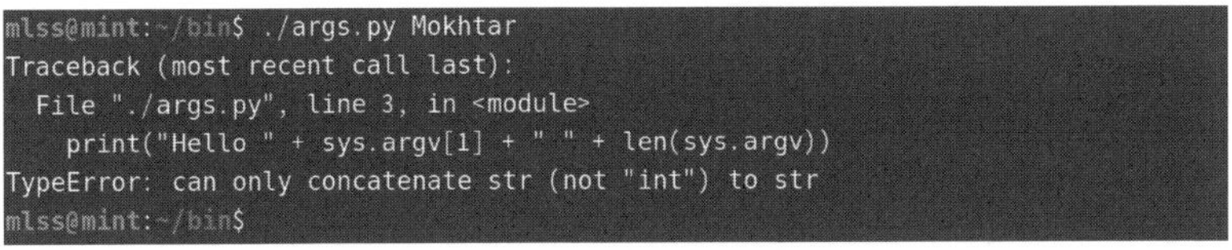

```
mlss@mint:~/bin$ ./args.py Mokhtar
Traceback (most recent call last):
  File "./args.py", line 3, in <module>
    print("Hello " + sys.argv[1] + " " + len(sys.argv))
TypeError: can only concatenate str (not "int") to str
mlss@mint:~/bin$
```

図14-6

引数を省略してスクリプトを実行した場合、配列のインデックス1を参照すると、存在しないインデックスを参照することになります。**図14-7**に示すように、これはエラーになります。

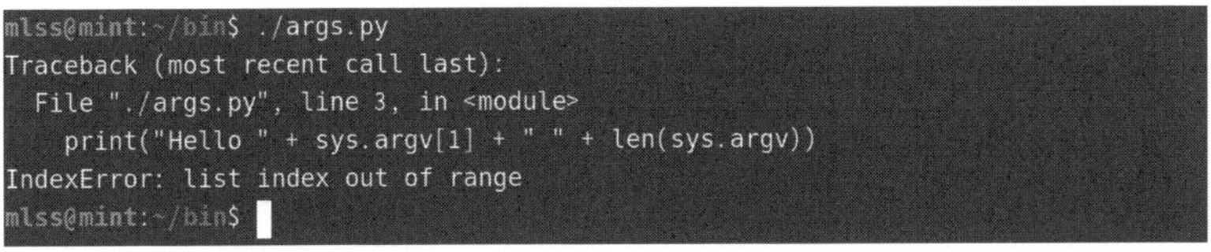

```
mlss@mint:~/bin$ ./args.py
Traceback (most recent call last):
  File "./args.py", line 3, in <module>
    print("Hello " + sys.argv[1] + " " + len(sys.argv))
IndexError: list index out of range
mlss@mint:~/bin$
```

図14-7

　当然ですが、エラーを防ぐために、これに対処する必要があります。そのために、**重要な空白**（significant whitespace）という概念について説明します。

14.6　重要な空白

　Python と他の多くの言語との大きな違いは、追加した空白文字が意味を持つことです。コードのインデントレベルは、そのコードが属するコードブロックを定義します。これまで作成してきたコードは、行の先頭からインデントしてありません。これは、すべてのコードが同じインデントレベルにあり、同じコードブロックに属していることを意味します。波括弧を使ったり、do や done といったキーワードを使ったりする代わりに、インデントを使ってコードブロックを定義します。2 文字または 4 文字のスペース、あるいはタブを使ってインデントした場合は、それらのスペースやタブを一貫して使う必要があります。以前のインデントレベルに戻ると、以前のコードブロックに戻ります。

　これは、複雑に思えるかもしれませんが、きわめてシンプルであり、コードが簡潔で整然とした状態に保たれます。引数が渡されなかった場合のエラーを防ぐために args.py ファイルを編集すると、このことがよくわかります。

```
#!/usr/bin/python3
import sys
count = len(sys.argv)
if ( count > 1 ):
    print("Arguments supplied: " + str(count))
    print("Hello " + sys.argv[1])
print("Exiting " + sys.argv[0])
```

　if 文は、引数の数が 1 より大きいかどうかをチェックします。ここでは、処理を簡単にするために、引数の数を count という独自の変数に保存しています。コードブロックはコロンで始まり、4 文字のスペースでインデントされたその後のすべてのコードは、条件が真を返した場合に実行されるコードとなります。

　以前のインデントレベルに戻ると、メインコードブロックに戻り、条件の状態に関係なくコードが実行されます。

　図14-8 を見ると、このことがよくわかります。引数があってもなくても、スクリプトが正常に実行できています。

```
mlss@mint:~/bin$ ./args.py
Exiting ./args.py
mlss@mint:~/bin$ ./args.py fred
Arguments supplied: 2
Hello fred
Exiting ./args.py
mlss@mint:~/bin$ 
```

図 14-8

14.7 ユーザー入力の読み取り

スクリプトに引数を渡すかどうかにかかわらず、名前を付けてメッセージを表示したい場合は、プロンプトを追加して、スクリプトの実行時にデータを取得することができます。Python でこれを実装するのは簡単です。**図 14-9** の編集済みファイルは、この実現方法を示しています。

```
#!/usr/bin/python3
import sys
count = len(sys.argv)
name = ''

if ( count == 1 ):
    name = input("Enter a name: ")
else:
    name = sys.argv[1]

print("Hello " + name)
print("Exiting " + sys.argv[0])
```

図 14-9 args.py

スクリプトの中で新しい変数 name を使っています。この変数は、メインブロックの中で最初に空の文字列に設定されます。ここで設定しているのは、この変数をスクリプト全体、つまりすべてのコードブロックで利用できるようにするためです（**図 14-10**）。

```
mlss@mint:~/bin$ ./args.py Mokhtar
Hello Mokhtar
Exiting ./args.py
mlss@mint:~/bin$ ./args.py
Enter a name: Mokhtar
Hello Mokhtar
Exiting ./args.py
mlss@mint:~/bin$ ▮
```

図 14-10

　Python 3 では、input 関数（Python 2 では raw_input 関数）を使うと、ユーザー入力を取得できます。その入力を name 変数に保存します。引数が渡された場合は、else ブロック内のコードでそれを取得し、最初に渡された引数を name 変数に保存します。メインブロックに戻り、print 文の中でこの変数を使います。

14.8　Python を使ってファイルに書き出す

　この章に変化を加えるために、このデータをファイルに出力することを考えてみましょう。この場合も、Python を使えば簡単に解決できます。まず、既存の args.py のコピーを作成し、$HOME/bin/file.py として保存します。この新しい file.py を**図 14-11** のように編集し、実行権限を設定します。

```
#!/usr/bin/python3
import sys
count = len(sys.argv)
name = ''

if ( count == 1 ):
    name = input("Enter a name: ")
else:
    name = sys.argv[1]

log = open("/tmp/script.log","a")
log.write("Hello " + name + "¥n")
log.close()
```

図 14-11　file.py

　最後の数行だけが変更されており、画面に表示する代わりにファイルをオープンしていることに気がつくでしょう。また、Python のオブジェクト指向の特性も、よ

り多く見て取れるでしょう。それによって、log オブジェクトに write メソッドや close メソッドを動的に割り当てています。log オブジェクトは、ファイルのインスタンスと見なされるため、このようなことができるのです。ファイルをオープンするときに、追加の目的でオープンしています（"a"）。つまり、すでにファイルが存在していたとしても、既存の内容を上書きしないということです。ファイルが存在していなければ、新しいファイルが作成されます。"a" ではなく "w" を使うと、書き出しのためにファイルをオープンし、上書きすることになるので注意してください。

このように簡単な作業であることがわかるでしょう。これこそ、Python が多くのアプリケーションで使われており、学校で広く教えられている理由です。

14.9 文字列の操作

Python での文字列の処理も、とても簡単です。検索、置換、大文字・小文字の変換などの操作を容易に行うことができます。

文字列を検索するには、次のように find メソッドを使います（**図 14-12**）。

```
#!/usr/bin/python3
str = "Welcome to Python scripting world"
print(str.find("scripting"))
```

```
mlss@mint:~/bin$ ./string-manipulation01.py
18
mlss@mint:~/bin$
```

図 14-12

Python での文字列のカウントも、ゼロから始まります。したがって、scripting という単語の位置は 18 になります。

次のように角括弧を使うと、特定の部分文字列を取得できます（**図 14-13**）。

```
#!/usr/bin/python3
str = "Welcome to Python scripting world"
print(str[:2])   # 最初の2文字（0番目から2番目の1つ前までの文字）を取得します
print(str[2:])   # 2番目以降の文字を取得します
print(str[3:5])  # 3番目から5番目の1つ前までの文字を取得します
print(str[-1])   # -1は最後の文字を意味します。長さがわからない場合に便利です
```

```
mlss@mint:~/bin$ ./string-manipulation02.py
We
lcome to Python scripting world
co
d
mlss@mint:~/bin$
```

図 14-13

文字列を置換するには、次のように replace メソッドを使います（**図 14-14**）。

```
#!/usr/bin/python3
str = "Welcome to Python scripting world"
str2 = str.replace("Python", "Shell")
print(str2)
```

```
mlss@mint:~/bin$ ./string-manipulation03.py
Welcome to Shell scripting world
mlss@mint:~/bin$
```

図 14-14

大文字や小文字に変換するには、upper メソッドや lower メソッドを使います（**図 14-15**）。

```
mlss@mint:~/bin$ cat ./upper-lower.py
#!/usr/bin/python3
str = "Welcome to Python scripting world"
str2 = str.upper()
print(str2)
str3 = str.lower()
print(str3)

mlss@mint:~/bin$ ./upper-lower.py
WELCOME TO PYTHON SCRIPTING WORLD
welcome to python scripting world
mlss@mint:~/bin$
```

図 14-15

　見てわかるように、Python で文字列を処理するのはとても簡単です。bash スクリプトの代わりとなるスクリプト言語として、Python は素晴らしい選択肢です。

Python の強みは、広く入手可能なライブラリーにあります。誇張なしに、読者が想像し得るあらゆるものに関する何千ものライブラリーが存在しています[†4]。

14.10 まとめ

これで、Python についての調査は終わりです。確かに短いツアーだったかもしれませんが、もう一度強調しておきたいのは、多くの言語で目にする共通性と、コーディング言語を学ぶことの重要性です。1 つの言語で学んだことは、読者が出会う他の多くの言語でも役立ちます。

Zen of Python から学んだことは、優れたコードの設計と開発に役立ちます。REPL コンソールで次の Python コードを実行すれば、Zen of Python を表示することができます。

```
>>> import this
```

REPL のプロンプト上で Python コードを手軽に実行できます。コードを簡潔に保ち、適切にスペースをあけることで、読みやすさが向上し、最終的にコードのメンテナンスが容易になります。

また、Python は、コード内で明示的であることを好み、データ型を暗黙に変換しないことを学びました。

最後に、Python を使って文字列を操作する方法を学びました。

これで本書の説明は終わりですが、これが読者のスクリプトの経歴の始まりとなることを願っています。幸運を祈るとともに、最後まで読んでいただいたことに感謝します。

14.11 練習問題

14-1 次のコードから、いくつの文字が表示されるでしょうか？

[†4] 訳注：Python 用ソフトウェアのリポジトリである Python Package Index（https://pypi.org/）で多数の Python 用ソフトウェアのパッケージが公開されていて、目的に合ったソフトウェアを検索、ダウンロードできます。また、Python に付属する pip というプログラムを使用してコマンドでパッケージ名を指定してインストールすることもできます。詳細は Python の公式ドキュメント（https://docs.python.org/ja/3/installing/）を参照してください。

```
#!/usr/bin/python3
str = "Testing Python.."
print(str[8:])
```

14-2 次のコードはどこが間違っているでしょうか？ また、どのように修正したら
よいでしょうか？

```
#!/usr/bin/python3
print( len(sys.argv) )
```

14-3 次のコードから、いくつの単語が表示されるでしょうか？

```
#!/usr/bin/python3
import sys
print("Hello " + sys.argv[-1])
```

付録A
bashのその他の機能

萬谷 暢崇

　本付録は日本語版オリジナルの記事です。本稿では、原書で解説されていなかった bash の機能で、シェルスクリプトを書く際に知っておくと便利なものについて解説します。本稿のスクリプトは 2019 年 1 月にリリースされたバージョン 5.0 以降の bash で実行することを前提に作成しています。[†1]。

A.1　組み込みコマンド

　ここでは以下の組み込みコマンドについて解説します。各組み込みコマンドの使用方法については「help コマンド名」のコマンドを実行するとヘルプを参照することができます。

- `builtin` コマンド
- `command` コマンド

[†1]　Debian 系の Linux ディストリビューションでは `sudo apt update && sudo apt install bash` で bash を更新できます。Red Hat 系の Linux ディストリビューションでは `sudo dnf update bash` (`dnf` コマンドがインストールされていない場合は `sudo yum update bash`) で bash を更新できます。本稿作成時点の bash の最新バージョンは 2022 年 9 月にリリースされたバージョン 5.2 です。スクリプトの動作確認に使用している Linux ディストリビューション（Linux Mint 21 (Vanessa)、Debian 11 (bullseye)、Ubuntu 22.04 LTS、CentOS Stream 9、Fedora 36、Rocky Linux 9.0 (Blue Onyx)）では、Fedora 36 のみで bash 5.2 のパッケージが提供されていました。macOS をお使いの方は、デフォルトで bash のかなり古いバージョンの 3.2 がインストールされていて本稿で解説する機能で使用できないものが多数ありますので、Homebrew で bash の新しいバージョンをインストールすることをお勧めします。詳しい手順はインターネットで検索してください。

- declare コマンド
- getopts コマンド
- mapfile コマンド（readarray コマンド）
- printf コマンド
- select コマンド
- set コマンド
- trap コマンド
- wait コマンド

A.1.1　builtin コマンドと command コマンド

　組み込みコマンドやその他のコマンドと同名の関数を定義すると、コマンドよりも関数が優先されて実行されます。ls などの組み込みコマンドでないコマンドは同名の関数を定義しても /bin/ls のようにフルパスを指定することで実行できますが、cd などの組み込みコマンドはフルパスが存在しないため同名の関数を定義すると実行できなくなります。builtin コマンドは組み込みコマンドと同名の関数を定義した場合に関数ではなく組み込みコマンドを実行したい場合に使用し、command コマンドは同様に組み込みコマンドでないコマンドを実行したい場合に使用します[2]。以下のスクリプトは builtin コマンドの使用例です。cd 関数は builtin コマンドを使って本来の cd コマンドを実行してカレントディレクトリーを変更しつつ変更先のディレクトリーを表示します。

```bash
#!/bin/bash

cd () {
    builtin cd "$1" # 本来のcdコマンドを実行する
    echo "Working directory has been changed to: $1"
}

cwd=$(pwd)

# cd関数を実行
cd /
cd "$cwd"
```

　実行例は**図A-1**のようになります。

---

[2]　dash では builtin コマンドを使用できません。

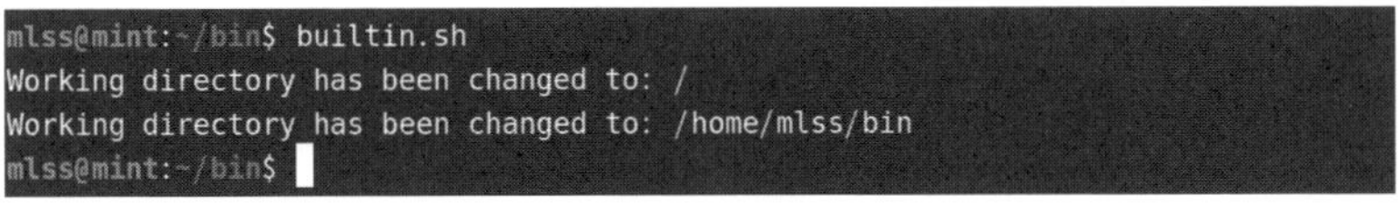

図A-1

以下のスクリプトは command コマンドの使用例です。

```
#!/bin/bash

whoami () {
    echo "This is whoami function."
}

whoami # whoami関数を実行
command whoami # 本来のwhoamiコマンドを実行
```

実行例は**図A-2**のようになります。

図A-2

A.1.2 declare コマンド

declare コマンドは変数の値や属性を設定したり表示したりするコマンドです。
ksh93、mksh、zsh などのシェルでは typeset コマンドで同様のことが可能です。
bash では typeset コマンドは declare コマンドの別名になっています[3]。

A.1.2.1 値の設定と表示

以下のスクリプトは変数の値の設定と表示を行う例です。関数内で declare コマ
ンドを使用してオプションを付けない場合はローカル変数として定義され、-g オプ
ションでグローバル変数として定義されます。-p オプションを使用すると、指定し

---

[3] dash と ash では declare コマンドと typeset コマンドのどちらも使用できません。

た変数の属性と値を declare コマンドによる変数の定義の形式で表示できます。変
数名を省略するとすべての変数の属性と値が表示されます。-F オプションと -f オ
プションは関数名と関数の定義を表示するオプションです。関数名を省略するとすべ
ての関数について表示されます。

```bash
#!/bin/bash

myfunc () {
    # ローカル変数として定義
    declare str1="This is local variable."
    # グローバル変数として定義
    declare -g str2="This is global variable."
    declare -p str1 # str1の属性と値を表示
    declare -p str2 # str2の属性と値を表示
}

myfunc

declare -p str1 # str1の値は関数の外から参照できない
declare -p str2 # str2の値は関数の外から参照できる

echo ----------------------------------------

echo -n "Function name: "
declare -F myfunc # 関数名を表示
echo "Function definition of myfunc:"
declare -f myfunc # 関数の定義を表示
```

　実行例は**図A-3** のようになります。myfunc 関数を実行した後の declare -p
str1 の行では str1 の属性と値を表示しようとしますが、str1 はローカル変数とし
て定義されているためエラーになります。

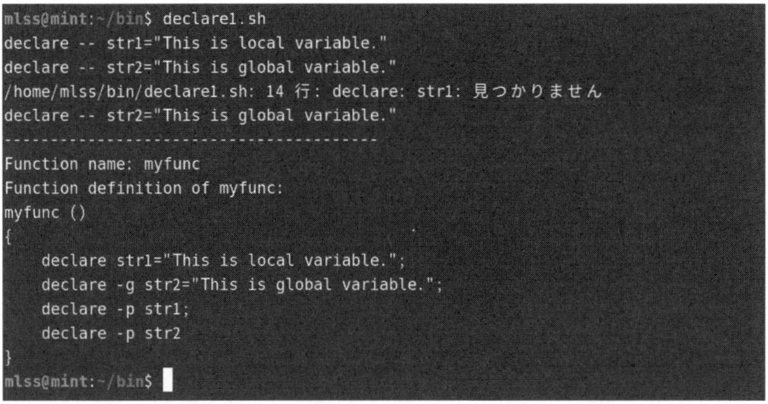

図 A-3

A.1.2.2 整数の定義

以下のスクリプトは -i オプションで変数の型を整数として定義する例です。整数として定義することで i=$i+100 や i=$i*10 の行では文字列の連結の代わりに算術演算が行われます。整数として定義した変数に文字列を代入すると値は 0 となります。+i オプションで変数の型を整数から文字列に戻すことができます。

```
#!/bin/bash

declare -i i=100 # 整数として定義
i=$i+100 # 算術演算が行われて値は200となる
echo $i
i=$i*10 # 算術演算が行われて値は2000となる
echo $i
i=0xff # 16進数で255
echo $i
i=0100 # 8進数で64
echo $i
i="ABC" # 文字列を設定すると値は0となる
echo $i
declare -p i # iの属性と値を表示

echo ----------------------------------------

declare +i i=100 # 整数の属性を無効にする
i=$i+100 # 文字列として扱われる
```

6

```
echo $i
declare -p i
```

実行例は**図A-4**のようになります。

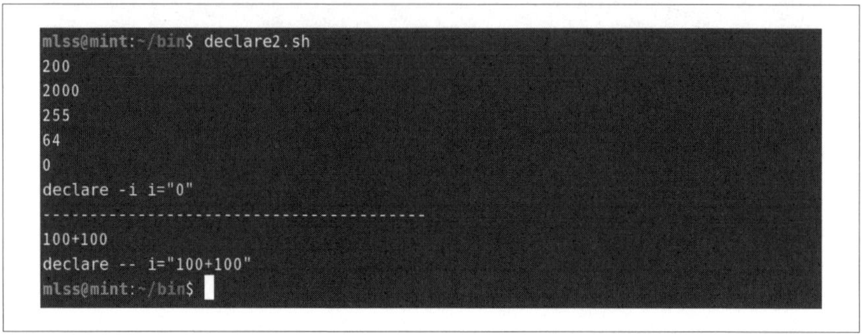

図A-4

A.1.2.3　読み取り専用の設定

　-r オプションは変数の属性を読み取り専用に設定します。declare コマンド実行後は値を変更できなくなり、値を変更しようとするとエラーになります。declare コマンド実行時に変数の値を設定しないと値がヌルのままで変更できなくなりますので、変数に値を設定する場合は declare コマンドの実行時に設定しておく必要があります。readonly コマンドと local コマンドの -r オプションでも変数を読み取り専用に設定できます[4]。-i オプションの場合とは異なり +r オプションで読み取り専用の設定を解除することはできません。以下のスクリプトは変数の属性を読み取り専用に設定する例です。

```
#!/bin/bash

# ro1とro2を読み取り専用として定義
declare -r ro1="This variable is readonly."
readonly ro2="This variable is readonly."

# ro1とro2の値を変更しようとするとエラーが発生する
ro1="1234"
```

---

[4]　ksh93 では local コマンドを使用できません。

```
    ro2="1234"

    # ro1とro2の属性と値を表示
    declare -p ro1
    declare -p ro2

    echo -----------------------------------------

    # +r オプションで読み取り専用を解除することはできない
    declare +r ro1 ro2

    echo -----------------------------------------

    myfunc () {
        # local -r でもローカル変数を読み取り専用にできる
        declare -r local_ro1="This variable is readonly."
        local -r local_ro2="This variable is readonly."

        # local_ro1とlocal_ro2の属性と値を表示
        declare -p local_ro1 local_ro2

        # local_ro1とlocal_ro2の値を変更しようとするとエラーが発生する
        local_ro1="1234" # この行でエラーが発生して myfunc から戻る
        local_ro2="1234" # この行は実行されない
    }

    myfunc

    echo -----------------------------------------

    # local_ro1とlocal_ro2は関数の外から参照できない
    declare -p ro1 ro2 local_ro1 local_ro2
```

実行例は**図A-5**のようになります。

```
mlss@mint:~/bin$ declare3.sh
/home/mlss/bin/declare3.sh: 行 8: ro1: 読み取り専用の変数です
/home/mlss/bin/declare3.sh: 行 9: ro2: 読み取り専用の変数です
declare -r ro1="This variable is readonly."
declare -r ro2="This variable is readonly."
-----------------------------------------
/home/mlss/bin/declare3.sh: 18 行: declare: ro1: 読み取り専用の変数です
/home/mlss/bin/declare3.sh: 18 行: declare: ro2: 読み取り専用の変数です
-----------------------------------------
declare -r local_ro1="This variable is readonly."
declare -r local_ro2="This variable is readonly."
/home/mlss/bin/declare3.sh: 行 31: local_ro1: 読み取り専用の変数です
-----------------------------------------
declare -r ro1="This variable is readonly."
declare -r ro2="This variable is readonly."
/home/mlss/bin/declare3.sh: 40 行: declare: local_ro1: 見つかりません
/home/mlss/bin/declare3.sh: 40 行: declare: local_ro2: 見つかりません
mlss@mint:~/bin$
```

図 A-5

A.1.2.4 配列の定義

-a オプションは変数を配列として定義します。${!変数名 [@]} や ${!変数名 [*]} で配列のインデックスのリストを取得でき[5]、${#変数名 [@]} で配列の要素の数を取得できます。以下のスクリプトは変数を配列として定義する例です[6]。

```bash
#!/bin/bash

# arrayを配列として定義
declare -a array=("car" "ship" "airplane")

# arrayの各要素を表示
echo ${array[0]}
echo ${array[1]}
echo ${array[2]}

echo ----------------------------------------

# arrayの各要素を変更
```

---

[5] dash と ash では配列を使用できません。zsh では配列のインデックスは 1 から始まり、この記法による配列のインデックスのリストの取得はできません。

[6] mksh では typeset -a array=("car" "ship" "airplane") のように一度に複数の要素を設定することができず、typeset -a array[0]="car" のように 1 つずつ設定する必要があります。

```
array[0]="red"
array[1]="green"
array[2]="blue"

# "${array[@]}" は "red" "green" "blue" となる
for c in "${array[@]}" ; do
    echo $c
done

echo ----------------------------------------

# "${array[*]}" は "red green blue" となる
for c in "${array[*]}" ; do
    echo $c
done

echo ----------------------------------------

# "${!array[@]}" は "0" "1" "2" となる
for c in "${!array[@]}" ; do
    echo $c
done

echo ----------------------------------------

# "${!array[*]}" は "0 1 2" となる
for c in "${!array[*]}" ; do
    echo $c
done

echo ----------------------------------------

# arrayの要素の数を表示
echo "Number of elements: ${#array[@]}"
# arrayの属性と値を表示
declare -p array
```

実行例は**図A-6** のようになります。

```
mlss@mint:~/bin$ declare4.sh
car
ship
airplane
----------------------------------------
red
green
blue
----------------------------------------
red green blue
----------------------------------------
0
1
2
----------------------------------------
0 1 2
----------------------------------------
Number of elements: 3
declare -a array=([0]="red" [1]="green" [2]="blue")
mlss@mint:~/bin$
```

図 A-6

A.1.2.5　連想配列の定義

-A オプションは変数を連想配列として定義します。連想配列は数字の代わりに文字列をインデックスに使える配列です[7]。以下のスクリプトは変数を連想配列として定義する例です。

```bash
#!/bin/bash

# arrayを連想配列として定義
declare -A array=([car]="red" [ship]="green" [airplane]="blue")

# arrayの各要素を表示
echo ${array["car"]}
echo ${array["ship"]}
echo ${array["airplane"]}

echo ----------------------------------------

# arrayの各要素を変更
array["car"]="orange"
```

---

[7]　dash、ash、mksh では連想配列を使用できません。zsh では$!array[@]}と$!array[*]}による連想配列のインデックスのリストの取得はできません。

```
array["ship"]="yellow"
array["airplane"]="purple"

# "${array[@]}" は "yellow" "purple" "orange" となる
for c in "${array[@]}" ; do
    echo $c
done

echo ------------------------------------------

# "${array[*]}" は "yellow purple orange" となる
for c in "${array[*]}" ; do
    echo $c
done

echo ------------------------------------------

# "${!array[@]}" は "ship" "airplane" "car" となる
for c in "${!array[@]}" ; do
    echo $c
done

echo ------------------------------------------

# "${!array[*]}" は "ship airplane car" となる
for c in "${!array[*]}" ; do
    echo $c
done

echo ------------------------------------------

# arrayの要素の数を表示
echo "Number of elements: ${#array[@]}"
# arrayの属性と値を表示
declare -p array
```

実行例は**図A-7** のようになります。

```
mlss@mint:~/bin$ declare5.sh
red
green
blue
-----------------------------------------------------
yellow
purple
orange
-----------------------------------------------------
yellow purple orange
-----------------------------------------------------
ship
airplane
car
-----------------------------------------------------
ship airplane car
-----------------------------------------------------
Number of elements: 3
declare -A array=([ship]="yellow" [airplane]="purple" [car]="orange" )
mlss@mint:~/bin$
```

図 A-7

A.1.2.6　名前参照

　-n オプションは変数の名前参照を作成します[8]。名前参照を作成することにより変数を別名で参照できるようになります。関数を実行する際は引数の値が $1 等の位置パラメーターにコピーされる「値渡し」になりますが、名前参照を使うことにより関数の引数を変数への参照にする「参照渡し」にし、関数の中で引数で渡された変数の値を変更して関数の呼び出し側に値の変更を反映させることが可能になります。以下のスクリプトは関数内で変数の名前参照を作成して参照渡しを行う例です。

```
#!/bin/bash

str="east"

myfunc1 () {
    # 引数として渡された変数(str)をvarとして参照
    declare -n var="$1"
    var="west"  # varの値を変更
}
```

---

[8] zsh の typeset コマンドは -n オプションをサポートしていません。

```
myfunc1 str # 変数名を引数として渡す
echo $str # 値が west に書き換わっている
echo ----------------------------------------

declare -A array=([car]="red" [ship]="green" [airplane]="blue")

myfunc2 () {
    # 引数として渡された変数(array)をvarとして参照
    declare -n var="$1"
    var["bike"]="black" # 値を追加
}

myfunc2 array # 変数名を引数として渡す
echo ${array["bike"]} # array["bike"]="black" の値が追加されている
declare -p array # arrayの属性と値を表示
```

実行例は**図A-8** のようになります。

```
mlss@mint:~/bin$ declare6.sh
west
----------------------------------------
black
declare -A array=([bike]="black" [ship]="green" [airplane]="blue" [car]="red" )
mlss@mint:~/bin$
```

図A-8

A.1.2.7　大文字小文字変換、環境変数の設定

　-l オプションは変数の値の文字列を自動的に小文字に変換するオプション、-u は大文字に変換するオプションです。-x オプションは変数を export コマンドと同様に環境変数として設定するオプションです。

```
#!/bin/bash

declare -l str
str="UPPERCASE STRING"
echo $str # 自動的に小文字に変換されている
declare -p str # strの属性と値を表示
echo ----------------------------------------

declare -u str
str="lowercase string"
```

```
echo $str # 自動的に大文字に変換されている
declare -p str # strの属性と値を表示
echo ----------------------------------------

declare -x MYENV1="My new environment variable1"
export MYENV2="My new environment variable2"
env | grep MYENV # どちらも環境変数として設定されている
```

実行例は**図A-9**のようになります。

```
mlss@mint:~/bin$ declare7.sh
uppercase string
declare -l str="uppercase string"
----------------------------------------
LOWERCASE STRING
declare -u str="LOWERCASE STRING"
----------------------------------------
MYENV1=My new environment variable1
MYENV2=My new environment variable2
mlss@mint:~/bin$
```

図A-9

A.1.2.8 関数のトレース

　-t オプションは、-f オプションと組み合わせることで関数の実行が終了する都度あらかじめ trap コマンドで設定したコマンドを実行することができ、デバッグに役立ちます[9]。trap コマンドで実行するコマンドを設定する際は最後の引数に RETURN が必要です。以下のスクリプトは myfunc1 関数が実行される都度「TRACE: Function myfunc1 is called.」という文字列を出力します。

```
#!/bin/bash

myfunc1 () {
    echo "This is myfunc1 function: VAR=$VAR."
}

myfunc2 () {
```

---

[9] ksh、mksh、zsh では typeset -f -t で関数のトレースができますが関数内で実行されたコマンドを表示するという動作になります。bash のように trap コマンドと組み合わせて関数の終了時に特定のコマンドを実行することはできません。

```
        echo "This is myfunc2 function: VAR=$VAR."
}

VAR=1

# myfunc1 の終了時にtrapコマンドで設定したコマンドが実行される
declare -ft myfunc1
trap "echo 'TRACE: Function myfunc1 is called.'" RETURN

myfunc1
((VAR++)) # VAR の値をインクリメント
myfunc1
((VAR++))
myfunc1
((VAR++))

# myfunc2にはtrapコマンドの設定は適用されない
myfunc2
((VAR++))
myfunc2
((VAR++))
myfunc2
```

　実行例は**図A-10** のようになります。myfunc2 関数には declare コマンドを使用していないため、myfunc2 関数の終了時に trap コマンドで設定したコマンドは実行されません。

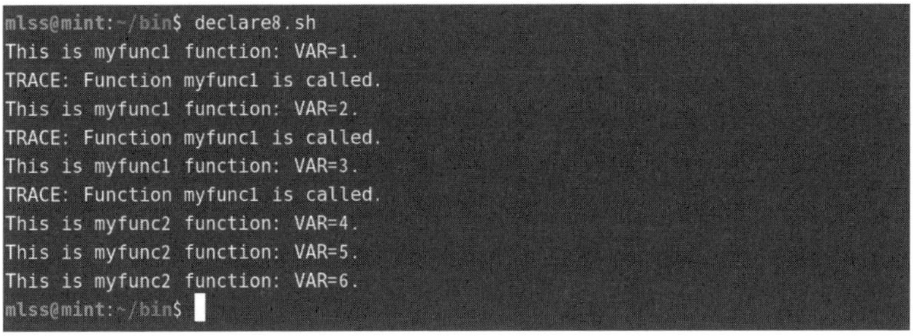

図A-10

A.1.3　getopts コマンド

　「2.7　オプションの受け渡し」でスクリプトに渡されるオプションの処理について

解説しました。getopts コマンドはスクリプトの引数で指定されたオプションの文字列を処理する組み込みコマンドです。以下のスクリプトは getopts コマンドを使って -h、-i、-q の３つのオプションの処理を行い、オプションの引数とそれ以外の引数をそれぞれ表示します。-h はスクリプトの使用方法の説明を表示するオプション、-i オプションは文字列で品名を指定するオプション、-q は整数で数量を指定するオプションです。

```bash
#!/bin/bash

# 使用方法の説明を表示して終了する関数
usage () {
    echo "Usage: $0 [option ...] [arg ...]"
    cat <<"EOM"
Options:
  -h: Show this help
  -i item: Specify item
  -q quantity: Specify quantity
EOM
    exit 1
}

# 引数があれば1行ずつ出力する関数
echo_args () {
    if [ $# -eq 0 ] ; then
        echo "No argument"
    else
        for ((i=1; i <= $#; i++)) ; do
            # ${!i} で $1, $2, $3... を参照できる
            echo "\$$i: ${!i}"
        done
    fi
}

# 引数を必要とする-iと-qのオプションはiとqの後ろに:を付ける。
# hi:q:の先頭に:を付けると存在しないオプションを指定した場合
# や必要な引数が無い場合にエラーメッセージを表示しなくなる。
while getopts hi:q: option ; do
    case $option in
        h | \?) # -h, -i, -q 以外のオプションを与えた場合は ? となる
            # $OPTINDには次にgetoptsを呼んだ際にオプションとして処理
            # される位置パラメーターのインデックスが入る。例えばオプション
            # に-hのみ指定した場合の$OPTINDの値は2となる。
            echo "-h or invalid option is used (OPTIND: $OPTIND)"
            usage
            ;;
```

```
        i)
            echo "-i option is used (OPTIND: $OPTIND)"
            item=$OPTARG # オプションの引数を代入する
            ;;
        q)
            echo "-q option is used (OPTIND: $OPTIND)"
            # quantityを整数としてオプションの引数を代入する
            # 引数が数値以外の場合はquantityの値は0になる
            declare -i quantity=$OPTARG
            ;;
    esac
done

# -iオプションを使用しない場合のデフォルト値を設定する
if [ -z "$item" ] ; then
    item="unknown"
fi

# -qオプションを使用しない場合のデフォルト値を設定する
if [ -z "$quantity" ] ; then
    quantity="unknown"
fi

# itemとquantityの値を表示する
echo "Item: $item"
echo "Quantity: $quantity"

# オプションの後に引数がある場合にオプション部分を位置パラメーターから削除する
shift $((OPTIND-1))
echo_args "$@" # 残りの引数を表示する
```

getopts コマンドはスクリプトの引数を順番に処理していくため while ループで実行します。getopts コマンドの最初の引数に処理するオプションを指定する文字列を指定します。ここでは hi:q: という文字列を指定しています。-i と -q のオプションは引数を必要とするため文字列の i と q の後ろに : が付いています。この文字列の先頭に : を付けておくと存在しないオプションを指定した場合や必要な引数がない場合にエラーメッセージを表示しなくなります。getopts コマンドの 2 番目の引数にはオプションの文字が代入される変数名を指定します。ここでは option という変数にオプションのハイフンを除いた文字が代入されます。

while ループ内では case 文を使ってオプションを処理します。あらかじめ指定していないオプションがスクリプトの引数で指定された場合はオプションの文字が ? となります。case 文では ? が任意の 1 文字を表すワイルドカードになりますので ? の

文字のみにマッチするようバックスラッシュ（\）を使ってエスケープしています。
このスクリプトでは -h、-i、-q 以外のオプションが指定された場合は -h と同様に
スクリプトの使用方法の説明を表示します。オプションの後に引数を必要とする -i
と -q については $OPTARG にオプションの引数が入っていますのでこれを別の変数
に代入することができます。

$OPTIND には次に getopts コマンドを実行する際に処理される位置パラメー
ターのインデックスが入っています。-i banana -q 3 AAA BBB CCC のように
オプションの後に指定されたオプションでない引数（AAA BBB CCC の部分）を
処理したい場合は、オプションをすべて処理した後に $OPTIND と shift コマン
ドを使って shift $((OPTIND-1)) とすると、オプションとして処理された引数
（-i banana -q 3）の部分が位置パラメーターから削除されて AAA BBB CCC の部
分が位置パラメーターに残りますので、この後に残った位置パラメーターに対する処
理を行うことができます。このスクリプトでは "$@" を引数にして echo_args 関数
を実行することで残りの位置パラメーター（この例では $1 が AAA、$2 が BBB、$3
が CCC）を 1 行ずつ出力します。

実行例は**図 A-11** から**図 A-13** のようになります。スクリプトにさまざまなオプ
ションや引数を指定して出力がどのように変わるかを確認してみてください。

```
mlss@mint:~/bin$ getopts.sh -h
-h or invalid option is used (OPTIND: 2)
Usage: /home/mlss/bin/getopts.sh [option ...] [arg ...]
Options:
  -h: Show this help
  -i item: Specify item
  -q quantity: Specify quantity
mlss@mint:~/bin$
```

図 A-11

```
mlss@mint:~/bin$ getopts.sh -i banana -q 3
-i option is used (OPTIND: 3)
-q option is used (OPTIND: 5)
Item: banana
Quantity: 3
No argument
mlss@mint:~/bin$
```

図 A-12

```
mlss@mint:~/bin$ getopts.sh -i banana -q 3 AAA BBB CCC
-i option is used (OPTIND: 3)
-q option is used (OPTIND: 5)
Item: banana
Quantity: 3
$1: AAA
$2: BBB
$3: CCC
mlss@mint:~/bin$
```

図 A-13

A.1.4　mapfile コマンド（readarray コマンド）

　mapfile コマンドは標準入力から読み込んだ各行を指定した配列に代入する組み込みコマンドです。readarray コマンドは mapfile コマンドの別名です[10]。デフォルトでは配列の各要素の末尾に改行が含まれていて -t オプションで改行を除去できます。-s オプションは指定した行数をスキップして -n オプションは指定した行数を読み込みます。-d オプションで区切り文字をデフォルトの改行から他の文字に変更できます。以下のスクリプトは /etc/shells の内容を配列 lines に代入して declare コマンドでその内容を表示します。

```
#!/bin/bash

# /etc/shellsの内容を行番号付きで表示する
cat -n /etc/shells
echo ----------------------------------------
```

---

[10] mapfile コマンドは bash 独自のコマンドです。zsh に mapfile というモジュールがありますが bash の mapfile コマンドとは異なる機能を提供するものです。

```
# /etc/shellsの各行を配列linesに代入する
mapfile lines < /etc/shells
declare -p lines
echo ----------------------------------------

# -tオプションは末尾の改行を除去する
mapfile -t lines < /etc/shells
declare -p lines
echo ----------------------------------------

# -sオプションは指定した行数をスキップする
mapfile -s 2 -t lines < /etc/shells
declare -p lines
echo ----------------------------------------

# -nオプションは指定した行数を読み込む
mapfile -n 2 -t lines < /etc/shells
declare -p lines
echo ----------------------------------------

# -dオプションで区切り文字を改行からスペースに変更する
mapfile -d " " lines < /etc/shells
declare -p lines
```

　実行例は**図A-14**のようになります。オプションによって配列の要素がどのように
変わるかを確認してみてください。

```
mlss@mint:~/bin$ mapfile.sh
    1  # /etc/shells: valid login shells
    2  /bin/sh
    3  /bin/bash
    4  /usr/bin/bash
    5  /bin/rbash
    6  /usr/bin/rbash
    7  /usr/bin/sh
    8  /bin/dash
    9  /usr/bin/dash
------------------------------
declare -a lines=([0]=$'# /etc/shells: valid login shells\n' [1]=$'/bin/sh\n' [2
]=$'/bin/bash\n' [3]=$'/usr/bin/bash\n' [4]=$'/bin/rbash\n' [5]=$'/usr/bin/rbash
\n' [6]=$'/usr/bin/sh\n' [7]=$'/bin/dash\n' [8]=$'/usr/bin/dash\n')
------------------------------
declare -a lines=([0]="# /etc/shells: valid login shells" [1]="/bin/sh" [2]="/bi
n/bash" [3]="/usr/bin/bash" [4]="/bin/rbash" [5]="/usr/bin/rbash" [6]="/usr/bin/
sh" [7]="/bin/dash" [8]="/usr/bin/dash")
------------------------------
declare -a lines=([0]="/bin/bash" [1]="/usr/bin/bash" [2]="/bin/rbash" [3]="/usr
/bin/rbash" [4]="/usr/bin/sh" [5]="/bin/dash" [6]="/usr/bin/dash")
------------------------------
declare -a lines=([0]="# /etc/shells: valid login shells" [1]="/bin/sh")
------------------------------
declare -a lines=([0]="# " [1]="/etc/shells: " [2]="valid " [3]="login " [4]=$'s
hells\n/bin/sh\n/bin/bash\n/usr/bin/bash\n/bin/rbash\n/usr/bin/rbash\n/usr/bin/s
h\n/bin/dash\n/usr/bin/dash\n')
mlss@mint:~/bin$
```

図 A-14

A.1.5　printf コマンド

　printf コマンドは % で始まるプレースホルダーを使ってデータの型や出力位置を指定するフォーマット文字列を記述し、フォーマット文字列のプレースホルダーの位置に数値や文字列を埋め込むことで定型の文字列を出力する組み込みコマンドです[11]。printf コマンドの最初の引数はフォーマット文字列で、2 番目以降の引数はフォーマット文字列に埋め込んで出力する文字列や数値です。フォーマット文字列にはタブ（\t）や改行（\n）などのエスケープ文字を使用することができます。printf コマンドは echo コマンドと異なりフォーマット文字列の末尾に改行（\n）を入れておかないと出力が改行されません。以下のスクリプトは printf コマンドを

---

[11]　mksh では printf コマンドは組み込みコマンドではなく /usr/bin/printf のエイリアスになっています。

使ってさまざまなフォーマットで文字列を出力しています。

```bash
#!/bin/bash

# 変数名とその値の文字列をタブ区切りで出力
printf "%s\t%s\n" "BASH_VERSION" $BASH_VERSION

# echo -e と同様にバックスラッシュによるエスケープ文字を
# 解釈して出力する
printf "%b" "BASH_VERSION\t$BASH_VERSION\n"

# プレースホルダの数よりも引数が多い場合は全ての引数を
# 処理するまで出力を繰り返すため、red、green、blueが
# 1行ずつ出力される
printf "%s\n" "red" "green" "blue"

# 引用符やスペース、バックスラッシュをエスケープさせて、
# 出力した文字列をシェルの入力として使用できるようにする
printf "%q\n" "'red green\tblue'"

# 整数を出力
printf "%d\n" 10000

# 8桁の右揃えで出力
printf "%8d\n" 10000

# 8桁の右揃えで左に0を付加して出力
printf "%08d\n" 10000

# 10進数を8進数で出力
printf "%o\n" 511

# 10進数を16進数(小文字)で出力
printf "%x\n" 511

# 10進数を16進数(大文字)で出力
printf "%X\n" 511

# 小数を出力
printf "%f\n" 10.112233445566778899

# 小数点以下を4桁で出力
printf "%.4f\n" 10.112233445566778899

# 16桁の右揃えで小数点以下を8桁で出力
printf "%16.8f\n" 10.112233445566778899

# "\"と"%"の文字をエスケープして出力
```

```
printf "C:\\Windows\t%%APPDATA%%\n"

# 16進数で表した文字列"ABCD"を出力
printf "\x41\x42\x43\x44\n"

# Unicodeコードポイントで表した文字列"シェル"を出力
printf "\u30b7\u30a7\u30eb\n"

# %(...)Tの中にstrftime関数のフォーマット文字列を
# 使って現在の日付(%F)と時刻(%T)を出力
printf "%(%F %T)T\n"

# 日本時間(UTC+9)の2000-01-01 00:00:00を表示する。
# 引数の数値はUNIXタイムスタンプ(UTCの1970年1月1日
# 午前0時0分0秒からの閏秒を除外した経過秒数)
printf "%(%F %T)T\n" 946652400

# -vオプションで指定した変数に代入する
printf -v string "hostname: %s\nuser: %s\n" $(hostname) $(whoami)
echo $string
```

printf コマンドは %(...)T という形式で括弧内に C 言語の strftime 関数で使用できるフォーマット文字列を使用して日付や時刻を出力することができます[12]。また、printf コマンドの -v オプションで変数名を指定してその変数に出力した文字列を代入することができます[13]。

実行例は**図A-15** のようになります。スクリプトの printf コマンドの引数とその出力を見比べてみてください。また、printf コマンドの引数をいろいろ変えて実行してみて出力される文字列がどのように変わるかも確認してみてください[14]。

---

[12] bash と ksh93 では %(...)T の形式を使用可能ですが dash、ash、mksh、zsh では使用できません。ksh93 では UNIX タイムスタンプ——協定世界時 (UTC) での 1970 年 1 月 1 日午前 0 時 0 分 0 秒 (UNIX エポック) からの閏秒を除外した経過秒数——を引数に指定して任意の日時を出力することはできません。

[13] dash、ash、mksh では -v オプションを使用できません。

[14] 2022 年 9 月にリリースされた bash 5.2 では printf コマンドに %Q が追加されました。%Q は %q と同様の動作をしますが、例えば printf "%.4q\n" "'ab'cd'"のように %.4q という書式を使って出力される文字列を先頭から 4 文字に切り詰めるような場合に、%.4q ではバックスラッシュでエスケープされた後の文字列 (\'ab\'cd\') が先頭から 4 文字に切り詰められて\'ab と出力されるのに対して、書式を %.4Q とした場合はバックスラッシュでエスケープされる前の文字列が先頭から 4 文字 ('ab') に切り詰められた後でエスケープが行われて\'ab\'のように 6 文字が出力される、という動作の違いがあります。

```
mlss@mint:~/bin$ printf.sh
BASH_VERSION    5.1.16(1)-release
BASH_VERSION    5.1.16(1)-release
red
green
blue
\'red\ green\\tblue\'
10000
    10000
00010000
777
1ff
1FF
10.112233
10.1122
      10.11223345
C:\Windows      %APPDATA%
ABCD
シェル
2022-09-04 21:20:26
2000-01-01 00:00:00
hostname: mint user: mlss
mlss@mint:~/bin$
```

図 A-15

printf コマンドの機能の説明やフォーマット文字列の記述方法については
help printf（bash のヘルプ）、man 1 printf（GNU coreutils の printf コ
マンドのマニュアル）や man 3 printf（C 言語の printf 関数のマニュアル）のコ
マンドを実行すると参照できます。strftime 関数で使用できるフォーマット文字列
については man 3 strftime のコマンドを実行して strftime 関数のマニュアルを
参照してください。

A.1.6　select コマンド

「6.10　オペレーター用メニューの作成」でメニューを表示してユーザーに選択させ
るスクリプトについて解説しました。select コマンドは選択肢を表示してユーザー
に数字で選択させ、選択に基づいて何か処理したい場合に役立つ組み込みコマンドで
す[15]。select コマンドは引数で選択肢を指定するとそれに基づいて選択肢を自動
的にレイアウトして表示してくれるため、選択肢がカレントディレクトリーのファイ

---

[15] ksh93、mksh、zsh でも select コマンドを使用できますが dash と ash では使用できません。

ル名の一覧など動的に変化する場合に使用すると便利です。

　以下のスクリプトは select コマンドでカレントディレクトリーのファイルの一覧を選択肢として表示して、ユーザーが選択肢の数字を入力して選択を行うと、選択されたファイルについて stat コマンドを実行してファイルサイズやタイムスタンプ等の情報を表示します。

```
#!/bin/bash

# ユーザーに入力を求めるプロンプトの内容（選択肢の後に表示される）
PS3="Choose a file or directory (enter q to quit): "

# inの後に選択肢を記載する。
# ここでは*を使用しているためカレントディレクトリのファイル名の
# 一覧に展開されてそれらが選択肢として表示される。
#
# ユーザが数字を入力して選択を行うと数字に該当する選択肢の内容
# （ここではファイル名）が変数fileに代入される。
select file in *
do
    # ユーザーが入力した数字等の文字列は変数REPLYに代入される。
    # ここではqが入力されたら終了する。
    if [ "$REPLY" = "q" ] ; then
        exit 0
    fi
    echo ""
    stat "$file" # 選択されたファイルにstatコマンドを実行する
    echo ""
done
```

　変数 PS3 でユーザーに入力を求めるプロンプトの内容を設定できます。プロンプトは選択肢の後に表示されます。変数 PS3 が未設定の場合はデフォルトのプロンプトの#?が表示されます。select の後に指定した名前の変数にユーザーが数字を入力して選択した選択肢の内容が代入されます。

　このスクリプトでは変数 file に選択したファイル名が代入されます。in の後に指定した引数が選択肢となります。このスクリプトでは*のワイルドカードでカレントディレクトリーのファイル名の一覧に展開されたものが選択肢として表示されます。ユーザーの選択に基づいて実行したいコマンドは select コマンドのループ内に記述します。ユーザーが入力した数字等の文字列は変数 REPLY に代入されます。数字以外が入力された場合に何か処理を行いたい場合はこの変数を使うことができます。select コマンドは EOF（ Ctrl - D キー）が入力されてループを抜けるまで繰

り返しユーザーに入力を求めます。このスクリプトでは q が入力された場合に exit コマンドで終了するようになっていますが、終了しないでループを抜けるようにしてその後に何か処理を追加したい場合は exit コマンドで終了する代わりに break コマンドでループを抜けるようにするとよいでしょう。

　実行例は**図A-16** のようになります。ルートディレクトリーに移動してからスクリプトを実行したことでルートディレクトリーの直下のファイルやディレクトリーが選択肢として表示され、1 番目の bin を選択したことで bin の情報が表示されています。スクリプトに選択肢の表示の処理を書かなくても select コマンドが選択肢を自動的にレイアウトして表示してくれていることがわかります。

```
mlss@mint:~/bin$ cd /
mlss@mint:/$ ~/bin/select.sh
1) bin          6) home        11) lost+found  16) root       21) sys
2) boot         7) lib         12) media       17) run        22) tmp
3) cdrom        8) lib32       13) mnt         18) sbin       23) usr
4) dev          9) lib64       14) opt         19) srv        24) var
5) etc         10) libx32      15) proc        20) swapfile
Choose a file or directory (enter q to quit): 1

 File: bin -> usr/bin
 Size: 7              Blocks: 0          IO Block: 4096   シンボリックリンク
Device: 803h/2051d    Inode: 13          Links: 1
Access: (0777/lrwxrwxrwx)  Uid: (    0/    root)   Gid: (    0/    root)
Access: 2022-09-11 18:38:21.665049726 +0900
Modify: 2022-08-13 13:40:09.629178186 +0900
Change: 2022-08-13 13:40:09.629178186 +0900
 Birth: 2022-08-13 13:40:09.629178186 +0900

Choose a file or directory (enter q to quit): q
mlss@mint:/$
```

図 A-16

A.1.7　set コマンド

　set コマンドは位置パラメーターの値やシェルのオプションを設定する組み込みコマンドです。set コマンドには多数のオプションがあるためここではその一部を紹介します。

A.1.7.1 位置パラメーターの設定

　set コマンドを引数無しで実行すると設定されている変数と関数が表示されます。set コマンドに引数を与えると位置パラメーターに引数が代入されます。引数に--を与えるとそれ以降の引数はオプションとして解釈されなくなります。引数に--のみを与えると位置パラメーターを未定義にします。以下のスクリプトはスクリプトの引数で設定された位置パラメーターを表示してその後に位置パラメーターを書き換えて表示します。

```bash
#!/bin/bash

# 引数があれば1つずつ出力する関数
echo_args () {
    if [ $# -eq 0 ] ; then
        echo "No argument"
    else
        for ((i=1; i <= $#; i++)) ; do
            # ${!i} で $1, $2, $3... を参照できる
            echo "\$$i: ${!i}"
        done
    fi
}

# 引数が無い場合はメッセージを表示して終了する
if [ $# -eq 0 ] ; then
    echo "Usage: $0 arg ..."
    exit 1
fi

echo_args "$@"

echo -----------------------------------------

# 位置パラメータを書き換える
set alpha beta gamma delta epsilon
echo_args "$@"

echo -----------------------------------------

# 設定したい値にハイフンが含まれる場合は -- を使うと
# setコマンドのオプションとして解釈されない
set -- -a -b -c "$4" "$5"
echo_args "$@"

echo -----------------------------------------
```

```
# 位置パラメータを未定義にする
set --
echo_args "$@"
```

　実行例は**図A-17** のようになります。

```
mlss@mint:~/bin$ set-positional-parameters.sh one two three
$1: one
$2: two
$3: three
----------------------------------------
$1: alpha
$2: beta
$3: gamma
$4: delta
$5: epsilon
----------------------------------------
$1: -a
$2: -b
$3: -c
$4: delta
$5: epsilon
----------------------------------------
No argument
mlss@mint:~/bin$
```

図 A-17

A.1.7.2　エラー発生時の終了（ -e オプション）

　-e オプションを付けて set コマンドを実行するとそれ以降にスクリプト中のコマ
ンドでエラーが発生した場合（コマンドの終了ステータスが 0 でない場合）にスクリ
プトの実行を終了します。以下のスクリプトでは /dev/none という存在しないファ
イルを cat コマンドで読み込もうとしてエラーが発生します。set -e を実行する前
はエラーが発生してもスクリプトの実行は続行されますが set -e の実行後は cat
コマンドを実行してエラーが発生した時点でスクリプトの実行が終了し最後の echo
コマンドは実行されません。

```
#!/bin/bash

echo "START 1"
# ファイルが存在しないためここでエラーが発生
cat /dev/none
echo "FINISH 1"

echo -------------------------------------------

# エラー発生時に終了するようにする
set -e

echo "START 2"
# ファイルが存在しないためここでエラーが発生
cat /dev/none
echo "FINISH 2" # ここは実行されない
```

実行例は**図A-18**のようになります。

```
mlss@mint:~/bin$ set-el.sh
START 1
cat: /dev/none: そのようなファイルやディレクトリはありません
FINISH 1
-------------------------------------------
START 2
cat: /dev/none: そのようなファイルやディレクトリはありません
mlss@mint:~/bin$
```

図A-18

　次のスクリプトは [（test コマンド）を使った例です。2 回目の [$str = "melon"] を実行するところで条件が偽となり終了ステータスは 1 となるためここでスクリプトの実行が終了し、2 回目の echo コマンドは実行されません。

```
#!/bin/bash

# エラー発生時に終了するようにする
set -e

str="melon"
[ "$str" = "melon" ]
echo "$str"
```

```
str="grape"
[ "$str" = "melon" ] # 条件が偽になるためここで終了する
echo "$str" # ここは実行されない
```

実行例は**図A-19**のようになります。

```
mlss@mint:~/bin$ set-e2.sh
melon
mlss@mint:~/bin$
```

図A-19

　エラーが発生しても実行が継続される場合があります。次のスクリプトはいくつか
の実行が継続される例を示すものです。||や&&でコマンドをつなげる場合は最後の
コマンドがエラーにならないかぎり実行は継続されます。if 文で使用されたコマン
ドや if 文で使用された関数内でエラーが発生した場合も実行は継続されます。コマ
ンド置換で発生したエラーについてはその結果を別のコマンドの引数にする場合は実
行は継続され、変数に代入する場合は実行は終了されます。

```
#!/bin/bash

# エラー発生時に終了するようにする
set -e

echo "START 1"
# ||や&&でコマンドをつなげる場合は最後のコマンドが
# エラーにならなければ終了しない
cat /dev/none || true
echo "FINISH 1" # エラーになっても実行が継続される

echo ----------------------------------------

echo "START 2"
# if文で使用されたコマンドのエラーでは終了しない
if cat /dev/none ; then
    echo "SUCCESS 2"
fi
echo "FINISH 2" # エラーになっても実行が継続される

echo ----------------------------------------
```

```
# if文で使用された関数内のエラーでは終了しない
myfunc () {
    cat /dev/none
}

echo "START 3"
if myfunc ; then
    echo "SUCCESS 3"
fi
echo "FINISH 3" # エラーになっても実行が継続される

echo ----------------------------------------

echo "START 4"
# catはエラーになるがechoが成功するため実行は継続される
echo "$(cat /dev/none)"
echo "FINISH 4"

echo ----------------------------------------

echo "START 5"
# コマンド置換の結果を代入する場合はエラーで終了する
content=$(cat /dev/none)
echo "FINISH 5" # ここは実行されない
```

実行例は**図A-20** のようになります。

```
mlss@mint:~/bin$ set-e3.sh
START 1
cat: /dev/none: そのようなファイルやディレクトリはありません
FINISH 1
-----------------------------------------
START 2
cat: /dev/none: そのようなファイルやディレクトリはありません
FINISH 2
-----------------------------------------
START 3
cat: /dev/none: そのようなファイルやディレクトリはありません
FINISH 3
-----------------------------------------
START 4
cat: /dev/none: そのようなファイルやディレクトリはありません

FINISH 4
-----------------------------------------
START 5
cat: /dev/none: そのようなファイルやディレクトリはありません
mlss@mint:~/bin$
```

図 A-20

A.1.7.3　関数内のエラーのトラップ（-E オプション）

　-E オプションは -e オプションと組み合わせて使います。trap コマンドの 2 番目の引数に ERR を指定すると以降のコマンドの実行時にエラーが発生した場合に trap コマンドの最初の引数に指定したコマンドを実行できます[†16]。この trap コマンドの設定はデフォルトでは関数内で実行されたコマンドのエラーに適用されませんが、set コマンドの -E オプションを使用することで適用されるようになります[†17]。

　以下のスクリプトは -E オプションの使用例です。関数 myfunc 内で実行する cat コマンドでエラーが発生します。変数 FUNC_ERR_TRAP に何か値を設定してスクリプトを実行すると、set -E が実行されて、trap コマンドの設定が関数 myfunc にも適用されます。

---

†16　dash と ash では trap コマンドの 2 番目の引数に ERR を使用できません。

†17　ksh、mksh、zsh は -e オプションのみで関数内のエラーのトラップが可能です。ksh と mksh には -E オプションはなく zsh の -E オプションは bash とは異なる役割をするものです。

```
#!/bin/bash

myfunc () {
    cat /dev/none # ファイルが存在しないためエラーが発生
}

# エラー発生時に終了するようにする
set -e

# FUNC_ERR_TRAP の値が存在する場合に set -E を実行
if [ -n "$FUNC_ERR_TRAP" ] ; then
    # 関数内でエラーが発生した場合にtrapコマンドで設定した
    # コマンドを実行できるようにする
    set -E
fi

# エラー発生時に実行されるコマンドを設定
trap "echo 'An error occurred.'" ERR

myfunc
```

実行例は**図A-21**のようになります。変数 FUNC_ERR_TRAP に値を設定しない場合とした場合の動作の違いを確認してみてください。

```
mlss@mint:~/bin$ set-E.sh
cat: /dev/none: そのようなファイルやディレクトリはありません
mlss@mint:~/bin$ FUNC_ERR_TRAP=1 set-E.sh
cat: /dev/none: そのようなファイルやディレクトリはありません
An error occurred.
mlss@mint:~/bin$
```

図A-21

A.1.7.4 ファイル名の展開の無効化（-fオプション）

-f オプションはファイル名の展開を無効にします[18]。以下のスクリプトはファイル名の展開が有効である場合と無効である場合の動作の違いを確認します。通常コマンドの引数に*を付けるとカレントディレクトリーのファイルの一覧として展開されます。そのため、find コマンドの -name オプションで*を使ってカレントディレクトリー以下のファイル名の末尾が.sh であるファイルを探索する際に -name オ

---

[18] zsh では -F オプションになります。

プションの引数に引用符を使わない場合は、*がファイル名として展開されないように\でエスケープする必要があります。set -f を実行した以降はファイル名の展開が無効になって echo *を実行すると*が出力され、find コマンドはエスケープをしなくても正しく動作します。set +f を実行すると再びファイル名の展開が有効になります。

```bash
#!/bin/bash

echo * # ファイル名が展開される
# カレントディレクトリ以下でファイル名の末尾が.shであるファイルを
# 探索し、ファイルパスの一覧の先頭から3行を表示する。
# -nameオプションの引数を引用符で囲まない場合はエスケープが必要。
find . -name \*.sh | head -3
echo -------------------------------------------

# ファイル名の展開を無効にする
set -f

echo * # ファイル名が展開されない
# エスケープしなくても正しく動作する
find . -name *.sh | head -3

# ファイル名の展開を有効にする
set +f
```

実行例は**図A-22**のようになります。set -f の実行の前後で echo コマンドの出力は異なるものになり、find コマンドの出力は同じものになります。

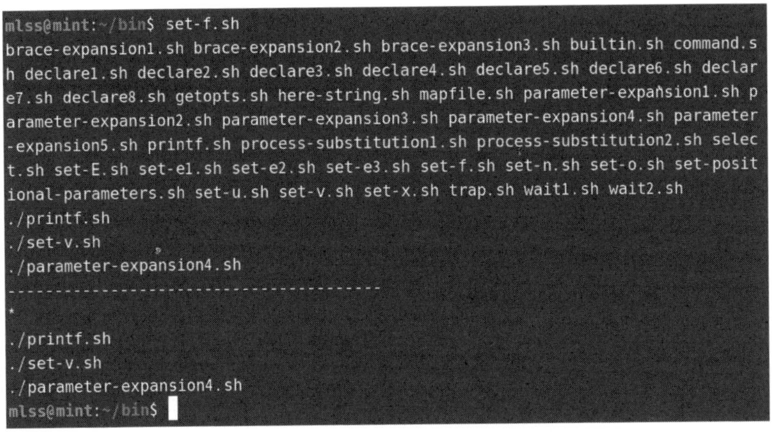
```
mlss@mint:~/bin$ set-f.sh
brace-expansion1.sh brace-expansion2.sh brace-expansion3.sh builtin.sh command.s
h declare1.sh declare2.sh declare3.sh declare4.sh declare5.sh declare6.sh declar
e7.sh declare8.sh getopts.sh here-string.sh mapfile.sh parameter-expansion1.sh p
arameter-expansion2.sh parameter-expansion3.sh parameter-expansion4.sh parameter
-expansion5.sh printf.sh process-substitution1.sh process-substitution2.sh selec
t.sh set-E.sh set-e1.sh set-e2.sh set-e3.sh set-f.sh set-n.sh set-o.sh set-posit
ional-parameters.sh set-u.sh set-v.sh set-x.sh trap.sh wait1.sh wait2.sh
./printf.sh
./set-v.sh
./parameter-expansion4.sh
----------------------------------------
*
./printf.sh
./set-v.sh
./parameter-expansion4.sh
mlss@mint:~/bin$
```
図A-22

A.1.7.5 構文チェック（-nオプション）

-nオプションはコマンドを実行しないで構文チェックを行うように動作を変更します。以下のスクリプトには2つのfor文がありますが2つ目のfor文にはdoの前のセミコロン（;）が抜けているという誤りがあります。

```
#!/bin/bash

# コマンドを実行せずに文法チェックのみ行う
set -n

# こちらは正しいコード
animals=("cat" "dog" "rat")
for a in "${animals[@]}" ; do
    echo $a
done

# こちらはdoの前のセミコロンが抜けている
animals=("cat" "dog" "rat")
for a in "${animals[@]}" do
    echo $a
done
```

実行例は**図A-23**のようになります。set -nを実行したことで以降のコマンドは実行されなくなるため、最初のfor文のechoコマンドは実行されずに2つ目のfor

文の構文エラーのメッセージのみが表示されます。set -n の行をコメントアウトして実行した場合の動作の違いも確認してみてください。

```
mlss@mint:~/bin$ set-n.sh
/home/mlss/bin/set-n.sh: 行 15: 予期しないトークン `echo' 周辺に構文エラーがあります
/home/mlss/bin/set-n.sh: 行 15: `        echo $a'
mlss@mint:~/bin$
```

図 A-23

A.1.7.6　オプションの設定（-o オプション）

-o オプションは bash の動作に関するオプションの設定を行います。-o オプションでオプションの設定を行う際は引数にオプション名を指定します。-o オプションの引数がない場合は現在のオプションの設定状況が表示されます。-o で指定したオプションが有効になり、+o で無効になります。以下のスクリプトは errexit と pipefail の 2 つのオプションを有効にしています。errexit は set -e と同じでエラー発生時（コマンドの終了ステータスが 0 でない場合）に実行を終了するようになるオプションです。エラー発生時に実行を終了するようにしてもパイプでコマンドをつないだ場合はパイプの最後のコマンドがエラーにならないかぎり終了しませんが、pipefail オプションも有効にするとパイプの途中でエラーが発生した場合も終了できるようになります[19]。

```bash
#!/bin/bash

set -o errexit # set -e と同じ
# set -o noglob # set -f と同じ
# set -o noexec # set -n と同じ
# set -o nounset # set -u と同じ
# set -o verbose # set -v と同じ
# set -o xtrace # set -x と同じ

echo "START 1"
# 名前解決できないホスト名のためcurlコマンドはエラーになるが
# パイプの最後のwcコマンドが成功するため終了しない
curl --no-progress-meter https://no-such-hostname/ | wc -l
```

---

[19] dash では pipefail オプションを使用できません。

```
echo "FINISH 1"
echo ----------------------------------------

# パイプの途中でエラーが発生した場合でも終了できるようにする
set -o pipefail

echo "START 2"
curl --no-progress-meter https://no-such-hostname/ | wc -l
echo "FINISH 2" # curlコマンドがエラーになるためここは実行されない
```

　実行例は**図A-24**のようになります。pipefail オプションの設定前は curl コマンドが名前解決できない Web サーバーにアクセスしようとしてエラーになってもスクリプトの実行が継続されますが、設定後は curl コマンドがエラーになった時点でスクリプトの実行が終了するため最後の echo コマンドは実行されません。 -o オプションで設定可能なオプションはさまざまなものがあり、スクリプト中のコメントにその一部を記載しています。その他のオプションについては help set コマンドで参照してください。

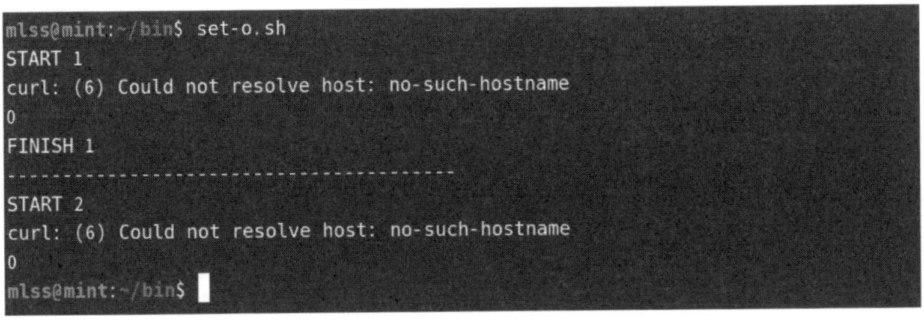

図A-24

A.1.7.7　未定義の変数参照時の終了（-u オプション）

　-u オプションは未定義の変数を参照した場合にエラーメッセージを表示して実行を終了するようにします。変数名を書き間違えて参照した場合は未定義の変数を参照することになりますので -u オプションは変数名の書き間違いのチェックに役立ちます。以下のスクリプトは 2 つ目の echo コマンドのところで変数 var ではなく誤った変数 ver を参照しています。

```
#!/bin/bash

# 未定義の変数の参照時にエラーを発生させて終了するようにする
set -u
var="This is variable var."
echo $var
echo $ver # 未定義の変数を参照したためここで終了する
echo $var # ここは実行されない
```

　実行例は**図 A-25** のようになります。set -u を実行したことによって 2 つ目の echo コマンドのところで未定義の変数 ver を参照してエラーメッセージが表示されて終了するため最後の echo コマンドは実行されません。set -u の行をコメントアウトして実行した場合の動作の違いも確認してみてください。

```
mlss@mint:~/bin$ set-u.sh
This is variable var.
/home/mlss/bin/set-u.sh: 行 7: ver: 未割り当ての変数です
mlss@mint:~/bin$
```

図 A-25

A.1.7.8　読み込んだスクリプトの表示（ -v オプション）

　-v オプションは「1.10　スクリプトのデバッグ」で紹介した bash -v でスクリプトを実行するのと同じ動作になるオプションで、bash が読み込んだスクリプトの内容を表示するようにします。これによってスクリプト内で実行されたコマンドとそれらの出力を一緒に確認できますのでデバッグに役立ちます。表示されるスクリプトの内容に含まれている変数は展開前の内容が表示されます。+v オプションでこの動作を無効にできますので、スクリプトの一部分を set -v と set +v で挟んでおけばその部分のみを表示することもできます。

　以下のスクリプトは引数を与えるとスクリプトのファイル名と引数を表示し、引数を指定しない場合は指定するように促すメッセージを表示します。set -v の実行以降に bash が読み込んだスクリプトの各行が表示されて、その後に echo コマンドの出力が表示されます。

```bash
#!/bin/bash

# スクリプトの各行を表示する
set -v

# スクリプトのファイル名と引数を表示する
if [ $# -ge 1 ] ; then
    echo "You are using $(basename $0)"
    echo "Hello $*"
    exit 0
else
    echo "Usage: $0 arg ..."
fi

echo "Please set argument and try again."
```

　実行例は**図A-26**のようになります。bash が読み込んだスクリプトは空行やコメントも含めて表示されます。引数 fred を指定してスクリプトを実行した場合は if 文内の exit 0 でスクリプトの実行が終了するため、最後の「echo "Please set argument and try again."」の行は読み込まれず表示されません。引数を指定しないでスクリプトを実行した場合の出力の違いも確認してみてください。

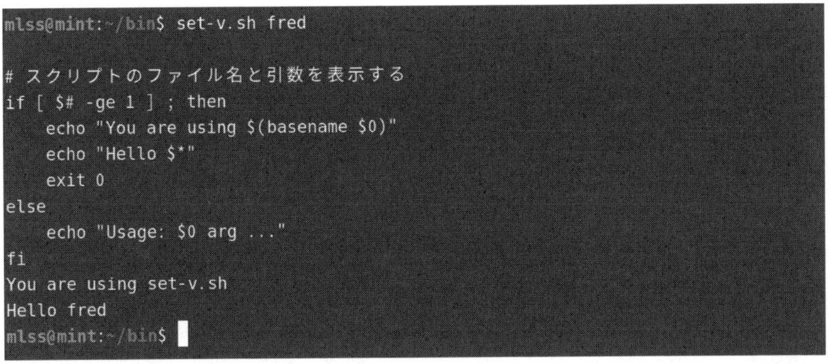

図A-26

A.1.7.9　実行したコマンドと引数の表示（-xオプション）

　-x オプションは、「1.10　スクリプトのデバッグ」で紹介した bash -x でスクリプトを実行するのと同じ動作になるオプションで、実行したコマンドとその引数を表示するようにします。このオプションもスクリプトのデバッグに役立ちます。表示

されるコマンドの引数に含まれている変数は展開後の内容が表示されます。+x オプ
ションでこの動作を無効にできますので、-v オプションと同様にスクリプトの一部
分を set -x と set +x で挟んでおけばその部分で実行されたコマンドのみを表示す
ることもできます。

　以下のスクリプトは -v オプションのサンプルコードの set -v を set -x に変え
たものです。

```bash
#!/bin/bash

# 実行したコマンドとその引数を表示する
set -x

# スクリプトのファイル名と引数を表示する
if [ $# -ge 1 ] ; then
    echo "You are using $(basename $0)"
    echo "Hello $*"
    exit 0
else
    echo "Usage: $0 arg ..."
fi

echo "Please set argument and try again."
```

　実行例は**図A-27**のようになります。-v オプションを使ったときとは異なり、実
行されたコマンドのみが表示されていて、変数の部分は展開後の内容が表示されてい
ます。こちらについても、引数を指定しないでスクリプトを実行した場合の出力の違
いを確認してみてください。また、-v オプションと -x オプションは併用できますの
で両方のオプションを使用した場合の出力も確認してみてください。

```
mlss@mint:~/bin$ set-x.sh fred
+ '[' 1 -ge 1 ']'
++ basename /home/mlss/bin/set-x.sh
+ echo 'You are using set-x.sh'
You are using set-x.sh
+ echo 'Hello fred'
Hello fred
+ exit 0
mlss@mint:~/bin$
```

図A-27

A.1.8 trap コマンド

trap コマンドは「A.1.2.8 関数のトレース」と「A.1.7.3 関数内のエラーのトラップ（-E オプション）」で触れていたように、関数の実行が終了する際やコマンド実行時にエラーが発生した際にあらかじめ設定したコマンドを実行できる組み込みコマンドですが、trap コマンドのメインの機能は bash のプロセスを一時停止させたり終了させたりするなどのためにシグナルが送信された場合にあらかじめ設定したコマンドを実行することです。シグナルは kill コマンドでプロセス ID を指定したり pkill コマンドでプロセス名を指定したりして送信できますし、フォアグラウンドで実行中のプロセスに対して Ctrl - C キー（SIGINT シグナル）、Ctrl - ¥ キー（SIGQUIT シグナル）、Ctrl - Z キー（SIGSTOP シグナル）を押すことでもシグナルを送信できます。

trap コマンドを使用する際は、最初の引数に実行したいコマンドを指定し、2 番目以降の引数にコマンドを実行させたいシグナル名またはシグナル番号を指定します。シグナル名とシグナル番号は複数指定できます。trap -l を実行するとシグナル名とシグナル番号の一覧が表示されますのでそこから必要なものを選ぶとよいでしょう。シグナル名の頭の「SIG」は省略できます。SIGKILL シグナルは trap コマンドで処理することができず、bash がシグナルを受け取ると強制終了されます。特別なシグナル名として EXIT（シェルの終了時）、DEBUG（各コマンドの実行直前）、RETURN（関数の実行終了時または「.」コマンドや source コマンドによる別のスクリプトの実行終了時）、ERR（コマンド実行時にエラーが発生した場合）があります[20]。「A.1.2.8 関数のトレース」と「A.1.7.3 関数内のエラーのトラップ（-E オプション）」での trap コマンドの使用例は、この特別なシグナル名を使用したものになります。trap -p を実行するとシグナルと関連付けられたコマンドの一覧が表示されます[21]。シグナルとコマンドの関連付けを解除したい場合は、trap INT のように、コマンドを指定せずにシグナル名のみを指定することで解除できます。

以下のスクリプトは「6.10 オペレーター用メニューの作成」で解説したスクリプトを改変したもので、Ctrl - C キーまたは Ctrl - ¥ キーを押すとメニューを表示するループの実行回数を表示します。show_loopcount 関数ではループの実行回数の変数 loopcount の値を表示します。trap コマンドでは SIGINT と SIGQUIT

---

[20] dash と ash では EXIT のみ使用可能です。ksh93 と zsh では EXIT、DEBUG、ERR を使用可能です。mksh では EXIT と ERR を使用可能です。

[21] dash、ash、mksh では -p オプションを使用できません。

のシグナルを受信した際に show_loopcount 関数を実行するように設定していま
す。trap コマンドの引数に echo "loop count: $loopcount" と書いていないの
は、echo コマンドで表示するループの実行回数が trap コマンドを実行した時点の
変数 loopcount の値である 0 に固定されてしまうためです。このように trap コマ
ンドで設定するコマンドの引数に変数を使用する場合は注意が必要です。

```bash
#!/bin/bash

# ループの回数を表示する。
# loopcountはグローバル変数であるため関数の引数で与えなくても
# 関数内で参照できる。
show_loopcount() {
    echo "loop count: $loopcount"
}

loopcount=0

# このスクリプトを実行中にSIGINTとSIGQUITのシグナルを受信した場合に
# show_loopcount関数を実行するようにtrapコマンドで設定する。
#
# ここでshow_loopcount関数を使うように設定して
# 'echo "loop count: $loopcount"'というコマンドにしていないのは、
# trapコマンドを実行した時点の値(0)が毎回出力されてしまうため。
trap "show_loopcount" INT QUIT

while true
do
    clear
    echo "Choose an item: a, b or c"
    echo "a: Backup"
    echo "b: Display Calendar"
    echo "c: Exit"
    read -sn1
    case "$REPLY" in
        a) tar -czvf $HOME/backup.tgz ${HOME}/bin;;
        b) cal;;
        c) exit 0;;
    esac
    read -n1 -p "Press any key to continue"
    ((loopcount++)) # 算術演算でループの回数をインクリメント
done
```

　trap.sh を実行すると**図A-28**のようなメニューが表示されます。aやbを入力し
てから Ctrl - C キーまたは Ctrl - ¥ キーを押すのを何度か繰り返して、ルー
プの回数が増えていることを確認してみてください。

```
Choose an item: a, b or c
a: Backup
b: Display Calendar
c: Exit
loop count: 5
```

図 A-28

A.1.9 waitコマンド

　終了まで時間がかかるコマンドを実行している間に何か他の処理を行いたい場合は
コマンドの後に&を付けてバッググラウンドで実行しておき、その間に他の処理を行
うことができます。wait コマンドは指定したプロセス ID またはジョブ ID のプロ
セスが終了するまで待機する組み込みコマンドです。wait コマンドは、バックグラ
ウンドで実行していたコマンドが終了してからでないと行えない処理がある場合に、
コマンドの終了を待つために使います。

　以下のスクリプトは 1.1.1.1、8.8.8.8、9.9.9.9 の 3 つの IP アドレスに対し
て ping コマンドを並列で実行します。-c オプションで異なるパケット送出回数を
指定しているため、3 つの ping コマンドが終了するタイミングは異なります。ping
コマンドの -q オプションは途中経過を表示しないで最後の結果のみを表示するオ
プションです。$!変数でそれぞれの ping コマンドのプロセス ID を取得して wait
コマンドの引数に指定します。プロセス ID を複数指定すると指定したすべてのプ
ロセスが終了するまで待機します。3 つの ping コマンドがすべて終了すると「All
commands has been finished successfully.」というメッセージが表示されます。

```bash
#!/bin/bash

echo "Waiting for all commands to finish..."
echo ""

# -cオプションでパケット送出回数を指定してpingコマンドを実行する
ping -q -c 15 1.1.1.1 &
pid1=$! # $!でプロセスIDを取得する
ping -q -c 10 8.8.8.8 &
pid2=$!
ping -q -c 5 9.9.9.9 &
pid3=$!
```

```
# 3つ全てのプロセスが終了するまで待機する
wait $pid1 $pid2 $pid3
echo ""
echo "All commands has been finished successfully."
```

実行例は**図A-29** のようになります。

```
mlss@mint:~/bin$ wait1.sh
Waiting for all commands to finish...

PING 9.9.9.9 (9.9.9.9) 56(84) bytes of data.
PING 8.8.8.8 (8.8.8.8) 56(84) bytes of data.
PING 1.1.1.1 (1.1.1.1) 56(84) bytes of data.

--- 9.9.9.9 ping statistics ---
5 packets transmitted, 5 received, 0% packet loss, time 4007ms
rtt min/avg/max/mdev = 31.061/41.464/60.333/10.566 ms

--- 8.8.8.8 ping statistics ---
10 packets transmitted, 10 received, 0% packet loss, time 9017ms
rtt min/avg/max/mdev = 22.679/35.627/60.184/10.424 ms

--- 1.1.1.1 ping statistics ---
15 packets transmitted, 15 received, 0% packet loss, time 14023ms
rtt min/avg/max/mdev = 16.846/33.034/73.527/13.414 ms

All commands has been finished successfully.
mlss@mint:~/bin$
```

図A-29

wait コマンドの -n オプションを使用すると、指定したプロセス ID またはジョブ ID のプロセスのいずれかが終了するまで待機します[22]。 -n オプションを使用する際に -p オプションで変数名を指定すると、最初に終了したプロセスのプロセス ID またはジョブ ID がその変数に代入されます。

以下のスクリプトは先ほどのスクリプトの wait コマンドに -n オプションを付けて 3 つの ping コマンドのいずれかが終了するまで待機します。 -p オプションは 2020 年 12 月にリリースされた bash 5.1 以降で使用可能です。たとえば Ubuntu 20.04.4 LTS では bash のバージョンは 5.0.17 で -p オプションを使用できませんの

---

[22] dash、ash、ksh93、mksh、zsh では -n オプションを使用できません。

で、環境変数 BASH_VERSION とバージョン文字列としてソートする sort コマンド
の -V オプションを使用して bash のバージョンの判別を行っています。

```bash
#!/bin/bash

echo ""
echo "Waiting for any commands to finish..."
echo ""

# -cオプションでパケット送出回数を指定してpingコマンドを実行する
ping -q -c 15 1.1.1.1 &
pid1=$! # $!でプロセスIDを取得する
ping -q -c 10 8.8.8.8 &
pid2=$!
ping -q -c 5 9.9.9.9 &
pid3=$!

# sortコマンドの-Vオプションでbashのバージョンと5.1の2つの文字列を
# バージョン文字列として新しい順にソートして新しい方を取得する。
newer_ver=$(echo -e "$BASH_VERSION\n5.1" | sort -r -V | head -n 1)

# waitコマンドの-nオプションは指定したいずれかのプロセスが終了するまで待機する。
# 最初に終了したプロセスIDを取得する-pオプションはbash 5.1以降で使用可能。
if [ "$BASH_VERSION" = "$newer_ver" ] ; then
    wait -p pid_finished -n $pid1 $pid2 $pid3

    echo ""

    echo "PID $pid_finished has been finished successfully."
else
    wait -n $pid1 $pid2 $pid3
    echo ""

    echo "One of the commands has been finished successfully."
fi
```

実行例は**図A-30** のようになります。この例では、3 つの ping コマンドのうち通
信先が 9.9.9.9 のものが最初に終了したタイミングで wait コマンドの待機が終了
し、最初に終了した ping コマンドのプロセス ID を含むメッセージ「PID 5972 has
been finished successfully.」が表示されました。

```
mlss@mint:~/bin$ wait2.sh

Waiting for any commands to finish...

PING 9.9.9.9 (9.9.9.9) 56(84) bytes of data.
PING 1.1.1.1 (1.1.1.1) 56(84) bytes of data.
PING 8.8.8.8 (8.8.8.8) 56(84) bytes of data.

--- 9.9.9.9 ping statistics ---
5 packets transmitted, 5 received, 0% packet loss, time 4008ms
rtt min/avg/max/mdev = 29.869/37.919/53.582/8.207 ms

PID 5972 has been finished successfully.
mlss@mint:~/bin$
```

図 A-30

A.2　ヒアストリング

　2 章のコラム「ヒアドキュメント」で、コマンドに複数行の文字列を標準入力とし
て与える機能であるヒアドキュメントについて解説しました。ヒアストリングはヒア
ドキュメントに似た機能で、コマンドに 1 行の文字列を標準入力として与える機能で
す[23]。ヒアストリングを使用する際は、コマンドに与えたい文字列を、<<<に続け
て指定します。「コマンド <<< 文字列」を実行すると「echo 文字列 | コマンド」
を実行するのと同様の動作になります。

　以下のスクリプトはヒアストリングの使用例です。ここでは、tr コマンドを使用
して文字列を大文字に変換する例と、read コマンドの入力としてスペースで区切ら
れた文字列を与えてそれぞれの文字列を配列に代入する例を示しています。ヒアスト
リングで複数行の入力を与えることもできますがヒアドキュメントを使うほうがコー
ドを読みやすくなるでしょう。$ で始まる文字列を変数として展開したくない場合は
文字列を単一引用符で囲む必要があります。

```bash
#!/bin/bash

# echo "Here string" | tr [:lower:] [:upper:] と同様
tr [:lower:] [:upper:] <<< "Here string"
echo ----------------------------------------
```

---

[23] ksh93 と mksh でもヒアストリングを使用できますが dash、ash、zsh では使用できません。

```
# 複数行の入力を与える場合
tr [:lower:] [:upper:] <<< "Here
string"
echo ------------------------------------------

# 変数の値を参照する場合
str="Here string"
tr [:lower:] [:upper:] <<< "$str"
echo ------------------------------------------

# 変数として展開したくない場合は単一引用符で囲む
tr [:lower:] [:upper:] <<< '$str'
echo ------------------------------------------

# コマンド置換を使う場合
tr [:lower:] [:upper:] <<< "Hostname: $(hostname)"
echo ------------------------------------------

# readコマンドの入力として与える場合
read -a color <<< "red green blue"
echo ${color[0]}
echo ${color[1]}
echo ${color[2]}
echo ------------------------------------------

# echoコマンドとパイプを使用する場合、パイプで実行するread
# コマンドは別プロセスのサブシェルで実行されるため、read
# コマンドで配列colorに代入された値は参照できない
unset color
echo "red green blue" | read -a color
echo ${color[0]}
echo ${color[1]}
echo ${color[2]}
```

「コマンド <<< 文字列」と「echo 文字列 | コマンド」には実は細かい動作の違いがあります。ヒアストリングで入力を与えるコマンドは同じ bash のプロセスで実行されますが、echo コマンドとパイプで入力を与えるコマンドは別の bash のプロセスであるサブシェルで実行されます。この動作の違いの影響を受けるのが read コマンドと組み合わせて使う場合です。上記のスクリプトに 2 つの read コマンドの例がありますが、echo コマンドとパイプで read コマンドに入力を与える場合に read コマンドはサブシェルで実行されるため、read コマンドで文字列が代入された配列 color はサブシェルの実行終了時に消滅してしまい参照することができません。そ

のため read コマンドの入力として文字列を与える場合はヒアストリングを使用する必要があります。

　スクリプトの実行例は**図A-31** のようになります。echo コマンドとパイプで read コマンドに文字列を与えた場合は配列 color を参照できないため空行が表示されます。

```
mlss@mint:~/bin$ here-string.sh
HERE STRING
------------------------------------
HERE
STRING
------------------------------------
HERE STRING
------------------------------------
$STR

HOSTNAME: MINT

red
green
blue
------------------------------------


mlss@mint:~/bin$
```

図A-31

A.3　ブレース展開

　ブレース展開は { と } を使うことで数字、アルファベット、文字列のパターンを生成できます。名前が連番となっているファイルやディレクトリーを作成する場合などに便利です[24]。man bash を実行すると Brace Expansion のセクションにブレース展開の説明が書かれています。

---

[24] dash と ash ではブレース展開を使用できません。

A.3.1 数字のパターン生成

　数字のパターンは {始点..終点..差分} で生成します[25]。始点の値が終点の値よりも小さい場合は始点から終点まで差分の値が足されていき、始点の値が終点の値よりも大きい場合は始点から終点まで差分の値が引かれていきます。差分の値を負の値にしても動作には影響しません[26]。差分を省略すると差分は 1 になります。始点の先頭に 01 や 001 のように 0 を付けておくことで桁数を指定してパターンを生成でき、前後に文字列を連結してパターンを生成することもできます。始点、終点、差分を変数で与えたい場合は、引数で与えた文字列をコマンドとして実行する組み込みコマンドの eval コマンドとコマンド置換を組み合わせることで可能です[27]。以下のスクリプトは数字のパターンを生成して echo コマンドで表示します。

```bash
#!/bin/bash

# 0 1 2 3 4 5 に展開される
echo {0..5}
echo ----------------------------------------

# -5 -3 -1 1 3 5 に展開される
echo {-5..5..2}
echo ----------------------------------------

# 5 3 1 -1 -3 -5 に展開される
echo {5..-5..2}
echo ----------------------------------------

# file00.txt file01.txt ... file05.txt に展開される
echo file{00..05}.txt
echo ----------------------------------------

# 始点、終点、差分を変数で与えたい場合
# ここでは 0 2 4 6 8 10 に展開される
start=0
end=10
step=2
# こちらではパターンが生成されず {0..10..2} が出力される
echo {$start..$end..$step}
# evalコマンドとコマンド置換を組み合わせるとパターンを生成できる
echo $(eval "echo {$start..$end..$step}")
```

---

[25] mksh では数字のパターン生成を使用できません。
[26] ksh93 では始点の値が終点の値よりも大きい場合は差分に負の値を指定する必要があります。
[27] ksh93 と zsh では eval コマンドを使わずに echo {$start..$end..$step} でもパターンを生成できます。

実行例は**図 A-32** のようになります。始点、終点、差分を変えた場合の動作も確認してみてください。

```
mlss@mint:~/bin$ brace-expansion1.sh
0 1 2 3 4 5
----------------------------------------
-5 -3 -1 1 3 5
----------------------------------------
5 3 1 -1 -3 -5
----------------------------------------
file00.txt file01.txt file02.txt file03.txt file04.txt file05.txt
----------------------------------------
{0..10..2}
0 2 4 6 8 10
mlss@mint:~/bin$
```

図 A-32

A.3.2　アルファベットのパターン生成

A から Z や a から z のアルファベットのパターンも {始点.. 終点.. 差分} で生成します[28]。指定した差分の数だけ文字をスキップします。差分の値を負の値にしても動作には影響しません[29]。差分を省略すると差分は 1 になります。{z..a} のように始点と終点を指定すると z から a まで降順にパターンが生成されます。数字のパターンと同様に前後に文字列を連結してパターンを生成できます。ただし、大文字の A から小文字の z までのパターンを {A..z} で生成すると、記号が含まれてしまうので注意が必要です。ASCII コード表では、大文字の Z と小文字の a の間に記号が 6 つ（[、\、]、^、_、`）含まれているためです。パターンに記号が含まれないようにしたい場合は {A..Z} {a..z} とする必要があります。以下のスクリプトはアルファベットのパターンを生成して echo コマンドで表示します。

```
#!/bin/bash

# A B C D E F に展開される
echo {A..F}
echo ----------------------------------------
```

---

[28] mksh ではアルファベットのパターン生成を使用できません。zsh では差分を指定することができません。

[29] ksh93 では {z..a..4} のように始点の文字が終点の文字よりも後になる場合は差分に負の値を指定する必要があります。

```
# a e i m q u y に展開される
echo {a..z..4}
echo ----------------------------------------

# z v r n j f b に展開される
echo {z..a..4}
echo ----------------------------------------

# A ... Z [  ]  ^ _ ` a ... z に展開される
echo {A..z}
echo ----------------------------------------

# パターンに記号が入らないようにするには以下のようにする
echo {A..Z} {a..z}
```

実行例は**図A-33**のようになります。こちらも始点、終点、差分を変えた場合の動作を確認してみてください。

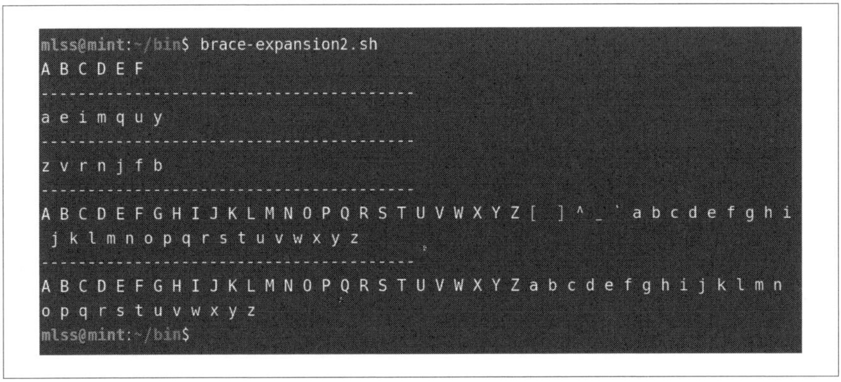

図A-33

A.3.3　文字列のパターン生成

　文字列のパターンを生成するには{文字列1, 文字列2, 文字列3}のようにカンマで区切った文字列を指定します[30]。パターンの文字がカンマを含む場合はカンマの前に\を置いてエスケープします。数字のパターンと同様に前後に文字列を連結してパターンを生成できます。また、2つのパターンを連結して使用することで2つのパ

---

[30] mksh は3種類のブレース展開のうち文字列のパターン生成のみ使用できます。

ターンを組み合わせたパターンを生成することができます。これは数字とアルファ
ベットのパターンについても可能です。以下のスクリプトは文字列のパターンを生成
して echo コマンドで表示します。

```bash
#!/bin/bash

# delicious apple
# delicious banana
# delicious melon に展開される
for fluit in "delicious "{apple,banana,melon} ; do
    echo $fluit
done

echo ----------------------------------------

# red paper
# red pen
# red ruler
# green paper
# green pen
# ... に展開される
for item in {red,green,blue}" "{paper,pen,ruler} ; do
    echo $item
done
```

　実行例は**図A-34** のようになります。3 つ目の echo コマンドの出力では、red、
green、blue の 3 つの文字列と apple、banana、melon の 3 つの文字列をスペース
で連結した 9 つの組み合わせのパターンが生成されています。数字とアルファベット
のパターンについても複数のパターンを文字列で連結するとどのようなパターンが生
成されるか試してみてください。

```
mlss@mint:~/bin$ brace-expansion3.sh
delicious apple
delicious banana
delicious melon
----------------------------------------
red paper
red pen
red ruler
green paper
green pen
green ruler
blue paper
blue pen
blue ruler
mlss@mint:~/bin$
```

図A-34

A.4　パラメーター展開

bash にはさまざまなパラメーター展開の機能があります。ここでは以下の機能について紹介します。

- 変数の定義の有無に基づく展開
- 部分文字列の取得
- 大文字小文字の変換
- 文字列の削除、置換
- 変数名が指定した文字列で始まる変数の一覧取得
- 変数の変換

`man bash` を実行すると Parameter Expansion のセクションにパラメーター展開の説明がありますのでそちらも参照してください。

A.4.1　変数の定義の有無に基づく展開

変数の値が未定義またはヌルの場合にデフォルト値を設定する方法——`${parameter-default}` や `${parameter:-default}` のように書く方法——については「5.2.3　デフォルト値の設定」で解説しました。`:-` のほかにも `:=`、`:+`、`:?` という演算子があり変数の定義の有無に基づく展開を行います。`:-` の演算子と同様に

コロンがある場合は条件に変数が未定義の場合とヌルの場合の両方を含み、コロンを省略するとヌルの場合が条件から外れます。

　以下のスクリプトは変数の定義の有無に基づく展開の例です。:=の演算子は変数が未定義またはヌルの場合に指定された値に展開しつつ変数にその値を代入します。変数の展開後に変数に値を代入する点が:-の演算子とは異なります。:+の演算子は変数に値が入っている場合に指定した値に展開します。:?の演算子は変数が未定義またはヌルの場合に指定したメッセージを表示して終了します[†31]。これらの変数の定義の有無に基づく展開はどのような条件で値が展開されたり代入されたりするのかが前提知識のない方にとっては分かりにくいため、複数人で同じスクリプトを編集して使用するような場合は素直に if 文を使う方がコードの可読性は良くなりトラブルを避けやすくなるでしょう。

```bash
#!/bin/bash

# paramが未定義またはヌルの場合に文字列valueに展開される
echo "1: ${param:-value}"
echo "1: $param" # paramは未定義のまま

param= # paramをヌルに設定する
# paramが未定義の場合に文字列valueに展開される
echo "2: ${param-value}"
echo "2: $param" # paramはヌルのまま

unset param # paramを未定義にする
# paramが未定義またはヌルの場合に文字列valueに展開され代入される
echo "3: ${param:=value}"
echo "3: $param" # paramにvalueが代入されている

param= # paramをヌルに設定する
# paramが未定義の場合に文字列valueに展開され代入される
echo "4: ${param=value}"
echo "4: $param" # paramはヌルのまま

param="value" # paramをvalueに設定する
# paramが未定義でもヌルでもない場合にnew valueに展開される
echo "5: ${param:+new value}"
echo "5: $param" # paramはvalueのまま

param= # paramをヌルに設定する
# paramが未定義でない場合にnew valueに展開される
```

```
echo "6: ${param+new value}"
echo "6: $param" # paramはヌルのまま

param="value" # paramをvalueに設定する
message="undefined variable" # 終了時に表示するメッセージ
# 変数paramが未定義またはヌルの場合に標準エラー出力にmessage
# の内容を出力して終了する
echo "7: ${param:?$message}"
echo "7: $param" # paramはvalueのまま

unset param # paramを未定義にする
message="undefined variable" # 終了時に表示するメッセージ
# paramが未定義の場合に標準エラー出力に変数messageの内容を
# 出力して終了する。
# パラメーター展開時に終了するためechoは実行されない。
echo "8: ${param?$message}"
echo "8: $param" # 上の行で終了するためこの行は実行されない
```

　実行例は**図A-35**のようになります。もし echo "3: ${param:=value}" のよう
に echo コマンドを使って変数の値を出力する必要がなくて変数の定義の有無に
基づく代入だけしたい場合は、何もしないコマンドであるコロン（:）を使って、
: ${param:=value} のようにすると値の出力をせずに代入を行えます。

```
mlss@mint:~/bin$ parameter-expansion1.sh
1: value
1:
2:
2:
3: value
3: value
4:
4:
5: new value
5: value
6: new value
6:
7: value
7: value
/home/mlss/bin/parameter-expansion1.sh: 行 44: param: undefined variable
mlss@mint:~/bin$
```

図A-35

A.4.2 部分文字列の取得

コロン（:）の演算子を使えば、変数に入っている文字列の範囲を ${変数名:始点}
や ${変数名:始点:文字数} で指定して、部分文字列を取得することができます[32]。
始点と文字数に負の値を指定した場合は文字列の先頭からではなく末尾からの位置に
なります[33]。始点に負の値を指定する場合は前述の :- の演算子として解釈されない
ようにコロンとハイフンの間にスペースが必要です。以下のスクリプトは部分文字列
を取得する例です。

```
#!/bin/bash

str="0123456789ABCDEFGHIJKLMNOPQRSTUVWXYZ"
# 文字列の長さを出力
echo "Length: ${#str}"
# 0始まりで10文字目(A)以降を出力
echo "1: ${str:10}"
# Aから5文字を出力
echo "2: ${str:10:5}"
# Aから始まって末尾の3文字を除いたもの(Wまで)を出力
echo "3: ${str:10:-3}"
# 最後の10文字を出力
echo "4: ${str: -10}"
# 最後の10文字の先頭から3文字目(S)までを出力
echo "5: ${str: -10:3}"
# 最後の10文字のうち末尾の3文字を除いたもの(Wまで)を出力
echo "6: ${str: -10:-3}"
```

実行例は**図A-36**のようになります。

図A-36

---

[32] dash と ash では部分文字列の取得を使用できません。

[33] ksh93 では文字数に負の値を指定できません。

A.4.3 大文字小文字の変換

「3.8 case 文の使用」で^^の演算子を使って変数の文字列をすべて大文字に変換する方法を紹介しました[34]。ここではその他の大文字小文字変換を行う演算子を紹介します。カンマ（,）は小文字に変換する演算子、チルダ（~）は大文字と小文字を反転する演算子です。演算子が 1 つの場合は先頭の文字のみが変換され、2 つの場合はすべての文字が変換されます。演算子の後に文字を指定するとその文字のみが変換されます。複数の文字を変換対象にしたい場合は [と] で囲みます。変換対象にしたい文字を [per] のように列挙したり、[c-x] のようにハイフンを使って変換対象の文字の範囲を指定できます。以下のスクリプトは大文字小文字の変換を行う例です。

```bash
#!/bin/bash

str="rock paper scissors"
echo "1: ${str^}" # 先頭のみ大文字に変換
str_upper=${str^^} # 全て大文字に変換
echo "2: $str_upper"
echo "3: ${str_upper,}" # 先頭のみ小文字に変換
echo "4: ${str_upper,,}" # 全て小文字に変換
echo "5: ${str^^s}" # 全てのsを大文字に
str_per=${str^^[per]} # 全てのpとeとrを大文字に
echo "6: $str_per"
echo "7: ${str_per~}" # 先頭のみ大文字小文字を反転
echo "8: ${str_per~~}" # 全ての大文字小文字を反転
```

実行例は**図A-37** のようになります。

```
mlss@mint:~/bin$ parameter-expansion3.sh
1: Rock paper scissors
2: ROCK PAPER SCISSORS
3: rOCK PAPER SCISSORS
4: rock paper scissors
5: rock paper SciSSorS
6: Rock PaPER scissoRs
7: rock PaPER scissoRs
8: rOCK pAper SCISSOrS
mlss@mint:~/bin$
```

図A-37

---

[34] ここで紹介する大文字小文字の変換は dash、ash、ksh93、mksh、zsh では使用できません。

A.4.4　文字列の削除、置換

　#と % の演算子は文字列のパターンマッチングを行ってマッチした部分の削除を行います。#の演算子は ${param#pattern} のように pattern の部分で指定したパターンで文字列の先頭から最短マッチを行って、マッチした部分を削除します。パターンには、任意の文字列を表す*や任意の 1 文字を表す？、[a-z] のような文字の範囲指定を使用できます。演算子を##と 2 つにすると文字列の先頭から最長マッチを行って、マッチした部分を削除します。% の演算子は同様に文字列の末尾から最短マッチ、%% の演算子は文字列の末尾から最長マッチを行って、マッチした部分を削除します。

　/の演算子は文字列のパターンマッチングを行ってマッチした部分の置換を行います[35]。${param/pattern/replacement} のように pattern の部分でパターンを指定して、このパターンにマッチした部分を replacement の部分で指定した文字列に置換します。パターンに任意の文字列を表す*を使用すると文字列の先頭からの最長マッチになります。置換は最初にマッチした箇所に対してのみ行われますが、パターンが/で始まる場合（演算子のところが // になる場合）はマッチした箇所が複数ある場合にすべてのマッチした箇所が置換されます。また、パターンが#で始まる場合（演算子のところが /#になる場合）は文字列の先頭がパターンにマッチすると置換され、パターンが % で始まる場合（演算子のところが /% になる場合）は文字列の末尾がパターンにマッチすると置換されます。以下のスクリプトはファイルパスの文字列に対してパターンマッチングを行って削除や置換を行います。

```bash
#!/bin/bash

str="/usr/share/bash-completion/completions"
# 左からマッチして最短マッチで一番左の/までが削除される
echo "1: ${str#*/}"
# 左からマッチして最長マッチで一番右の/までが削除される
echo "2: ${str##*/}"
# 右からマッチして最短マッチで一番右の/までが削除される
echo "3: ${str%/*}"
# 右からマッチして最長マッチで一番左の/までが削除される
echo "4: ${str%%/*}"

# 左からマッチしてcompletionをexampleに置換する(1回のみ)
echo "5: ${str/completion/example}"
```

---

[35] /の演算子は dash と ash では使用できません。

```
# 左からマッチしてcompletionをexampleに置換する(複数回)
echo "6: ${str//completion/example}"
# 文字列の先頭が/usrである場合にexampleに置換
echo "7: ${str/#\/usr/example}"
# 文字列の末尾がcompletionsである場合にexampleに置換
echo "8: ${str/%completions/example}"
```

実行例は**図A-38**のようになります。変数 str の文字列と検索パターンを変えると動作がどのように変わるかも試してみてください。

文字列の大文字と小文字の変換、文字列の削除や置換の操作に tr コマンドや sed コマンドを使用できますが、ループを使って何万回も同じ操作を繰り返すような場合にはループ内でその都度 tr コマンドや sed コマンドを実行するよりも本稿で紹介した bash の変数展開の機能を使う方が高速です。

```
mlss@mint:~/bin$ parameter-expansion4.sh
1: usr/share/bash-completion/completions
2: completions
3: /usr/share/bash-completion
4:
5: /usr/share/bash-example/completions
6: /usr/share/bash-example/examples
7: example/share/bash-completion/completions
8: /usr/share/bash-completion/example
mlss@mint:~/bin$
```

図 A-38

A.4.5　変数名が指定した文字列で始まる変数の一覧取得

${!NAME*} や ${!NAME@} のように書くことで変数名が NAME で始まる変数の一覧を取得できます[36]。末尾の * と @ の動作の違いは「2.7.1　オプションとパラメーターの受け渡し」の訳注で説明したのと同様に二重引用符で囲んだ場合の展開のされ方です。たとえば NAME_A、NAME_B、NAME_C という 3 つの変数があるとします。この場合、"${!NAME*}" は "NAME_A NAME_B NAME_C" と展開されます。それに対し "${!NAME@}" は "NAME_A" "NAME_B" "NAME_C" と展開されます。この違いは展開された変数名をループで処理するような場合に影響します。以下のスクリプトは

---

[36] bash と ksh93 で変数の一覧取得を使用できます。

変数名が BASH で始まる変数の一覧を for ループで出力します。

```bash
#!/bin/bash

# "BASH BASHOPTS BASHPID ..." のように展開される
for v in "${!BASH*}" ; do
    echo "$v"
done

echo ----------------------------------------

# "BASH" "BASHOPTS" "BASHPID" ... のように展開される
for v in "${!BASH@}" ; do
    echo "$v"
done

echo ----------------------------------------

# ${!name} で $BASH_VERSION の値を参照できる
name="BASH_VERSION"
echo "$name: ${!name}"
```

　実行例は**図A-39** のようになります。最初のループではすべての変数名が 1 行
で出力されて 2 番目のループでは各変数が 1 行ずつ出力されています。最後の行
の${!name}も！を使用しているのですが、これは変数名が name で始まる変数の一
覧に展開されるのではなく、変数 name に入っている名前の変数の値に展開されま
す[37]。ここでは、変数 name の値は BASH_VERSION であるため、${!name}は変数
BASH_VERSION の値である 5.1.16(1)-release に展開されます。また、「A.1.2.4
配列の定義」で触れましたが${!array[@]}や${!array[*]}は配列のインデック
スの一覧（0 1 2 ...）に展開されます。このように微妙な記述の違いで異なるパラ
メーター展開の動作になりますので注意が必要です。

---

[37] ${!name}での展開は**間接参照**（indirect expansion）という機能で dash、ash、ksh93、mksh、zsh
では使用できません。

```
mlss@mint:~/bin$ parameter-expansion5.sh
BASH BASHOPTS BASHPID BASH_ALIASES BASH_ARGC BASH_ARGV BASH_ARGV0 BASH_CMDS BASH
_COMMAND BASH_LINENO BASH_SOURCE BASH_SUBSHELL BASH_VERSINFO BASH_VERSION
------------------------------------------
BASH
BASHOPTS
BASHPID
BASH_ALIASES
BASH_ARGC
BASH_ARGV
BASH_ARGV0
BASH_CMDS
BASH_COMMAND
BASH_LINENO
BASH_SOURCE
BASH_SUBSHELL
BASH_VERSINFO
BASH_VERSION
------------------------------------------
BASH_VERSION: 5.1.16(1)-release
mlss@mint:~/bin$
```

図 A-39

A.4.6 変数の変換

${param@a} のように @演算子の次に指定する文字で変換方法を指定すると変換結果が展開されます[38]。@a は変数の型を表す declare コマンドのオプションの文字に変換します。たとえば整数は i、配列は a、連想配列は A となります。declare コマンドで変数の型の定義が行われていない場合の変換結果はヌルとなります。@A は declare コマンドを使った変数の定義（「declare -p 変数名」の出力と同じ）に変換します。@E は echo コマンドの -e オプションと同様にバックスラッシュによるエスケープ文字を解釈した形に変換します。@P はユーザー名を表す\u、カレントディレクトリーを表す\w 等の bash のプロンプトで使用可能なエスケープ文字を解釈した形に変換します[39]。@Q は変数の値を単一引用符で囲った形に変換します。

以下のスクリプトは変換の使用例です。

---

[38] @演算子は**パラメーター変換**（parameter transformation）という機能で dash、ash、ksh93、mksh、zsh では使用できません。

[39] この他に使用可能なエスケープ文字については man bash で PROMPTING のセクションを参照してください。

```bash
#!/bin/bash

# intを整数として定義
declare -i int=100
# array1を配列として定義
declare -a array1=("car" "ship" "airplane")
# array2を連想配列として定義
declare -A array2=([car]="red" [ship]="green" [airplane]="blue")
# 変数の型(declareコマンドのオプションの文字)に変換
echo "Attribute of int: ${int@a}"
echo "Attribute of array1: ${array1@a}"
echo "Attribute of array2: ${array2@a}"
# 変数の定義に変換
echo "Definition of int: ${int@A}"
echo "Definition of array1: ${array1[@]@A}"
echo "Definition of array2: ${array2[@]@A}"
echo ---------------------------------------

str="red\tgreen\tblue"
# echo -e と同様にバックスラッシュによるエスケープ文字を解釈した形に変換
echo "${str@E}"
echo ---------------------------------------

str="username: \u, current working directory: \w"
# bashのプロンプトで使用可能なエスケープ文字を解釈した形に変換
echo "${str@P}"
echo ---------------------------------------

# arrayを連想配列として定義
declare -A array=([car]="red" [ship]="green" [airplane]="blue")
# 単一引用符で囲った形に変換
echo "${array[@]@Q}"
echo ---------------------------------------
```

実行例は**図A-40** のようになります。

```
mlss@mint:~/bin$ parameter-expansion6.sh
Attribute of int: i
Attribute of array1: a
Attribute of array2: A
Definition of int: declare -i int='100'
Definition of array1: declare -a array1=([0]="car" [1]="ship" [2]="airplane")
Definition of array2: declare -A array2=([ship]="green" [airplane]="blue" [car]=
"red" )
----------------------------------------
red     green   blue
----------------------------------------
username: mlss, current working directory: ~/bin
----------------------------------------
'green' 'blue' 'red'
----------------------------------------
mlss@mint:~/bin$
```

図 A-40

　このスクリプトの @a、@A、@E、@P、@Q の変換は 2016 年 9 月にリリースされた
bash 4.4 以降で使用可能なものです。

　次に紹介する変換は 2020 年 12 月にリリースされた bash 5.1 で追加されたものです。@U は変数の文字列のすべての文字を大文字に変換し、@u は先頭の文字を大文字に変換します。@L はすべての文字を小文字に変換します。@K は @Q に似て変数の値を単一引用符で囲った形に変換するのですが、配列や連想配列を対象にした場合にインデックスと値を一緒に出力して値のみを二重引用符で囲う点が異なります[40]。

　以下のスクリプトは変換の使用例です。たとえば Ubuntu 20.04.4 LTS では
bash のバージョンは 5.0.17 でこれらの変換を使用できませんので、環境変数
BASH_VERSION とバージョン文字列としてソートする sort コマンドの -V オプションを使用して bash のバージョンの判別を行っています。

```
#!/bin/bash

# sortコマンドの-Vオプションでbashのバージョンと5.1の2つの文字列を
# バージョン文字列として新しい順にソートして新しい方を取得する。
newer_ver=$(echo -e "$BASH_VERSION\n5.1" | sort -r -V | head -n 1)
```

---

[40] 2022 年 9 月にリリースされた bash 5.2 には @k の変換が追加されています。@k の動作は通常の変数を対象にした場合は @K と同じです。配列や連想配列を対象にした場合は引用符なしでインデックスと値を一緒に出力する点が @K と異なります。

```
# if文内の例はbash 5.1以降で使用可能
if [ "$BASH_VERSION" = "$newer_ver" ] ; then
    str="uppercase"
    echo "${str@U}" # 大文字に変換
    echo ----------------------------------------

    str="uppercase"
    echo "${str@u}" # 先頭の文字を大文字に変換
    echo ----------------------------------------

    str="LOWERCASE"
    echo "${str@L}" # 小文字に変換
    echo ----------------------------------------

    str="string"
    echo "${str@K}" # 単一引用符で囲った形に変換
    echo ----------------------------------------

    # arrayを連想配列として定義
    declare -A array=([car]="red" [ship]="green" [airplane]="blue")
    # 値を二重引用符で囲ってキーと値の一覧に変換
    echo "${array[@]@K}"
    echo ----------------------------------------
else
    echo "This script uses transformations supported by bash 5.1 or later."
fi
```

実行例は**図A-41** のようになります。

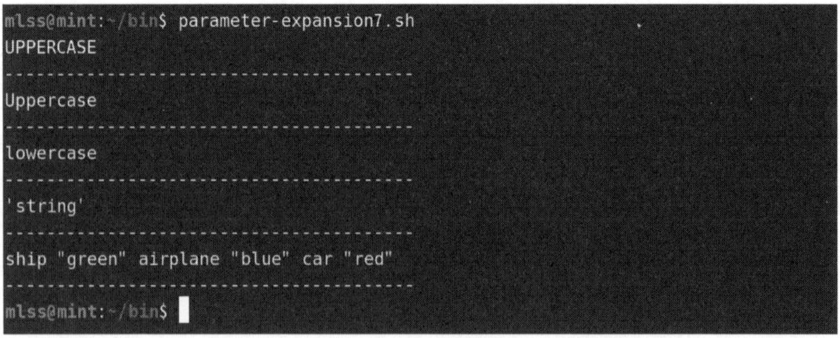

図A-41

bash のバージョンが 5.1 より古い場合は以下のメッセージだけが表示されます。

```
$ parameter-expansion7.sh
This script uses transformations supported by bash 5.1 or later.
```

A.5　プロセス置換

　プロセス置換を使えばコマンド出力をファイルのように扱えます。たとえばコマンド 1 が入力ファイルを引数に指定して実行するコマンドの場合なら、「コマンド 1 <(コマンド 2 引数)」のように書くことで、「<(コマンド 2 引数)」を（あたかもコマンド 2 の出力結果のファイルであるかのように）コマンド 1 の入力ファイルとして指定できます。プロセス置換を使用することで、コマンド 2 の出力をファイルに保存してコマンド 1 の完了後に削除するといった手間がなくなるので便利です[41]。

　以下のスクリプトは、指定した 2 つのファイルの差分を比較する diff コマンドを使用して、/etc/rc0.d と /etc/rc1.d の 2 つのディレクトリーにあるファイルの一覧を比較します。diff コマンドの -u オプションは 2 つのファイルの差分について 1 つ目のファイルのみに存在する行の先頭に - を、2 つ目のファイルのみに存在する行の先頭に + を付ける unified diff 形式で出力します。

```bash
#!/bin/bash

# diffコマンドは引数で指定された2つのファイルの差分を比較する。
# -uオプションは1つ目のファイルのみに存在する行の先頭に"-"を、
# 2つ目のファイルのみに存在する行の先頭に"+"を付けるunified
# 形式で出力するオプション
diff -u <(ls /etc/rc0.d) <(ls /etc/rc1.d)
```

　実行例は**図A-42** のようになります。2 つの ls コマンドの出力をファイルに保存することなく diff コマンドで差分を比較できています[42]。

---

[41]　dash、ash、mksh ではプロセス置換を使用できません。

[42]　スクリプトの動作確認に使用している Linux ディストリビューション（Linux Mint 21 (Vanessa)、Debian 11 (bullseye)、Ubuntu 22.04 LTS、CentOS Stream 9、Fedora 36、Rocky Linux 9.0 (Blue Onyx)）のうち、Fedora 36 では /etc/rc0.d と /etc/rc1.d に存在するファイルの名前が同じであるため何も出力されず、CentOS Stream 9 と Rocky Linux 9.0（Blue Onyx）では /etc/rc0.d と /etc/rc1.d が存在しないためエラーとなります。これらの Linux ディストリビューションをお使いの場合はスクリプト中の /etc/rc0.d と /etc/rc1.d を別のディレクトリーに変更して試してみてください。

```
mlss@mint:~/bin$ process-substitution1.sh
--- /dev/fd/63  2022-09-24 21:37:02.857408501 +0900
+++ /dev/fd/62  2022-09-24 21:37:02.857408501 +0900
@@ -3,21 +3,18 @@
 K01apache2
 K01avahi-daemon
 K01bluetooth
-K01cryptdisks
-K01cryptdisks-early
+K01cups
 K01cups-browsed
 K01irqbalance
 K01kerneloops
 K01lightdm
 K01lvm2-lvmpolld
-K01networking
 K01open-vm-tools
 K01openvpn
-K01plymouth
 K01pulseaudio-enable-autospawn
 K01saned
 K01speech-dispatcher
-K01udev
+K01ufw
 K01uuidd
 K01zfs-import
 K01zfs-mount
mlss@mint:~/bin$
```

図 A-42

プロセス置換は出力ファイルを引数に指定するコマンドに対しても使用できます。コマンド 1 が出力ファイルを引数に指定して実行するコマンドの場合なら、「コマンド 1 >(コマンド 2 引数)」のようにリダイレクトの向きを逆に書くことで、コマンド 1 の出力をコマンド 2 の入力として与えることができます。

tee コマンドは、パイプで受け取った入力を、引数に指定されたファイルに出力しつつ標準出力にも書き出せるコマンドです。以下のスクリプトは tee コマンドを使用して、/etc/shells ファイルに対して grep コマンドを実行した結果を filtered.txt に保存し、sort コマンドを実行した結果を sorted.txt に保存します。通常、パイプを使用した場合は 1 つのコマンドにしか入力を与えることができませんが、プロセス置換と tee コマンドを組み合わせることで一度に複数のコマンドに入力を与えられるようになります。

```bash
#!/bin/bash

# teeコマンドはパイプで受け取った入力を引数に指定されたファイルに
# 出力しつつ標準出力にも出力する
cat /etc/shells | tee >(grep /usr/bin > filtered.txt) \
| sort > sorted.txt
```

実行例は**図A-43**のようになります。プロセス置換と tee コマンドによって filtered.txt と sorted.txt が同時に作成されています。

```
mlss@mint:~/bin$ cat /etc/shells
# /etc/shells: valid login shells
/bin/sh
/bin/bash
/usr/bin/bash
/bin/rbash
/usr/bin/rbash
/usr/bin/sh
/bin/dash
/usr/bin/dash
mlss@mint:~/bin$ process-substitution2.sh
mlss@mint:~/bin$ cat filtered.txt
/usr/bin/bash
/usr/bin/rbash
/usr/bin/sh
/usr/bin/dash
mlss@mint:~/bin$ cat sorted.txt
# /etc/shells: valid login shells
/bin/bash
/bin/dash
/bin/rbash
/bin/sh
/usr/bin/bash
/usr/bin/dash
/usr/bin/rbash
/usr/bin/sh
mlss@mint:~/bin$
```

図A-43

付録 B
練習問題の解答

1章　bashのスクリプトとは何か、なぜそれが必要なのか？

1-1　次のコードの問題点は何でしょうか？　また、どのように直したらよいでしょうか？

```bash
#!/bin/bash
var1 ="Welcome to bash scripting ..."
echo $var1
```

2行目に誤りがあります。変数宣言の中にスペースを入れてはいけません。

```bash
#!/bin/bash
var1="Welcome to bash scripting ..."
echo $var1
```

1-2　次のコードは、どのような結果になるでしょうか？

```bash
#!/bin/bash
arr1=(Saturday Sunday Monday Tuesday Wednesday)
echo ${arr1[3]}
```

配列はゼロから始まるので、結果は「Tuesday」になります。

1-3 次のコードの問題点は何でしょうか？ また、どのように直したらよいでしょうか？

```
#!/bin/bash
files = 'ls -la'
echo $files
```

ここでは 2 つの誤りがあります。1 つは変数宣言内のスペースです。もう 1 つは、単一引用符を使っていることです。単一引用符の代わりにバッククォートを使わなければいけません。

解決策

```
#!/bin/bash
files=`ls -la`
echo $files
```

1-4 次のコードで、変数 b と c の値は何になるでしょうか？

```
#!/bin/bash
a=15
b=20
c=a
b=c
```

変数 b の値は「c」になり、c の値は「a」になります。

代入している行でドル記号を使っていないので、変数は整数の値ではなく文字の値を取ります。

2章 インタラクティブなスクリプトの作成

2-1 次のコードの中に、コメントはいくつあるでしょうか？

```
#!/bin/bash
# Welcome to shell scripting
# Author: Mokhtar
```

3 つ

bash のシバン全体はそもそもコメントなので、3 行のコメントがあることになり

ます。

2-2　次のようなコードがあり、

```
#!/bin/bash
echo $1
echo $2
echo $3
```

次のオプションを付けて、このスクリプトを実行すると、

```
$ ./script1.sh -a -b50 -c
```

このコードの実行結果はどのようになるでしょうか？

オプション -b とその値との間にスペースがないので、1つのオプションとして扱われます。

```
-a
-b50
-c
```

2-3　次のコードを見てください。

```
#!/bin/bash
shift
echo $#
```

次のオプションを付けてこれを実行すると、

```
$ ./script1.sh Mokhtar -n -a 35 -p
```

1. 結果はどのようになるでしょうか？
2. 削除されるパラメーターは何でしょうか？

1. 4 が表示されます。

　　5個のパラメーターを渡していますが、shift によって1つのパラメーターが削除されるからです。

2. Mokhtar

このパラメーターは一番左にあり、shift コマンドは左側からパラメーターを削除するからです。

3章 条件の付加

3-1 次のコードの結果は「True」でしょうか、「False」でしょうか？

```
if [ "LikeGeeks" \> "likegeeks" ]
then
    echo "True"
else
    echo "False"
fi
```

「False」
文字コード順では小文字のほうが大きくなるので、この文は「False」を返します。

3-2 次の2つのスクリプトは、どちらが正しいでしょうか？

```
#!/bin/bash
if ! [ "mokhtar" = "Mokhtar" ]
then
    echo "文字列は同一ではありません"
else
    echo "文字列は同一です"
fi
```

または

```
#!/bin/bash
if [ "mokhtar" != "Mokhtar" ]
then
    echo "文字列は同一ではありません"
else
    echo "文字列は同一です"
fi
```

どちらも正しく、「文字列は同一ではありません」という同じ結果を返します。

3-3 次の例で「True」を返すには、「??」の部分の演算子として、いくつのコマンドを使うことができるでしょうか？

```
#!/bin/bash
if [ 20 ?? 15 ]
then
    echo "True"
else
    echo "False"
fi
```

3つ

次のものを使うことができます。

-ge —— ～以上である

-gt —— ～より大きい

-ne —— ～と等しくない

3-4 次のコードの結果は、どのようになるでしょうか？

```
#!/bin/bash
mydir=/home/mydir
name="mokhtar"
if [ -d "$mydir" ] || [ -n "$name" ]; then
    echo "True"
else
    echo "False"
fi
```

「True」

真を返すにはどちらか1つのテストで十分であり、2番目のテストが真を返すことは間違いないので、結果は「True」になります。

4章　コードスニペットの作成

4-1 次のコードは、VS Codeで1つの行を表示するスニペットを作成します。選択肢を持つスニペットを作成するには、どうしたらよいでしょうか？

```
    "Hello message": {
        "prefix": "hello",
        "body": [
            "echo 'Hello $1' "
        ],
        "description": "Hello message"
    }
```

次のような変更を加えます。

```
  "Hello message": {
      "prefix": "hello",
      "body": [
          "echo 'Hello ${1|first,second,third|}' "
      ],
      "description": "Hello message"
  }
```

4-2　コードスニペットをシェルで使えるようにするには、どのコマンドを使ったら
よいでしょうか？

source コマンド

5章　代替構文

5-1　シェルスクリプトを使って、25 から 8 を引くには、どうしたらよいでしょ
うか？

((を使って、次のようにします。

```
#!/bin/bash
num=$(( 25 - 8 ))
echo $num
```

5-2　my file という名前のファイルを削除したい場合に次のコマンドはどこが間
違っているでしょうか？ また、どのように修正したらよいでしょうか？

```
$ rm my file
```

　問題は、ファイル名の中のスペースにあります。修正するには、ファイル名を引用符で囲みます。

```
$ rm "my file"
```

5-3　次のコードの問題点は何でしょうか？

```
#!/bin/bash
a=(( 8 + 4 ))
echo $a
```

丸括弧の前にドル記号がありません。

```
#!/bin/bash
a=$(( 8 + 4 ))
echo $a
```

6章　ループを使った反復処理

6-1　次のスクリプトから、画面にいくつの行が表示されるでしょうか？

```
#!/bin/bash
for (( v1 = 12; v1 <= 34; v1++ ))
do
    echo "$v1"
done > output
```

0行
ループの出力がファイルにリダイレクトされるので、画面には何も表示されません。

6-2　次のスクリプトから、画面にいくつの行が表示されるでしょうか？

```
#!/bin/bash
for (( v=8; v <= 12; v++ ))
do
    if [ $v -ge 12 ]
    then
        break
    fi
```

```
        echo "$v"
    done
```

4 行

ループは 8 から始まり、12 になるまで繰り返しますが、12 以上という条件に合致
し、ループから抜け出します。

6-3　次のスクリプトはどこが間違っているでしょうか？ また、どのように修正し
たらよいでしょうか？

```
#!/bin/bash
for (( v=1, v <= 10, v++ ))
do
    echo "value is $v"
done
```

問題は、for ループの定義内のカンマにあります。これはセミコロンでなければな
りません。したがって、正しいスクリプトは次のようになります。

```
#!/bin/bash
for (( v=1; v <= 10; v++ ))
do
    echo "value is $v"
done
```

6-4　次のスクリプトから、画面にいくつの行が表示されるでしょうか？

```
#!/bin/bash
count=10
while (( count >= 0 )) ; do
    echo $count
done
$((count--))
exit 0
```

デクリメントしている文がループの外にあるので、count 変数は、いつまでも 10
のままです。これは無限ループであり、永久に 10 を表示します。中止するには、
Ctrl - C キーを押す必要があります。

7章　関数の作成

7-1　次のコードで表示される値は何でしょうか？

```bash
#!/bin/bash
myfunc() {
    arr=("$1")
    echo "The array: ${arr[*]}"
}

my_arr=(1 2 3)
myfunc "${my_arr[@]}"
```

$@変数ではなく $1 を使っているので、関数は最初の要素だけを返します。

7-2　次のコードの出力結果は、どのようになるでしょうか？

```bash
#!/bin/bash
myvar=50
myfunc() {
    myvar=100
}
echo $myvar
myfunc
echo $myvar
```

50
100

myvar はグローバル変数です。関数を呼び出す前に myvar の値を表示したときは myvar は関数の影響を受けていませんので 50 のままで、関数を呼び出すと myvar の値は変更されて 100 となります。

7-3　次のコードの問題点は何でしょうか？ また、どのように修正したらよいでしょうか？

```bash
clean_file {
    is_file "$1"
    BEFORE=$(wc -l "$1")
    echo "The file $1 starts with $BEFORE"
    sed -i.bak '/^\s*#/d;/^$/d' "$1"
    AFTER=$(wc -l "$1")
```

```
        echo "The file $1 is now $AFTER"
    }
```

関数名の後に ( ) がありません。または、関数名の前に function キーワードがあ
りません。次のように書く必要があります。

```
clean_file() {
    is_file "$1"
    BEFORE=$(wc -l "$1")
    echo "The file $1 starts with $BEFORE"
    sed -i.bak '/^\s*#/d;/^$/d' "$1"
    AFTER=$(wc -l "$1")
    echo "The file $1 is now $AFTER"
}
```

7-4　次のコードの問題点は何でしょうか？　また、どのように修正したらよいでしょ
うか？

```
#!/bin/bash
myfunc() {
    arr=("$@")
    echo "The array from inside the function: ${arr[*]}"
}

test_arr=(1 2 3)
echo "The origianl array is: ${test_arr[*]}"
myfunc ("${test_arr[@]}")
```

問題は関数呼び出しにあります。( ) は、関数を呼び出すときには使いません。関
数を定義するときにだけ使います。正しいコードは次のようになります。

```
#!/bin/bash
myfunc() {
    arr=("$@")
    echo "The array from inside the function: ${arr[*]}"
}

test_arr=(1 2 3)
echo "The origianl array is: ${test_arr[*]}"
myfunc "${test_arr[@]}"
```

8章 ストリームエディターの導入

8-1 次のような内容のファイルがあるとします。

```
Hello, sed is a powerful editing tool. I love working with sed
If you master sed, you will be a professional one
```

そして、次のコマンドを実行したとします。

```
$ sed 's/Sed/Linux sed/g' myfile
```

いくつの行が置換されるでしょうか？

0 行
先頭が大文字の「Sed」を検索していますが、そのような文字列は存在していません。

8-2 前の問題で使ったのと同じファイルがあり、次のコマンドを実行したとします。

```
$ sed '2d' myfile
```

ファイルから、いくつの行が削除されるでしょうか？

0 行
削除コマンドの d は、ファイルからではなく、ストリームから行を削除します。ファイルから削除するには、 -i オプションを使います。

8-3 次の例で、行が挿入される場所はどこでしょうか？

```
$ sed '2a\Example text' myfile
```

3 行目
追加コマンドの a を使っているので、指定した位置の後に挿入されます。

8-4　前と同じサンプルファイルがあり、次のコマンドを実行したとします。

```
$ sed '2i\inserted text/w outputfile' myfile
```

出力ファイルに、いくつの行が保存されるでしょうか？

0 行

そもそも、ファイルに書き出されません。w フラグは、置換コマンドの s でのみ使われるためです。

9章　Apache バーチャルホストの自動化

9-1　Apache の構成ファイルから行番号 50 の行を表示するには、どうしたらよいでしょうか？

次のコマンドを使って、行番号 50 を表示することができます。

```
$ sed -n '50 p' /etc/httpd/conf/httpd.conf
```

9-2　sed を使って、Apache のデフォルトポートを 80 から 8080 に変更するには、どうしたらよいでしょうか？

次のコマンドを使って、Apache のデフォルトポートを 80 から 8080 に変更できます。

```
$ sed -i '0,/^Listen [0-9]*/s//Listen 8080/' /etc/httpd/conf/httpd.conf
```

Apache のデフォルトポートを定義している Listen とその隣の数字を検索し、それらを Listen 8080 に変更します。

10章　AWKの基礎

10-1 次のコマンドの出力結果は、どのようなものでしょうか？

```
$ awk '
> BEGIN{
> var="I love AWK tool"
> print $var
> }'
```

何もなし

変数を表示するには、ドル記号を付けずに変数名を使います。

10-2 次のようなファイルがあるとします。

```
13
15
22
18
35
27
```

このファイルに対して次のコマンドを実行すると、

```
$ awk '{if ($1 > 30) print $2}' myfile
```

いくつの数字が表示されるでしょうか？

ゼロ

最初のフィールドは $1 なので、$2 ではなく $1 を表示する必要があります。

10-3 次のようなファイルがあるとします。

```
135 325 142
215 325 152
147 254 327
```

そして、次のコマンドを実行します。

```
$ awk '{
> total = 0
> i = 1
> while (i < 3)
> {
> total += $i
> i++
> }
> mean = total / 3
> print "Mean value:",mean
> }' myfile
```

このコードはどこが間違っているでしょうか？

i の値が、3 ではなく 4 より小さい間、while ループを繰り返す必要があります。

10-4　次のコマンドから、いくつの行が表示されるでしょうか？

```
$ awk -F":" '$3 < 1' /etc/passwd
```

1

UID が 1 より小さいユーザーは root（UID=0）だけなので、1 行だけが表示されます。

11 章　正規表現

11-1　次のようなファイルがあるとします。

```
Welcome to shell scripting.
I love shell scripting.
shell scripting is awesome.
```

次のコマンドを実行したとすると、

```
$ awk '/awesome$/{print $0}' myfile
```

いくつの行が出力されるでしょうか？

0 行

awesome という単語の後にピリオドがあるので。もし、その行を表示したければ、次のコマンドを使います。

```
$ awk '/awesome\.$/{print $0}' myfile
```

11-2 前のファイルに対して次のコマンドを使ったとしたら、いくつの行が出力されるでしょうか？

```
$ awk '/scripting\..*/{print $0}' myfile
```

2 行

scripting という単語を含んでいて、その後にピリオドがあり、さらに 0 個以上の任意のテキストが続いている行を検索しています。このパターンは 2 行だけに存在しています。3 番目の行は、その単語の後にピリオドを含んでいません。

11-3 前のサンプルファイルに対して次のコマンドを使ったとしたら、いくつの行が出力されるでしょうか？

```
$ awk '/^[Ww]?/{print $0}' myfile
```

3 行

疑問符を使っており、これは、このパターンがマッチするためには文字クラスは必須ではないことを意味しているためです。

11-4 次のコマンドの出力結果は、どのようなものでしょうか？

```
$ echo "welcome to shell scripting" | sed -n '/Linux|bash|shell/p'
```

何もなし

ERE 文字であるパイプ記号を使っており、sed を使っているので、拡張エンジンを使用可能にするには、-r オプションを指定する必要があります。

12章　AWKを使ったログの集約

12-1　access.log ファイル内のどのフィールドに、IP アドレスが含まれているでしょうか？

フィールド 1

12-2　AWK によって処理された行数を数えるために使われるコマンドは何でしょうか？

print NR を使うか、または出力をパイプで wc -l に送ります。
-l を使う必要があります。そうでないと、単語数やバイト数も数えられます。

12-3　Apache のアクセスログファイルから、ユニークビジター（重複しない訪問者）の IP アドレスを取得するには、どうすればよいでしょうか？

```
$ awk '{print $1}' access.log | sort | uniq -c
```

12-4　Apache のアクセスログファイルから、最もアクセスされた PHP ページを取得するには、どうすればよいでしょうか？

```
$ awk '{print $7}' access.log | grep 'php' | sort | uniq -c | sort -nr | head -n 1
```

1 つのページだけを取得するために、head -n 1 を使う必要があります。

13章　AWKを使ったlastlogの改良

13-1　システムにログインしたことのないユーザーを取得するには、どうしたらよいでしょうか？

lastlog コマンドを使います。

```
$ lastlog | awk '/Never logged/ { print $1}'
```

13-2 同様に、システムにログインしたことのないユーザーの数を数えるには、どうしたらよいでしょうか？

wc コマンドを使います。

```
$ lastlog | awk '/Never logged/ { print $1}' | wc -l
```

14章　bashスクリプトの代わりとしてのPython

14-1 次のコードから、いくつの文字が表示されるでしょうか？

```
#!/usr/bin/python3
str = "Testing Python.."
print(str[8:])
```

8

14-2 次のコードはどこが間違っているでしょうか？ また、どのように修正したらよいでしょうか？

```
#!/usr/bin/python3
print( len(sys.argv) )
```

sys モジュールを使っているので、先にそれをインポートする必要があります。したがって、正しいコードは次のようになります。

```
#!/usr/bin/python3
import sys
print( len(sys.argv) )
```

14-3 次のコードから、いくつの単語が表示されるでしょうか？

```
#!/usr/bin/python3
import sys
print("Hello " + sys.argv[-1])
```

2

参考文献

1 章　bash のスクリプトとは何か、なぜそれが必要なのか？

- https://tldp.org/HOWTO/Bash-Prog-Intro-HOWTO-5.html
- https://tldp.org/LDP/abs/html/varassignment.html
- https://tldp.org/LDP/abs/html/declareref.html

2 章　インタラクティブなスクリプトの作成

- https://tldp.org/LDP/Bash-Beginners-Guide/html/sect_08_02.html
- https://ss64.com/bash/read.html
- https://www.manpagez.com/man/1/getopt/
- https://ss64.com/bash/getopts.html

3 章　条件の付加

- https://tldp.org/HOWTO/Bash-Prog-Intro-HOWTO-6.html
- https://tldp.org/LDP/Bash-Beginners-Guide/html/sect_07_03.html
- https://wiki.bash-hackers.org/commands/classictest

4 章　コードスニペットの作成

- https://code.visualstudio.com/docs/editor/userdefinedsnippets
- https://lencioni.medium.com/sharpen-your-vim-with-snippets-767b693886db

5章　代替構文

- https://tldp.org/LDP/abs/html/arithexp.html
- https://wiki.bash-hackers.org/commands/classictest

6章　ループを使った反復処理

- https://tldp.org/LDP/abs/html/internalvariables.html
- https://tldp.org/HOWTO/Bash-Prog-Intro-HOWTO-7.html
- https://tldp.org/LDP/Bash-Beginners-Guide/html/sect_09_02.html
- https://tldp.org/LDP/Bash-Beginners-Guide/html/sect_09_03.html
- https://tldp.org/LDP/Bash-Beginners-Guide/html/sect_09_05.html

7章　関数の作成

- https://tldp.org/HOWTO/Bash-Prog-Intro-HOWTO-8.html
- https://tldp.org/LDP/abs/html/functions.html
- https://likegeeks.com/bash-functions/

8章　ストリームエディターの導入

- https://www.gnu.org/software/sed/manual/sed.html
- https://linux.die.net/man/1/sed

9章　Apache バーチャルホストの自動化

- https://httpd.apache.org/docs/current/
- https://httpd.apache.org/docs/current/vhosts/examples.html

10章　AWK の基礎

- https://likegeeks.com/awk-command/
- https://www.gnu.org/software/gawk/manual/gawk.html

11章　正規表現

- https://www.regular-expressions.info/engine.html
- https://tldp.org/LDP/Bash-Beginners-Guide/html/chap_04.html

12章　AWK を使ったログの集約

- https://httpd.apache.org/docs/current/logs.html

13章　AWK を使った lastlog の改良

- https://linux.die.net/man/8/lastlog
- https://en.wikipedia.org/wiki/Lastlog

14章　bash スクリプトの代わりとしての Python

- https://www.python.org/about/gettingstarted/
- https://docs.python.org/3/

索 引

● 著者紹介

Mokhtar Ebrahim（モフタール・エブラヒム）

2010 年に Linux のシステム管理者として働き始める。現在は、世界中の顧客を相手に、Linux サーバーの保守管理、保護、トラブルシューティングを請け負っている。シェルスクリプトや Python スクリプトを作成し、作業を自動化することを好む。Like Geeks という Web サイトで、Linux、Python、Web 開発、サーバー管理に関する技術的な記事を執筆している。美しい少女の父親であり、誠実な妻の夫である。

Andrew Mallett（アンドリュー・マレット）

Linux に関する専門的なソフトウェア開発、トレーニング、サービスを包括的に提供する Urban Penguin 社のオーナー。コマンドラインが大好き。コマンドラインのショートカットやスクリプトを知ることで、多くの時間が節約できると考えている。彼の YouTube チャンネル「theurbanpenguin」で 1,000 本以上の関連動画を見ることができる。著書に『Red Hat Certified Engineer (RHCE) Study Guide』『CentOS System Administration Essentials』『Salt Open』『Learning RHEL Networking』（いずれも Packt Publishing）などがある。

● 査読者紹介（原書）

Sebastiaan Tammer（セバスチャン・タマー）

オランダ出身の Linux 愛好家。ユトレヒト大学で情報科学の理学士号を取得した後、経営情報学の修士号を取得し、卒業。キャリアの出発点は Java の開発であり、その後、Linux に軸足を移す。

Puppet、Chef、Docker、Kubernetes など、多くのテクノロジーに取り組む。最終的な選択である bash とその周辺技術に多くの時間を費やしている。複雑なスクリプトのソリューションであろうと、単純な作業の自動化であろうと、彼が bash を使ってやったことのないものはほとんどない。

何年にもわたって私を助け、支えてくれたガールフレンドの Sanne に感謝する。私が深夜に研究したり、（ほんの数時間前に必然的に壊してしまった）物を直したり、刺激的な新しいテクノロジーについて延々と語ったりするのを、彼女は我慢してくれた。途方もなく大きな忍耐と愛情に感謝する。あなたがいなければ、このような仕事はできなかった。

● 監訳者紹介

萬谷 暢崇（まんたに のぶたか）
警察庁サイバー警察局情報技術解析課サイバーテロ対策技術室 専門官（警察庁技官）。2002年警察庁入庁、警察庁情報通信局情報技術解析課サイバーテロ対策技術室、警察大学校サイバーセキュリティ研究・研修センター、内閣官房内閣サイバーセキュリティセンター等を経て2019年4月から現職。2001年からFreeBSD Projectのports committerをしており、休日にFreeBSD用の各種ソフトウェアのパッケージを作成、メンテナンスしている。また、McAfee社が無償で公開しているバイナリエディタFileInsightにマルウェア解析に役立つさまざまな機能を追加するPythonプラグイン集FileInsight-pluginsの開発も休日に行っておりサイバーセキュリティに関する国際カンファレンスBlack Hat USA 2021 Arsenal、CODE BLUE 2019 Blueboxで発表。監訳書に『サイバーセキュリティプログラミング 第2版』（オライリー・ジャパン）がある。

● 訳者紹介

原 隆文（はら たかふみ）
1965年 長野県に生まれる。マニュアル翻訳会社、ソフトウェア開発会社を経て独立。妻と二人で神奈川県に在住。愛車はプジョー。訳書に『クイック Perl 5 リファレンス』（共訳）、『XSLT Web 開発者ガイド』『Oracle のための Java 開発技法』（いずれもピアソン・エデュケーション）、『HTML & XHTML 第5版』『Access Hacks』『UML 2.0 クイックリファレンス』『入門 UML 2.0』『オプティマイジング Web サイト』『あなたの知らないところでソフトウェアは何をしているのか？』『SVG エッセンシャルズ 第2版』『プログラミング TypeScript』（いずれもオライリー・ジャパン）などがある。

マスタリングLinuxシェルスクリプト 第2版
——Linuxコマンド、bashスクリプト、シェルプログラミング実践入門

2022年12月 8 日　　初版第 1 刷発行
2023年 2 月27日　　初版第 2 刷発行

著　　　者	Mokhtar Ebrahim（モフタール・エブラヒム）、	
	Andrew Mallett（アンドリュー・マレット）	
監 訳 者	萬谷 暢崇（まんたに のぶたか）	
訳　　　者	原 隆文（はら たかふみ）	
発 行 人	ティム・オライリー	
制　　　作	株式会社トップスタジオ	
印刷・製本	三美印刷株式会社	
発 行 所	株式会社オライリー・ジャパン	
	〒160-0002　東京都新宿区四谷坂町12番22号	
	Tel　（03）3356-5227	
	Fax　（03）3356-5263	
	電子メール　japan@oreilly.co.jp	
発 売 元	株式会社オーム社	
	〒101-8460　東京都千代田区神田錦町3-1	
	Tel　（03）3233-0641（代表）	
	Fax　（03）3233-3440	

Printed in Japan (ISBN978-4-8144-0011-9)
乱丁本、落丁本はお取り替え致します。